装备科技译著出版基金

对地观测遥感相机研制

Building Earth Observation Cameras

〔印〕乔治·约瑟夫　著

王小勇　何红艳　鲍云飞　谭　伟

高慧婷　王殿中　王　芸　刘　薇　译

张博文　齐文雯　张　智

国防工业出版社

·北京·

著作权合同登记　图字:军-2016-053号

图书在版编目(CIP)数据

对地观测遥感相机研制／(印)乔治·约瑟夫
(George Joseph)著;王小勇等译. 一北京:国防工
业出版社,2019.3
书名原文:Building Earth Observation Cameras
ISBN 978-7-118-11401-0

Ⅰ. ①对… Ⅱ. ①乔… ②王… Ⅲ. ①遥感地面调查

Ⅳ. ①TP79

中国版本图书馆 CIP 数据核字(2017)第 185724 号

※

国防工业出版社出版发行

(北京市海淀区紫竹院南路 23 号　邮政编码 100048)

天津嘉恒印务有限公司印刷
新华书店经售

*

开本 710×1000　1/16　印张 17¼　字数 312 千字
2019 年 3 月第 1 版第 1 次印刷　印数 1—1500 册　　定价 129.00 元

(本书如有印装错误,我社负责调换)

国防书店:(010)88540777　　　发行邮购:(010)88540776
发行传真:(010)88540755　　　发行业务:(010)88540717

译 者 序

对地观测相机是光学遥感卫星的重要组成部分,是卫星在轨发挥使命最重要的一个分系统,其功能和性能将直接影响到特定航天任务实现的品质。随着我国航天遥感事业的蓬勃发展,国内很多工程研究所和科研院所都在开展对地观测相机的设计及研制工作,大量工程人员对该领域的兴趣逐渐增加,但目前国内针对对地观测相机研制的书籍并不多。

印度科学院 George Joseph 博士所著作的 *Building Earth Observation Cameras* 一书是空间光学遥感器领域的一本优秀教材,本书介绍了航天光学遥感载荷的成像机理、系统设计、系统优化、工程研制和应用等多方面知识与技术,从应用需求、成像机理、光学系统、光机结构等内容分析了亚米级高分相机、高光谱相机和立体测绘相机等相机的指标优化与性能评估,同时,这本书也对法国 SPOT 系列卫星、美国 Landsat 系列卫星和印度资源卫星等案例进行了充分解读。本书可以作为一本参考教材,有效补充遥感器工程研制的理论知识和经验,我们很高兴将其翻译并推荐给国内相关领域的读者。

本书作者 George Joseph 博士 1973 年进入印度空间研究组织(ISRO)空间应用中心(SAC),开始从事地球观测系统的研发工作,领导研制了一系列的高性能对地观测相机,在遥感领域有着 40 余年的工作经验,是行业内公认的著名专家。他曾经担任过国际摄影与遥感协会技术任务委员会主席、联合国亚太空间科学与教育中心主席。为表彰他做出的突出贡献,1999 年印度政府授予其 Padma Bhushan 奖。George Joseph 博士总结多年研究经验,参考了大量的国际对地观测相机资料,完成了本书的编写。本书全面系统地介绍了对地观测相机研制的理论和方法,是专业研究人员一本不可多得的参考书。

本书的翻译主要由王小勇、何红艳、鲍云飞等人完成,其中第1、3、6章由王小勇、谭伟、齐文雯、张智完成;第2、4、5、9章由鲍云飞、王殿中、高慧婷、谭伟完成;第7、8、10章由何红艳、刘薇、王芸、张博文完成。译文中符号保持与原书一致,术语等采用国家标准译名。

鉴于译者水平有限,不当甚至错误之处在所难免,敬请读者批评指正。

译者

2018.5

　　人类总是惊叹于从高空观看地球,因为这种行为可以更广泛全面地观察地球表面。基于此,从太空对全球任何地方成像并获得地球上目标物的无缝观察的能力,已经成为一个重要的现代科技成就。今天,有很多颗卫星在太空利用先进的成像技术提供地球影像,给人类带来了深远的影响。即使最初使用空间图像是为了侦察和军事目的,但不久科学家们认识到这些图像对许多民用和公共应用的潜力,以及帮助他们科学理解地球系统的潜力,从而一个新的学科——遥感科学出现了。在当今世界上几乎每个国家都利用遥感开展了大量的社会、商业和研究应用。

　　遥感活动的一个重要组成部分是成像系统("天空中的眼睛"),它不仅是一项太空中的技术奇迹,还是一个基于物理原理的优秀工程系统。本书的主要内容就是研究成像系统技术,并为空间平台建立成像系统提供不同方面的知识。原理上,大气窗口内的任何电磁辐射都是遥感的基础。本书特别涉及到光学红外光谱范围的光电传感器,这类光学成像系统的设计、开发和描述以及最终在太空中的使用都需要工程和科学多学科的大量知识。我相信,对整个成像系统的了解对于任何成像系统项目管理者来说都是必要的。尽管这里的很多知识可以从各种专业书籍、期刊等方面获得,但通常从一本教科书中很难获得如此广泛的知识。我试图通过本书来填补这一空白。

　　我写本书有多个目的。首先,本书应该可以帮助那些研究成像系统的项目管理者、学者和研究人员全面了解关于光电传感器系统的基本信息和成像系统的各种实体,因此,它应该帮助他们更深入了解他们正在开发的系统。其次,使用卫星图像的应用科学家也应该可以通过本书理解成像系统运行中的各种技术问题和专业术语,这样他们可以选择最合适的数据集以满足他们的应用需求。最后,我预计本书也可以指导这个领域的新入门者理解开发空间对地观测系统的概念与挑战。

　　写这本书对我来说一直是个人的挑战。从与光电传感器发展的深入结合中,我发现对地观测相机系统是如此巨大,以致完成它的每个分系统的撰写都是一个挑战,我尽可能涵盖全部内容并保持言简意赅。我所预见的另一个挑战是由于成像系统的多学科性质,读者会跨越科学与工程学科。因此,我一直牢记以读者可以理解的方式保持书的结构和呈现书的内容。因此,我决定做三件事:①本书必须尽可能服务于成像系统的所有技术方面;②本书应当有广泛的覆盖面,并且要简单而有深度;③对于广泛的读者群体,它应该很有趣。当然,我在各章结尾给出一个具体的参考文献列表,如果有人想深入研究,这对他们会有帮助。

在开篇,本书回顾了成像系统的发展历史,介绍了世界上地球观测系统的演变、技术趋势和最终应用。第2章介绍了图像形成的基本概念、基本原理以及相关的物理规律和原理。接下来的7章涵盖不同类型成像系统的设计、系统优化和实现等,并以印度遥感(IRS)卫星系统为例具体说明设计和开发的问题。为了保持本书内容的连续性和促进非专业读者的轻松阅读,我有意识地在后面的章节重复一些之前所述的定义和解释。从过去到现在出现了许多地球观测系统,本书不可能覆盖所有这些。我已经尽可能努力去覆盖其他机构有代表性的成像系统,这样读者就可以理解和欣赏那些以不同的方式得到解决的各种工程挑战。最后一章给出了一个宽泛的任务框架,主要确保有效载荷的空间使用。我必须明确声明,我引用印度空间项目和IRS是我个人的看法,并没有得到印度空间研究组织(ISRO)的批准。

我很感谢K. Radhakrishnan博士,ISRO的现任主席,他给了我在印度空间研究组织的荣誉职位,没有它我就不可能完成这个任务。我感谢R. R. Navalgund博士和A. S. Kiran Kumar教授,他们是空间应用中心(SAC)的前任和现任执行官,在准备本书的过程中,他们向我提供了必要的帮助。我在印度空间研究组织空间部(DOS)的许多同事给予宝贵意见,以及包括生成表格和数字、严格检查手稿等不同的方式给予了帮助。还有很多帮助我的非常棒的同事,但我没有提到他们每个人的名字,我在此深表感谢。我特别感谢A. V. Rajesh对许多图形生成、封面设计和文本编排做出的贡献。因为我的专业研究和事业追求,我的妻子Mercy多年来做出了许多牺牲,特别感谢她一直以来的支持和鼓励,没有这些,本书不会完成。我的孙子:Nishita、Reshawn和Riana始终是我接受新挑战的灵感源泉。

乔治·约瑟夫

目　录

第1章　引言

第2章　遥感影像的形成

第 3 章　成像光学系统

第 4 章　对地观测遥感相机综述

第 5 章　光机扫描仪

第6章　推扫式成像仪

第 7 章　亚米级成像

第 8 章　高光谱成像

附录　代表性影像

引 言

从公元 1000 年针孔相机简陋的发明开始到能从太空收集高度复杂数据,成像发展的历程已经成为一段技术进步及其应用的光辉历史。最古老的针孔相机,也俗称暗箱,仅能将一个场景颠倒着投影到可视表面上。在大约 1816 年,Nicéphore Niépce 成为第一个用涂有氯化银的显像纸获取影像的人,氯化银涂层曝光后会变暗。在不久之后,George Eastman 制造了一个非专业人士也能使用的商业相机,这开创了相机的新时代。1888 年,第一台柯达相机进入市场,可预装满足 100 次曝光的胶卷。

早期人类习惯于爬上高山或树顶以更好的视角观察周围的环境,以寻找更好的草地或侦察接近敌方的威胁,换句话说,这种高瞻远瞩对他们的生存很重要。直到 1858 年人类才可以获取高空影像,当时 Gaspard – Félix Tournachon(也称 Félix Nadar)将相机放在气球上拍摄了第一张高空影像。其他拍摄高空影像的方法包括带有相机的风筝和鸽子。第一次世界大战期间信鸽得到广泛使用,而且世界大战期间航空器平台成为不可或缺的侦察手段。

战争的需要的确给相机和照相胶卷的发展提供了最大的动力。在世界大战期间,获取敌方及其活动的情报是敌对双方的关键需要之一。能够记录近红外(NIR)影像的胶卷的发展对于探测伪装目标非常有用,在 NIR 谱段成像时,绿色涂料或被砍断的树枝与活的树相比会产生不同的光谱响应。在第二次世界大战之后,特别是后来的冷战期间,侦察其他国家领土成为一种军事需要。根据第二次世界大战后执行的国际法,每个国家都有对其领空的自主权利,其任何飞行器只可以在自己领土上方一定高度大气层内飞行。因此对任何侵犯其他国家领空的行为,受侵国家有权进行自卫,甚至击落入侵者。军事侦察随着 1957 年苏联人造地球卫星的发射开启了新篇章,标志着太空时代的到来。太空被认为是全人类的领域,这保证了世界各国进行太空活动的合法性,因此从太空对他国领土的成像是不受限制的。实际上,在开始阶段从太空对地球的成像主要是用来侦察其他国家领土。

美国最初的光学侦察卫星叫"科罗娜"(CORONA),搭载了多台光学照相机,在完成拍摄任务后,曝光的胶卷从卫星上释放出来,并在半空中被收集以用于处理和利用。这个相机系统的绰号为 KH("锁眼")。在 20 世纪 60 年代早期,发射的几颗"科罗娜"卫星系统都搭载了由 Itek 研发的相机,这种相机用的是 EASTMAN 柯达胶卷,早期的空间分辨率在 10～12m 之间,到 1972 年,空间分辨率提高到 2～3m。在美国第一个"科罗娜"任务之后,苏联很快也成功发射了多颗光学侦察卫星——ZENIT,这些成像系统与美国的 KH 相机大体上相似。随着技术进步,KH 相机变成了数字化的。1976 年发射的 KH－11(也称为 CRYSTAL)是美国第一颗使用光电数字成像的间谍卫星,它使用了 800×800 像素的电荷耦合器件(CCD)进行成像,因此它具有实时成像能力。KH－11 相机 2.4m 的光学口径可获得大约 15cm 的理论地面分辨率,但实际的空间分辨率会因为大气效应或其他影响而变差。由于高度机密,这些卫星的技术细节和能力无法从公开资料中获得。最新的侦察系统 KH－12(增强型 CRYSTAL)具有可见光、近红外和热红外的电磁波谱探测能力,这些遥感器可能具有微光 CCD 成像能力,能够进行夜间成像。因此在太空观测地球的早期,军事应用是这些技术进步的主要原因。

科学家们很快认识到太空影像对各种民用行业的潜力,如地质、林业、农业、制图等。在世界大战之后,科学家们积极地追求卫星影像在公益事业上的使用,一个新的术语"遥感"出现在了技术词典中。

1.1 遥　感

"遥感"从字面上讲是观察研究目标,但不与该目标发生物理接触。这与现场测量是相对的,例如与医生用温度计去测量人体的温度是不同的。尽管一定距离的任何观测都称为"遥感",但 1986 年 12 月 3 日通过的联合国决议(41/65)"从外太空观测地球的相关遥感原理"(The Principles Relating to Remote Sensing of the Earth from Outer Space)是这样定义"遥感"的:

"遥感"是通过利用目标发射、反射和散射的电磁波特性从太空感知地球表面,以提高资源管理、土地利用和环境保护能力的一种手段。

(*The term "remote sensing" means the sensing of the Earth's surface from space by making use of the properties of electromagnetic waves emitted, reflected or diffracted by the sensed objects, for the purpose of improving natural resources management, land use and the protection of the environment.*)

从遥感的科学角度看,我们主要研究目标反射或发射电磁波的不同特性以识别研究目标。因此遥感需要一个可以产生电磁辐射的源、一个能测量研究目标电磁辐射特性的遥感器和一个可搭载遥感器的平台。当电磁波辐射自然出现时,例如太阳辐射或目标自身辐射,这种遥感称为被动遥感;而当遥感器带有自己的电磁辐射源去照射目标时,例如雷达,这种遥感称为主动遥感。

当我们从太空观测地球时,中间的大气层不能透过所有谱段的电磁辐射,只对一部分电磁辐射是透明的,因此这些电磁谱段称为"大气窗口"。对地观测通常是在这些"大气窗口"进行,电磁波能量通过源(如太阳或自带发射器的遥感器)发射,在到达地球表面前与中间大气发生作用,其在空间和光谱上都发生了变化,与地球表面发生相互作用后,部分能量返回了大气中。另外,由于地表的温度也会产生自身辐射,目标的这些辐射信号可以被搭载于合适平台上的遥感器探测到,这些平台包括航空飞行器、气球、火箭、卫星或地面遥感器平台等。遥感器输出信号被处理并传回到地面,如果是无人航天器,可以通过遥测信号传回,如果是航空器或有人航天器,它可以通过胶卷、磁带等带回。这些数据被重定格式和处理以产生相片或存储于计算机的数字化介质内,然后被解译成专题图和其他信息。这些产生的解译数据需要与其他数据信息一起用于管理计划制定,这一般是由地理信息系统来完成的。

1.2 民用对地成像系统

航天对地观测成像的历史可以追溯到1891年,当时德国正在研发推进式火箭相机系统,到1907年开始采用陀螺稳定装置以提高图像质量。1959年8月,在第一颗人造卫星发射升空后不到2年,美国"探索者"6号从卫星上传回了第一张地球的照片。不久,气象学家认识到基于卫星的地球观测可以提供天气观测和全球覆盖观测,这对理解天气现象很重要。因此随着美国1960年4月1日发射红外视频观测卫星(TIROS-1),系统的航天对地观测开始了。它主要用于气象观测,搭载的相机是一个半英寸(1英寸=2.54cm)的摄像机。后续的航天器都搭载了越来越先进的设备和技术。这些低轨观测系统和后来的静轨成像系统都大大增强了天气预报能力。

地球资源调查管理民用卫星的诞生有着不同的故事。20世纪60年代,从Mercury、Gemini和Apollo任务中拍摄的地球照片对美国地质调查局的地质学家们很有用,他们认识到每一张航天影像与航空影像相比有更大的空间覆盖,这对地质研究和制图具有更大的价值。美国国家航空航天局(NASA)经过几次关于秘密与法律方面的协商之后,最终于1970年接受了发展一颗对地成像卫星的提议,并最初命名为地球资源技术卫星(ERTS),即后来熟知的美国陆地资源卫星(Landsat)。1972年发射的Landsat-1卫星搭载了两个成像系统:一个是返回式光学摄像机(RBV),其有三个谱段且空间分辨率为30m;另一个是多光谱扫描仪(MSS),带有四个谱段且空间分辨率为80m。当时RBV设备被认为是主要仪器,而MSS是一个试验设备,然而MSS影像却优于RBV影像。在Landsat-3之后,RBV就不再延续了,而MSS成为遥感数据的主要获取源,之后改进的遥感器——专题制图仪

（TM）搭载在 Landsat - 4 和 Landsat - 5 上。

　　Landsat/MSS 数据对美国之外的几个感兴趣的国家也很有用。在全球范围内提供不间断的 Landsat 数据为美国赢得了声誉。政府和私营机构分析了数据,并认识到通过这些光谱反射率和发射率特性可以对地球表面的特性及景观进行识别、分类和制图等,这使得对地质、农业和土地利用调查有了新的认识,可以以一种科学的方式进行资源探测和开发。很多国家均发现卫星影像对于资源管理的潜力,并意识到一旦卫星数据成为他们制订规划的一部分,则必须保障数据的有效来源。因此,其他国家也计划他们自己的卫星成像系统,法国自 1986 年发射 SPOT - 1 开始成为第二个发射多光谱对地观测系统系列的国家。日本于 1987 年发射了第一颗海洋观测卫星 MOS - I 以收集海洋表面数据,于 1992 年发射了日本对地资源卫星 JERS - I,其上搭载了一个可见光红外遥感器和一个合成孔径雷达（SAR）。印度于 1988 年发射了印度遥感卫星 IRS - 1A,这是印度对地观测系统系列的第一颗卫星。印度拥有世界上最好的对地观测系统之一,全球都在使用这些数据。更重要的是这些遥感数据正在印度各行各业中使用,以规划、管理和监测各种国家资源。

1.3　印度对地观测卫星发展历程

　　印度卫星项目起始于一颗科研卫星的设计和研发,这颗卫星于 1975 年 4 月 19 日在苏联人造卫星发射基地由苏联火箭发射升空,并以 5 世纪印度天文学家 Aryabhata 命名。受到此颗卫星发射成功的鼓舞,印度决定发展应用业务卫星以率先满足国家发展的需要。由于 Aryabhata 卫星是低轨卫星,作为遥感卫星是最合适的选择。由于认识到在首次任务中实现实用型或业务型遥感卫星的复杂性,因此印度决定研制一个试验系统,从而为用于地球资源调查的遥感卫星系统设计、研制和管理提供必要的试验。这颗试验卫星搭载了一个 1km 空间分辨率的双波段视频相机和一个多波段微波辐射计,于 1979 年 6 月 7 日在苏联发射。这颗卫星依 12 世纪印度数学家 Bhaskaracharya 的名字命名为 Bhaskara 命名。随后的 Bhaskara 2 号卫星于 1981 年 11 月 20 日在苏联发射升空。

　　Bhaskara 任务为资源调查管理遥感卫星系统的多个相关领域提供了有用的经验,接下来的目标就是研制高水平的对地观测系统。除了起步阶段所用到的 1km 相机,印度于 1988 年发射了第一颗印度遥感卫星 IRS - 1A,随后成功发射了一系列遥感卫星 IRS。1995 年发射的 IRS - 1C 卫星搭载了 5.8m 空间分辨率的全色相机,是当时世界上民用对地观测卫星中空间分辨率最高的卫星,这个“第一”的位置一直保持到 1999 年 IKONOS 卫星 1m 分辨率数据的出现。自此印度发射了多颗对地观测卫星用于陆地、海洋和气象研究,还有一系列的测绘卫星用于更新地形图。另一个里程碑是 2012 年发射的雷达成像卫星,这是一颗搭载了 C 波段(5.35GHz)SAR 的高水平微波遥感卫星。除了这些低轨卫星,印度空间研究组织(ISRO)还发射了一颗静止轨道对地观测卫星用于气象研究和天气预报。

尽管 IRS 卫星的发展主要是基于国家自身的发展需要,但在遥感技术、应用和研制能力方面的优势使它们在国际上发挥了重要作用,而且全球的 IRS 卫星数据都可以从 ISRO 的市场伙伴 Antrix 有限公司获得。

1.4　对地观测系统:模式转换

正如前面提到的,从太空对地球的系统观测开始于 20 世纪 60 年代,当时 TIROS 卫星主要用于气象观测和应用,直到 1972 年 Landsat – 1 卫星的发射,全球系统影像的使用才使得遥感获得了巨大的推动,这也开辟了遥感数据在各个领域应用的时代。此后对地观测在技术、应用和管理上都有了很大提高。在 1972 年 Landsat – 1 发射之后,美国是唯一拥有航天遥感技术的国家。在 14 年后,随着法国 SPOT – 1 卫星于 1986 年发射成功,法国成为另一个拥有遥感卫星的国家。很快,印度也于 1988 年发射了 IRS – 1A 遥感卫星,进入了航天遥感技术时代,随后很多国家也都发射了自己的遥感卫星。尽管现在有很多国家拥有自己的对地观测系统,但美国的对地观测系统仍然在遥感领域占据着主要地位,包括公众领域和商业领域,它为地球系统的资源管理和科学理解提供了有价值的数据。

地球观测最初主要是用专业的卫星遥感器分别获取陆地、海洋或者大气的影像或数据,如 Landsat 卫星任务、Seasat 卫星任务和上层大气研究卫星任务等,这些任务获得了大量的影像和数据。但科学家们很快认识到陆地、海洋和大气是一个耦合系统,必须在全球尺度上同时观测陆地、海洋和大气的不同参数。这种同步观测策略在理解地球演变及其与耦合系统的链接关系方面是必需的,也有助于更好地理解地球系统。因此,观测方法转向以地球为综合系统进行观测,同时出现全球观测策略的理念。然而,这种多学科全球观测方法需要有以不同电磁谱段、不同模式下观测的遥感器,这大大推进了遥感器的发展,一些新颖、专业化的遥感器也得到了发展。在一个卫星平台上容纳多个遥感器设备使得卫星更重,需要更多的能量,同时增加了使用的复杂性,因此这样的对地观测卫星更加昂贵,需要更大的预算和周期来发展。例如,TERRA(以前称为 EOS AM – 1)卫星搭载了五个载荷设备,用以研究覆盖电磁辐射宽波谱的陆地、海洋和大气的各个方面。这个卫星重 4600kg,在轨需要 3kW 能量维持工作,到 1999 年 12 月发射使用,方案与研制几乎花了 10 年。类似,欧洲航天局的 ENVISAT 卫星搭载了多个遥感器,覆盖了可见光、近红外、热红外和微波谱段,以测量大气、陆地和海洋的不同过程,该卫星重 8200kg,在轨需要 6.6kW 能量,在 2002 年发射前耗费了超过 10 年时间来研发。

毫无疑问,研制卫星的技术得到了巨大的发展,平台设计、载荷操作、能量产生、数据存储和传输的先进概念被实现,成为这种大型对地观测系统的核心。

随着电子学、微小型化技术、材料学和计算机科学的发展,对地观测卫星设计正在发生着快速的变化。目前的发展趋势是研发更小、更敏捷的遥感卫星,其具有高灵敏度传感器、更快的电子器件和高效的任务响应能力,不仅在成本和进度上带来了效率,而且也提高了性能。为了满足协同式观测需求,已经发展了分布式卫星系统,并且每颗卫星搭载了不同的遥感器和仪器,编队飞行可以让每颗卫星能在几分钟间隔内通过赤道,因此就如同一个单独大卫星上具备多种科学观测能力。这种协作方法减少了由于任务失败带来的观测能力损失的危险。然而,这种方法在任务完成和维护上提出了巨大的挑战,需要地面具备任务自主运行的复杂技术。EOS"轨道列车"系统就是一个编队飞行的例子,它包括了六颗卫星,共搭载了一全套观测云和气溶胶的设备,有被动辐射计、主动激光雷达和雷达探测仪,这六颗卫星近距离编队飞行,大约在地方时下午 1:30 左右的几分钟内通过赤道。

随着私人研制、拥有和运营地球观测卫星,对地观测前景中的另一个发展是商业地球观测卫星的形成。这种变化是 1992 年美国商业化努力的结果,美国允许私营机构研发、拥有和运营成像系统,这迅速打开了米级/亚米级分辨率图像的商业应用。然而,这一政策产生了"美国政府控制"的限制形式,这一限制亦称为"快门控制",美国政府保留其中断或限制商业运作的权利,可在特殊情况下(没有明确界定)执行这种权利。焦平面电荷耦合器件(CCD)与时间延迟积分(TDI)阵列能力的发展使得实现获得优于 1m 空间分辨率的地球观测相机成为可能。发射于 1999 年的 IKONOS 是第一个亚米级的商业对地观测卫星系统,随后其他几个商业卫星系统也提供了亚米级影像数据。由于城市地区制图、变化检测、灾害管理、基础建设和国防安全对亚米级数据的巨大市场需要,这些高分辨率成像系统才有了商业可行性。然而,重要的是我们注意到这些高空间分辨率影像系统并不是成体系的,没有实现全球覆盖,而这正是 Landsat/IRS/SPOT 卫星系统提供遥感影像的基石。尽管高分辨率影像在"看细节"方面具有很大的优势,达到了航空影像的质量,但它的有限幅宽和较差的时间分辨率使得它们并不适合于系统地重复覆盖的应用。然而,尽管传统的卫星系统(如 Landsat、SPOT、IRS 等)仍然是非常重要的,满足各种需求,如自然资源管理(如土地用途、作物估产、流域管理等)、科学研究(如全球变化),以及许多其他用途,但当今这些高分辨率成像卫星是一个巨大的市场需求。

从 20 世纪 60 年代早期开始,地球观测技术已经经历了一个很长的过程,不再是"图像的使用是什么"的问题,而是一个"满足市场需求,创造商业可行性,维护安全"的问题,对地观测技术和系统正在快速变化,详细、快速、海量的数据收集正有效地分布在全球范围内,并实现了一个由政府与私营机构共同推动的巨大市场。

伴随着一大批对地观测技术能力（包括分辨率、波段、覆盖和测量复杂性等方面）的发展，用户也发生了巨大的变化。如今对地观测卫星的用户不再是实验室的科学家或分析师了，替代他们的是政府、私人机构、学术界里大量的专业人士，甚至还有想寻求问题解决方案的普通市民。因此，今天每一个最终用户对解决他所关心的问题的方案感兴趣，这就需要在一个"分析模型"中结合各种影像、地图、位置数据、社会媒介数据、复杂图表等进行综合分析，为每个用户的需求进行定制。随着对地观测影像形成了一个大数据，以及"量身定制"解决方案的需求，这种在前景和需求上的变化会产生一个大附加值且定制化的市场变化趋势。在这个市场中，用户不仅仅是获得影像和数据，而是为他们的解决方案需求付费。

从天气预报到军事监视，遥感已成为日常生活的一部分。获得更高性能的图像以满足新应用的需求一直在增加，对地观测相机设计者们必须能够应付这一挑战。下面的章节将帮助你面对这个挑战。

第2章

遥感影像的形成

2.1 概　述

图像是物空间的三维场景在像空间的二维平面上的投影。理想成像系统应该将物空间每一点映射到像平面上,物空间和像平面上点与点之间的相对距离保持不变。一个连续物体可以视为一个点源阵列。这样形成的图像除了尺寸上的缩小,应该是物空间目标尺寸、位置、方向等特征到像空间的真实重现,即图像应该具有几何保真度。成像光学系统完成从物空间到像空间转换。

形成理想几何图像的成像系统需要满足三个基本条件:

(1)物点(x,y)的所有进入成像系统的光线应该通过像点(x',y')。就是说所有来自物点的光线精确会聚到像平面的一点上。因此成像可以称为无像散。

(2)物空间里垂直于光轴平面的每个点应该映射到像空间里垂直于光轴平面的某个点。这意味着垂直于光轴平面的目标会在像空间里垂直于光轴平面上成像。

(3)无论目标位于物平面上什么位置,图像高度h应该是物体高度乘以一个固定系数。

不满足第一个条件导致图像退化,术语叫像差。不满足第二个条件产生场曲,不满足第三个条件引起畸变。这些变化的影响将在2.4节中介绍。另外,图像应该真实重现物空间上的相对辐射分布,即辐射保真度。

2.2 电 磁 辐 射

电磁辐射是地球观测相机的基本能量来源,这里描述一下电磁辐射的若干基本属性,将有助于理解成像过程。不同属性的电磁辐射在数学上可以分解为四个微分方程,一般称为麦克斯韦(Maxwell)方程。对电磁理论数学方程感兴趣的读者可以参考伯恩和沃尔夫(Born and Wolf,1964)的著作。使用麦克斯韦方程,可以得到电磁波速度和介质属性之间的关系。在电场强度为 ε、磁场强度为 μ 的介质中，根据下式计算速度 c_m：

$$c_m = \frac{1}{\sqrt{\varepsilon\mu}} \qquad (2.1)$$

真空中,有

$$\varepsilon = \varepsilon_0 \approx 8.85 \times 10^{-12} (\text{farad/m})$$

$$\mu = \mu_0 \approx 4\pi \times 10^{-7} (\text{henry/m})$$

因此,真空中电磁辐射速度为

$$c = \frac{1}{\sqrt{\varepsilon_0\mu_0}} \approx 3 \times 10^8 (\text{m/s})$$

这个值就是光速,读者不会陌生。波长 λ、频率 ν 和电磁波速 c 的关系为

$$c = \nu\lambda \qquad (2.2)$$

与波动有关的其他物理量是周期 $T(1/\nu)$、波数 $k\left(2\frac{\pi}{\lambda}\right)$、角频率 $\omega(2\pi\nu)$。

某介质中的 ε 和 μ 记作 $\varepsilon = \varepsilon_r\varepsilon_0$, $\mu = \mu_r\mu_0$,其中 ε_r 是相对电场强度(称为复介电常数), μ_r 是相对磁场强度。因此电磁辐射在一种介质中的速度可以表示为

$$c_m = \frac{1}{\sqrt{\varepsilon_r\varepsilon_0\mu_r\mu_0}} = \frac{1}{\sqrt{\varepsilon_r\mu_r}} \frac{1}{\sqrt{\varepsilon_0\mu_0}}$$

$$c_m = \frac{c}{\sqrt{\varepsilon_r\mu_r}} = \frac{c}{n} \qquad (2.3)$$

即复介电介质中的速度简化为相对于真空中速度的一个系数 $\sqrt{\varepsilon_r\mu_r}$。这个系数称为折射系数(RI), n。

介质的折射系数 n = 电磁辐射在真空中的速度/电磁辐射在介质中的速度

我们考虑的介质正常是非磁性的,于是 $\mu_r = 1$。因此

$$n = \sqrt{\varepsilon_r}$$

通常 ε_r 是一个复数,因此 n 也是一个复数,表明在介质中的损耗,即一部分电磁波被吸收。虚数部分表示电磁波的吸收。因此当介质不吸收电磁波时, ε_r 是一个正实数,折射系数随波长的变化称为色散,白光通过棱镜后分光就是利用了这一现象。

2.2.1 电磁辐射量子特性

极化和干涉现象中电磁辐射表现出波动性,而一些作用如光电效应、辐射中则表现出粒子性。因此电磁辐射具有二象性——波动性和粒子性。电磁辐射的粒子性可以用量子理论解释。根据量子理论,电磁辐射以离散的能量粒子形式在空间

中传播,传播方向和速度与波动理论所定义的一致。每个辐射粒子——称为光子——的能量 e_ν 与频率的关系为

$$e_\nu = h\nu \tag{2.4}$$

式中:h 为普朗克(Planck)常数($6.63 \times 10^{-34} \mathrm{W \cdot s^2}$)。

由于 $c = \nu\lambda$,光子能量 e_ν 用波长表示为

$$e_\nu = \frac{ch}{\lambda}$$

在经典的电磁辐射中,辐射能量与波振幅的平方有关,而在量子概念中,它与光子数量和每个光子的能量有关。

2.2.2 热辐射

绝对零度之上的任何物体都会发射电磁辐射,因此我们能够看到的周围物体,包括我们自己,都是热辐射源。理想的热辐射源称为黑体,遵循普朗克定律发射辐射:

$$M_\lambda = \frac{2\pi hc^2}{\lambda^5 \exp\left(\dfrac{ch}{\lambda kT}\right) - 1} \tag{2.5}$$

式中:M_λ 为光谱辐射出射度 $\mathrm{Wm^{-2}\,\mu m^{-1}}$;$h$ 为普朗克常数($6.63 \times 10^{-34}\,\mathrm{W \cdot s^2}$);$c$ 为光速($2.9979 \times 10^8\,\mathrm{m/s}$);$k$ 为玻耳兹曼(Boltzmann)常数($1.3805 \times 10^{-23}\,\mathrm{J/K}$);$T$ 为热力学温度(K);λ 为波长(μm)。

黑体是理想表面,吸收所有入射辐射,而与入射辐射的方向和波长无关。对于给定温度和波长,没有任何物体发射能量能够超过黑体。然而,真实表面不会以这个最大值发射。真实表面的发射通过与黑体发射率的关系比辐射率来描述。比辐射率(ε)定义为感兴趣物质的辐射出射度(M_m)与同温度下黑体辐射出射度(M_b)之比。

$$比辐射率 = \frac{M_\mathrm{m}}{M_\mathrm{b}} \tag{2.6}$$

比辐射率是无量纲量,取值在 0~1 之间。一般地,比辐射率随波长变化。当物体比辐射率小于 1 但是在电磁波谱上保持不变时,称为灰体。

2.2.3 电磁辐射在介质间的传播

电磁辐射在均匀介质中沿直线传播,可以称为光线。均匀介质各处的折射率不变。当电磁波遇到两种折射率不同的均匀介质界面时,一部分被反射回入射介质(菲涅耳反射),其余的透射到第二种介质,然而,会改变方向(图 2.1)。光线从一种介质进入另一种介质的方向变化称为折射。光线传播到第二种介质后称为折射光线。

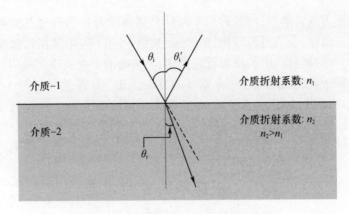

图 2.1 电磁辐射的反射和折射示意图

（当反射发生在光滑表面时，反射角 θ_i' 等于入射角 θ_i。折射角 θ_r 遵循斯内尔定律）

反射角 θ_i' 等于入射角 θ_i，折射角 θ_r 遵循斯内尔定律：$n_1\sin\theta_i = n_2\sin\theta_r$，则

$$\sin\theta_r = \frac{n_1}{n_2}\sin\theta_i \tag{2.7}$$

式中：θ_i 为入射光线与法线之间的夹角；θ_r 为折射光线与法线之间的夹角。折射角 θ_r、反射和透射能量与入射角 θ_i 和两种介质的折射系数 n_1、n_2 有关。式(2.7)中，当 $\frac{n_1}{n_2}\sin\theta_i = 1$，折射角 $\theta_r = \frac{\pi}{2}$，即折射光线与分界面垂直，如图 2.2 中光线 b 所示。此时的入射角称为临界角(θ_c)。入射角的任何增加都会将全部辐射反射回入射介质(光线 c)。这种现象称为完全内反射。由于 $\sin\theta_i \leqslant 1$，n_1 应该大于 n_2，即完全内反射光线必须由光密介质向光疏介质传播(入射介质折射系数下标 n 为 1，折射介质下标为 2)。

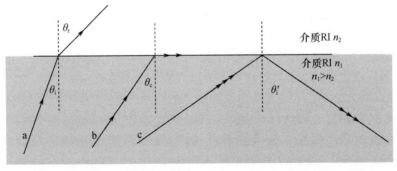

图 2.2 全部内部反射示意图(θ_c，临界角。光线 c 包含完全内反射)

2.2.4 衍射

我们一般认为光线沿直线传播。因此，当光线遇到障碍物时我们期望会有清

晰的几何投影出现。然而,波动的一个特性是遇到障碍物后绕过其传播。由于电磁辐射具有波动性,会绕过障碍物,如边缘、狭缝、小孔等,能量在几何投影里会有扩散。这样,电磁辐射产生的投影就是模糊、不清晰的。光波绕过障碍物传播称为衍射。衍射是所有波动现象中一个重要的方面。某一孔径的衍射与 λ/d 有关,其中 λ 是波长,d 是孔径宽度(直径)。λ/d 值大,衍射效应明显。狭缝或小孔的衍射模式,中间最亮,旁边依次是最暗和次亮,次亮部分的强度随着到中心距离的增加而依次降低(2.6 节)。衍射在限制成像仪器分辨率方面具有重要作用。

2.3　成像系统专业术语

为了读者能够理解后面的讨论,本节介绍一些与成像系统有关的常用术语。基本概念可以用一个简单的透镜来解释,一个简单的透镜由两个曲面构成。

对一个双表面都是球面的透镜元件,光轴(也称作主轴)是一条穿过透镜表面曲率中心的直线。成像透镜组通常有一些中心对准的透镜元件。在一个中心对准的光学系统中,所有表面的曲率中心共线,该直线称作光轴。对于轴对称反射面,光轴是连接曲率中心和镜面顶点的直线。

平行并靠近于光轴的光线(近轴光线)会聚于光轴上一点称为焦点。穿过焦点与光轴垂直的平面称为焦平面。焦距是成像系统的基本参数,定义了图像的比例尺,即目标在图像上大小与真实大小的比例(当然还取决于目标与成像子系统之间的距离)。对一个薄透镜,焦距是透镜中心和焦点在光轴上的距离。然而,实际透镜由一组独立透镜元件组成。因此,我们如何定义焦距?对一组透镜(相对于单个薄透镜称作厚透镜),平行于光轴的光线进入光学系统后,通过焦点出射。如果进入系统的光线和出射的光线延长线相交,这些交点将定义一个表面,称为主表面。在一个良好修正的光学系统中,主表面是球形的,以目标和图像为中心。在近轴区域,表面可视为平面,称为主平面(图 2.3)。

可以认为所有折射都发生在主平面。在镜头间有两个这样的面,一个位于镜头左侧,另一个位于镜头右侧。这些平面与光轴相交于主点。

系统的有效焦距(EFL)是从主点到焦点的距离。然而,在多元透镜中精确定位主平面并不容易。当近轴光线倾斜一个小的角度后,可以通过焦平面图像错位精确测量出焦距。如果 x 是倾斜角为 θ 的入射光线在焦平面图像点的移位,(图 2.3(a)),焦距 f 为

$$f = \frac{x}{\tan\theta} \tag{2.8}$$

成像系统的入射辐射通过一系列折射/反射表面。这些元件的尺寸限制了到达图像平面的辐射量。考虑单个透镜对恒星成像。恒星辐射到透镜及其周围。由于透镜直径有限,只有落入透镜通光口径的光线能够通过。这里,透镜边缘限制了

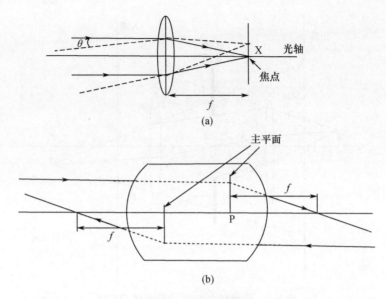

图 2.3 焦距的概念

(a)对于薄透镜,平行且接近于光轴的光线会聚于光轴上一点称为焦点,薄透镜中心和
焦点的距离称为焦距;(b)对于多元透镜,主点 P 和焦点之间的距离是焦距。

图像平面的辐射度。在每一个光学系统,有一个孔径限制系统辐射通过量。限制最终到达像面光束的孔径称为孔径光阑。孔径光阑控制了从场景到胶片或探测器焦平面的辐射量。孔径可以是物理限制(机械组件)或者是光学元件自身的边缘,其唯一目的是限制通过光学系统的辐射光束。孔径通常是轴对称的,在多元透镜组里,孔径光阑位于透镜元件之间。在卡塞格林型望远镜中,主镜的通光孔径本身充当了一个孔径光阑。孔径光阑对其前面所有透镜形成的像称为入瞳,孔径光阑对其后面所有透镜形成的像称为出瞳。如果孔径光阑位于或在第一个光学系统之前,则入瞳也位于孔径光阑处。在单个透镜元件或简单望远镜中,如牛顿型,允许光线通过的通光孔径自身形成了入瞳。来自物体的光线通过孔径光阑中心,并通过出瞳和入瞳中心称为主光线。来自物体的光线通过孔径光阑边缘称作边缘光线。

另一个与成像系统有关的光阑是视场光阑。限制成像(探测)的场景范围的孔径称为视场光阑。换句话说,它决定了光学系统的视场(FOV)。在对地成像相机中,通常探测系统(胶片、CCD 等)置于像平面。在这种情况下,探测器在物空间的投影定义了相机成像的面积。

成像系统另一个重要参数是 F 数,表示为 f/no 或者 $F/\#$。

$$F/\# = \frac{f}{D}$$

式中:f 为光学系统的有效焦距;D 为系统的圆形入瞳直径。通常标记如 $F/5$,意味着入瞳直径是 1 有效焦距的 1/5。图像平面的辐照度与 F 数的平方成反比。F 数

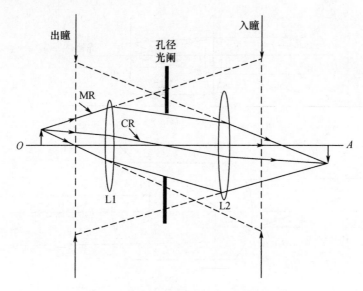

图 2.4　光瞳和主光线、边缘光线示意图

OA—光轴；CR—主光线；MR—边缘光线。

(孔径光阑(AS)由透镜 L1 所形成的像是入瞳。AS 由透镜 L2 所形成的像是出瞳)

大的系统称为慢系统(聚光能力低),而 F 数小的系统称为快系统。

2.4　像　差

　　在理想的成像系统中,所有来自于物体上某一点的光线会聚于像平面上的一个像点。由于有像差,真实光学系统不会是这样。像差被描述为光学系统成像时几何关系偏离理想位置的光线数量(Smith,1966)。理想的像点位置基于一阶光学。光线折射遵循斯涅尔(Snell)定律,即在 $n_1\sin\theta_1 = n_2\sin\theta_2$ 方程中,$\sin\theta$ 可以扩展为 θ 的无限项泰勒(Taylor)展开式：

$$\sin\theta = \theta - \frac{\theta^3}{3!} + \frac{\theta^5}{5!} - \frac{\theta^7}{7!} + \cdots$$

θ 值很小时,高阶项可以忽略,并记作 $\sin\theta = \theta$。因此,斯涅尔定律可以记作

$$n_1\theta_1 = n_2\theta_2 \tag{2.9}$$

　　当采用上述近似描述光线通过光学系统时,就是一阶光学。仅当 θ 无限小时 $\sin\theta = \theta$ 才严格成立。即入射、折射和反射光线均靠近光轴这种情况。因此,这也称为近轴光学,或者高斯(Gaussian)光学。像差是以一阶或者近轴定律给出的像点位置作为参考。用光线(非近轴)偏离近轴光线的程度来表示。

　　为了计算非近轴光线,必须包括 θ 展开式的高阶项。如果包括三阶项,就是三阶光学。三阶理论给出五种单色像差:球差、彗差、像散、畸变、场曲。需要注意的

是,实际中这些像差不是独立出现的。这些缺陷也称作塞德(Seidel)像差。本书中将在不深入考虑具体细节的情况下去分析理解这些像差的形成及影响。

2.4.1 球差

球形透镜或反射镜不会将所有平行于光轴的光线都集中到像平面的一个点。远离光轴的光线聚焦处比靠近光轴(近轴聚焦)的光线聚焦处更靠近透镜。随着光线距离光轴的高度增加,焦点距离近轴焦点越来越远。轴向球差是近轴和边缘焦点之间的距离。横向球差是边缘光线在近轴焦平面形成圆的半径(图2.5(a))。光斑尺寸在近轴焦点和边缘焦点之间的某个位置处最小,称作最小弥散圆。

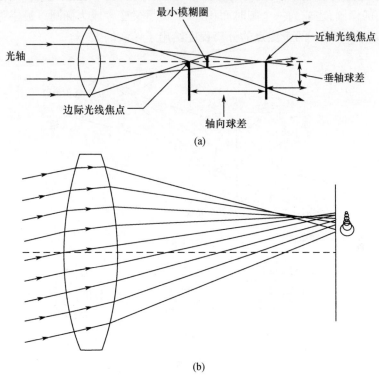

图 2.5 (a)球差和(b)彗差示意图

某一点通过有球差的透镜形成的图案通常是一个环绕着弥散光的亮点。对于扩展图像,球差降低了图像的对比度,因此在边缘产生模糊效应。

2.4.2 彗差

当光束倾斜通过光学系统时会出现彗差。当一束倾斜光线入射到有彗差的光学系统时,通过透镜/反射镜外侧的光线与通过中间的光线在不同高度成像。另外,通过外沿的光线形成一个比近轴光线大的图像,即光学系统对通过不同区域

（沿光轴对称的环形区域）的光线有不同程度的放大。每个光学系统同心区域形成一个环形的图像（彗圈），总体上产生一个圆锥形（彗尾）模糊图像。

校正了球差和彗差的光学系统称作齐明系统。

2.4.3　像散

对于有像散的光学系统，位于轴外两个正交平面上的点发出的光线产生距离透镜不同的直线图像。包含光轴和物点的平面是正切平面（也称为轴向平面），包含主光线且垂直于正切平面的平面称为横向平面。轴外点出现像散的图案不是一个点而是两条分离的直线（图2.6（a））。从正切焦点向弧矢焦点移动，图像是一个不断缩小的椭圆，当成为一个圆时面积最小，然后又变大成为椭圆。最小弥散圈位于两个焦点的中间。两个焦点的分离程度给出了像散的大小。

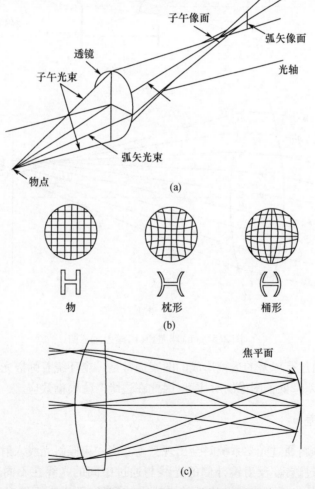

图2.6　（a）像散、（b）畸变和（c）场曲示意图

2.4.4　畸变

即使是形成了理想的轴外像点,其位置可能也不能用一阶理论预测。这是因为对于图像平面(或幅度)上不同点,透镜焦距是变化的。因此,物体图像有一侧看起来弯进来(枕形)或者是弯出去(桶形)。这里,每个点都可能成像清晰但是图像变型了(图 2.6(b))。畸变可以表示为近轴图像高度的百分比或者用绝对值来表示。

2.4.5　场曲

处于光轴法向的平面物体成像不是一个平面而是一个曲面(Petzval 场曲)(图2.6(c)),即如果探测器是平面的,如胶片、CCD 阵列,或者类似的,一个平面物体不能同时在中心和边缘理想聚焦。

上述五种在折射和反射系统中都存在的像差,称作单色像差。此外,对于折射元件还有一种像差称为色差。

2.4.6　色差

材料的折射率是波长的函数。采用折射元件的光学系统的任一属性与折射率有关。

通常,光学系统中采用的大部分玻璃材料在波长短的时候有比较高的折射率。对于可见光,$n_{红} < n_{黄} < n_{蓝}$。这使得波长短的蓝光在每个表面比红光折射更严重。因此,对于简单的会聚(正)透镜,蓝光聚焦比红光聚焦离透镜更近(任何两个波长都可以比较,只是用蓝光和红光举例)。两个焦点之间的距离称为轴向(子午方向)色差(图 2.7)。放大程度也与折射率有关。红光和蓝光成像高度的差别称为横向色差。

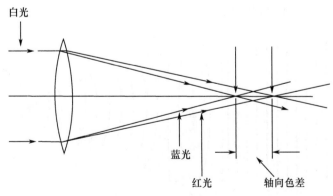

图 2.7　透镜色差示意图

2.5 波 动 光 学

在 2.4 节中我们讨论的是几何光学,电磁辐射考虑的是光沿直线传播。现在我们考虑像差在波动光学中如何表示。考虑一个点源在各向同性介质中,点源向所有方向发出均匀光。这些具有相同相位的点(称为波前)位于一个球面上,形成球形波。于是,在三维空间中,球形波前位于球形表面。在二维空间里,采用一系列以点源为中心的同心圆弧,如图 2.8 所示。每个弧代表一个波的恒定相位的表面。一般地,点光源的波前是一个球。波前方向法线表明了波动的方向,这就是几何光学中的光线。远离光源的球面波趋于平面波,波前之间是平行的,几何光学中称为平行光线。

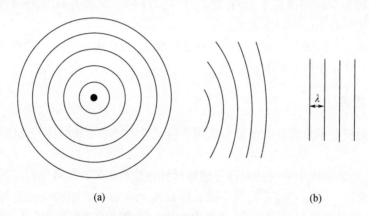

(a)   (b)

图 2.8　波前示意图。光线传播方向与波前夹角为直角。

从光源(a)向远处移动,波前(b)变成平面,成为平行光线

因此,当观测恒星时,进入望远镜的是平面波,在经过理想的没有像差的系统后,出瞳的波前为球面波,其中心位于像点(图 2.9)。

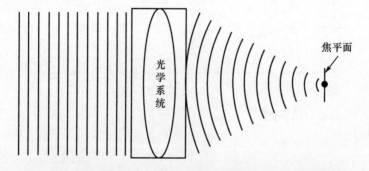

焦平面

光学系统

图 2.9　理想成像系统(平面波变成理想球面波)的图像形成

　　然而,实际光学系统中,出瞳波前不是理想球面。波前像差定义为实际波前与理想波前之间的光程差(OPD)(图2.10)。波前像差反映了光学系统的图像质量。在研究设计、制造和测试光学系统时,这是一个非常有用的参数。

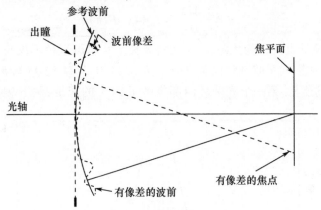

图 2.10　波前像差示意图

　　描述波前差的一种方式是用光程差,是与理想参考球面的最大偏差,称作 PV 波前差。当波前相对平滑时,它与图像质量相关性好,但这不代表图像质量退化的所有真实情况。如果一个理想反射面,只有小局部区域的峰或谷,即使谷/峰的 PV 波前差大,在整个图像质量上,其影响仍可以忽略。评价波前变形导致的图像退化程度更好的办法是用整个波前偏离参考球面的均方差表示光程差,通常采用波长单位表示。

　　波前像差值可以用出瞳平面表示,归一化为均值为 0 的单位圆,定义为每侧偏离之和等于 0 的表面(Vladimir,2006)。这可以表示为瞳坐标系下的加权次方项(多项式)和。泽尼克(Zernike)多项式用于描述有像差的波前。泽尼克多项式通常定义为极坐标形式(ρ,θ),其中 ρ 是径向坐标$(0\sim1)$,θ 是方位向坐标$(0\sim2\pi)$。

　　光学系统设计的目标是将不同的像差最小化。这一目标通过采用不同材料、曲率甚至不同表面轮廓(如非球面)的透镜来实现。在实践中,设计者会选择某个反映光学系统图像质量的参数进行优化,同时生成可以生产的设计方案,与可用的预算和周期相一致。这是光学设计者的一个主要挑战。应用现代计算机辅助光学设计工具,可以取得多数像差最小化并且性能接近衍射极限,即衍射极限设计。在2.6 节中,会讨论评价成像系统常用的一些性能参数。

2.6　成像质量评价

　　这里,我们考虑常用评价函数来比较不同成像系统的图像质量。假设一个成像光学系统没有像差。点源图像取决于衍射效应。平面波入射到圆形入瞳处产生一个亮斑,带有一些明暗相间、反差明显的环,称作艾里斑(图2.11)。这是圆形孔径的夫琅禾费(Fraunhofer)衍射。艾里斑是基于圆形元件的理想光学系统的点扩散函数,即点源光强在物镜焦平面二维分布。第一处暗环的直径 d 通过下式计算:

$$d = \frac{2.44\lambda f}{D} = 2.44\lambda(F/\#) \tag{2.10}$$

式中:D 为入瞳处直径;f 为焦距;λ 为观测波长。艾里斑直径不仅与 D 有关,而且与 $F/\#$ 有关。之后两个暗环径向宽度分别为 2.23 和 3.24 倍 $\lambda(F/\#)$。中心亮斑集中了 84% 的能量,第一个亮圆环内部集中了 91% 的能量,剩下 9% 在其他亮斑

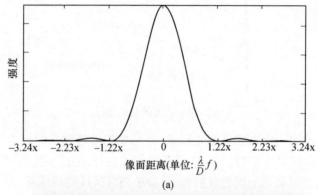

(a)

(b)

图 2.11 (a)圆形孔径的艾里斑强度分布;(b)二维强度分布。
图中,0 表示图像平面中的光轴位置

中分布且连续减少。

　　如何评价图像质量中的波前像差？夫琅禾费衍射是圆形孔径成像系统的基本限制。现在我们理解了当系统有像差时艾里斑会怎样变化。无论有无像差，由于形成点图像的辐射量是一定的，当图像尺寸增加时，图像中心辐照量会减少并在邻近形成振铃。因此，评价图像质量的一种方法是评价测试物镜的 PSF 偏离夫琅禾费衍射光斑的量。其中一种决定与理想 PSF 偏离量的参数是能量集中度，它是位于同心衍射图中某个圆内能量占系统总能量的比值。像差的存在会使能量集中度降低。

　　另一种表示波前像差对图像质量影响的方式是斯特列尔（Strehl）比。斯特列尔比定义为 F 数相同时，有像差的系统轴上辐照度与衍射极限系统轴上辐照度的比值（图 2.12）。该比值表明了存在波前像差的图像质量水平。如果系统斯特列尔比大于或等于 0.8 就可以认为是经过良好校正的，对应的波前差均方根值小于或等于波长的 1/14（Wyant and Katherine 1992）。如果波前差较大的话，就不宜作为光学系统图像质量的指标。

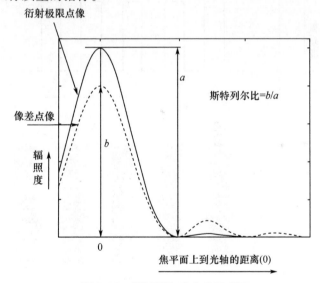

图 2.12　斯特列尔比定义示意图

　　点扩展函数给出了系统在空域的性能，即二维空间中的辐亮度分布。另一种考察图像质量的方法是评价系统对物空间靶标的空间变化如何响应。

2.7　调制传递函数

　　点扩散函数傅里叶变换描述了光学系统在频域的表现。这里频率不应与通信和电气工程学科的术语相混淆，在那里我们讨论的是时域中振荡引起的幅度变化，单位是每秒周期数。这里频率是指图像空间中目标的辐照度分布,通常称作每单位距离线对(周期)数。考虑黑白靶标(图 2.13),一个线对由一黑一白两个靶标构成,如果线对宽度是 $d$mm,则空间频率是每毫米 $1/d$ 线对(周期)。点扩散函数傅里叶变换称为光学传递函数(OTF),将辐照度表示为空间频率的函数。不考虑数学细节,来解释为什么用光学传递函数来理解成像系统的性能。实部是调制传

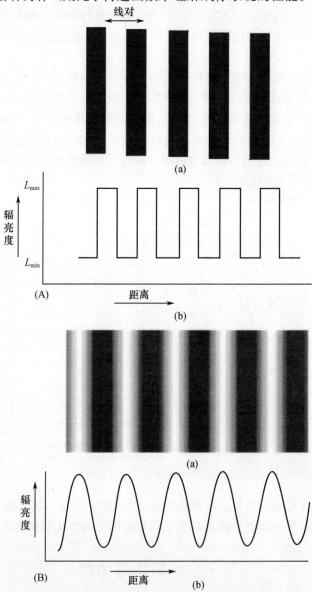

图 2.13　空间频率模式示意图:(A)方波;(B)正弦波。
每种情况下(a)表示空间模式,(b)表示辐射分布

递函数(MTF),虚部是相位传递函数(PTF)或相位位置随空间频率的变化。

如果相位传递函数与频率呈线性关系,表示图像上简单的横向错位,最坏情况下相位变换 180°,图像对比度产生反转,明暗位置互换。

在深入之前,熟悉对比度概念是有帮助的。场景中物体的辐亮度差异在探测中起了重要作用。

对比度通常与两个相邻区域有关。如果 L_{max} 和 L_{min} 是两个相邻区域的最大和最小辐亮度(图 2.13),则对比度为

$$C_R = \frac{L_{max}}{L_{min}} \tag{2.11}$$

对比调制度(调制深度)为

$$C_M = \frac{L_{max} - L_{min}}{L_{max} + L_{min}} \tag{2.12}$$

式中:L_{max}、L_{min} 分别为物(图像)空间中明暗物体的最大和最小辐亮度。图像对比度会比上场景(物空间)的小。这是因为成像系统降低了对比度。成像系统引起的对比度退化用调制传递函数表示。调制传递函数是关于空间频率 ν 的输出与输入调制度的比值函数。

调制传递函数描述了光学系统对不同空间频率成分幅度的改变,即成像系统将物方调制度降低到像方调制度的作用。在有噪声或其他退化的情况下,低对比度物体很难被发现。设计者努力提高高频的调制传递函数。调制传递函数通常以0 频为 1 做正则化。理论上,调制传递函数可以从 0 变到 1。对于圆形孔径,低频调制传递函数接近于 1(即 100%),随着频率增加而减小直到在截止频率变为 0。对于电气工程中的模拟信号,成像光学系统可视为一个空间频率的低通滤波器。当对比度值为 0 时,图像没有任何特征,看起来像一团灰色的阴影。光学系统的性能不会超过它的衍射极限调制传递函数,任何像差都会降低调制传递函数。

数学上,调制传递函数用于正弦输入靶标。明暗条纹的强度遵循正弦函数缓慢变化。系统调制传递函数是各单独组分如光学系统、探测器、图像运动甚至是大气调制传递函数的乘积。因此,成像系统整体调制传递函数为

$$\text{MTF}_{System} = \text{MTF}_{Optics} \times \text{MTF}_{Detector} \times \text{MTF}_{Image\ motion} \times \text{MTF}_{Atmosphere} \times \cdots$$

对理想光学系统,MTF = 0 处的频率称作截止频率 ν_c,可由下式计算:

$$\frac{1}{\lambda\left(\dfrac{F}{\#}\right)}$$

因此,随着 $F/\#$ 减小,截止频率增大。因此,理论上快系统(低 $F/\#$)的调制传递函数好于慢系统。然而,实际中慢系统的制造复杂性和像差相对少,系统最终调制传递函数可能不会严格按上面所说的随 $F/\#$ 变化。

对于实验室中测量调制传递函数,由于正弦波靶标不容易制造,因此一般采用

方波靶标(即所有明条纹的最大辐亮度一样都是 L_{max} ,所有暗条纹的最小辐亮度一样都是 L_{min})。当采用方波靶标时,传递函数通常称作对比度传递函数(CTF)。但是,方波的对比度传递函数和正弦波靶标调制传递函数并不相等。由于相机说明书正式采用正弦波靶标调制传递函数,应该将方波靶标测量的对比度传递函数转换成等效的正弦波靶标调制传递函数。科勒曼(Coltman,1954)给出了从方波靶标对比度传递函数转换成正弦波靶标调制传递函数的无限解析关系,正弦波靶标调制传递函数可以写成

$$MTF(\nu) = \frac{\pi}{4} \left[CTF(\nu) + \frac{CTF(3\nu)}{3} - \frac{CTF(5\nu)}{5} + \cdots \right] \qquad (2.13)$$

因此对比度传递函数一般高于相同频率的调制传递函数。科勒曼方程假定成像系统是模拟信号(如胶片相机),靶标条的数量是无限的,但是不适用于离散采样系统(Nill,2001)。尽管如此,这是一个将测量对比度传递函数转换成调制传递函数很好的近似。由于对比度传递函数随着频率增加而减小,式(2.13)中第二项和更高次项的值通常很低。对于评价超过 1/3 截止频率的频率,只需要考虑一次项,关系简化为

$$MTF(\nu) = \frac{\pi}{4} CTF(\nu) , \nu > \frac{\nu_c}{3}$$

为了比较不同成像光学系统的质量,调制传递函数是最好的工具。调制传递函数也在到达用户处的最终数据辐射精度方面发挥重要作用。我们会在 4.4.1 节中处理这一问题。

2.8 成像电磁辐射源

太阳辐射是可见光和近红外谱段(0.4 ~ 2.5μm)空间成像最主要的能量来源。太阳辐射涵盖紫外、可见光、红外、无线电谱段,最大发射率位于 0.55μm,位于可见光区。然而,在通过大气时,太阳辐射被气体及粒子所散射和吸收。电磁辐射通过大气时衰减不大的光谱区域称作大气窗口。地球表面成像通常被限制在这些波长区域,分别是电磁波谱的 0.4 ~ 1.3μm、1.5 ~ 1.8μm、2.0 ~ 2.26μm、3.0 ~ 3.6μm、4.2 ~ 5.0μm、7.0 ~ 15.0μm 以及 1 ~ 30cm 波长区域。当采用波长超过几微米的波观测地球时,地球成为一个被动遥感的主要辐射源。采用波长超过几微米的波观测主要基于温度分布和/或发射率变化。

2.9 辐 射 考 虑

从地球观测相机获取的数据不仅是一幅图像。相机本质上是一个辐射计,一个通过获取目标发射和/或反射辐射来提供定量信息的仪器。辐射度量有 5 个基

本单位,如表 2.1 所列。从辐射度量的角度看,光学系统将辐射从目标传递到焦平面。现在来说明目标辐射和仪器参数之间的关系。考虑一个直径为 D 的光学系统,将辐射从目标传递到焦平面探测器(图 2.14)。

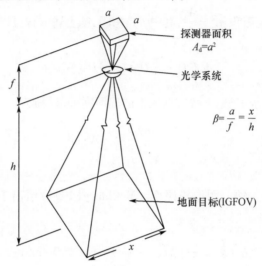

图 2.14　光学系统成像的几何关系(引自 Joseph, G. , Fundamentals of Remote Sensing, Universities Press (India) Pvt Ltd. , Hyderabad, India, 2005. With permission)

到达探测器的辐射通量为

$$\phi_d = \frac{\pi}{4} O_e \Delta\lambda L_\lambda \beta^2 D^2 \, (\text{w}) \tag{2.14}$$

式中:L_λ 为目标辐亮度$(W/m^2 \cdot sr \cdot \mu m)$;$\Delta\lambda$ 为谱段带宽(μm);O_e 为光学效率——光学系统的透过率,包含大气(<1);β 为系统几何视场角,遥感中通常称作瞬时视场角。

表 2.1　辐射量和单位

	辐射量	符号	单位	定 义
1	辐射量	Q	J	获取的辐射能量
2	辐射通量	Φ	W	单位时间内发射或入射到表面的辐射能量
3	辐照度	E	W/m^2	E 表示进入单位面积的辐射通量
	辐射出射度	M	W/m^2	M 表示单位面积发射的辐射通量
4	辐射强度	I	W/sr^1	在特定方向上,单位立体角发射的辐射通量
5	辐亮度	L	$W/(m^2 \cdot sr)$	单位立体角单位投影面积内的辐射通量

来源:Joseph, G. Fundamentals of Remote Sensing, Universities Press (India) Pvt Ltd. , Hyderabad, India, 2005. With permission.

探测器上的辐射通量(即探测器输出)与相机和目标之间的距离 h 无关。这是因为距离 h 后,虽然覆盖目标的面积会增加,但是视场角不变(假设目标尺寸投影完全填充探元),因此抵消了距离的增加。

如果 A_d 是探元面积,$\beta^2 = \dfrac{A_d}{f^2}$,其中 f 是焦距,则上述方程可以改写为

$$\phi_d(\theta) = \frac{\pi}{4} O_e \lambda L_\lambda \frac{A_d}{f^2} D^2 \ (\mathrm{W}) \tag{2.15}$$

因为 f/D 是系统 F 数($F/\#$),探元上的辐照度可以写成

$$E_d(\theta) = \frac{\pi O_e \lambda}{4\left(\dfrac{F}{\#}\right)^2} L_\lambda \ (\mathrm{W/m^2}) \tag{2.16}$$

上述表达给出了轴上图像辐照度。McCluney(1994)给出了图像平面上辐照度更准确的表达

$$E_d(\theta) = \pi O_e \lambda L_\lambda \frac{1}{1 + \left(\dfrac{2F}{\#}\right)^2} \cos^4\theta \ (\mathrm{W/m^2}) \tag{2.17}$$

式中:θ 为图像位置与光轴的夹角。光轴上图像夹角为0。

当 F 数大时,地球观测系统通常是这种情况,式(2.17)可以近似成

$$E_d(\theta) = \frac{\pi O_e \lambda L_\lambda}{4\left(\dfrac{F}{\#}\right)^2} \cos^4\theta \ (\mathrm{W/m^2}) \tag{2.18}$$

如果观测目标的时间为 τ(s,积分时间),则探测器上单位面积的能量为

$$Q_d(\theta) = \frac{\pi O_e \lambda L_\lambda}{2\alpha} \tau \cos^4\theta \ (\mathrm{J/m^2}) \tag{2.19}$$

这样的表达便于用来评价探测器输出,一般地,探测器响应度单位通常是 $\mathrm{V/(\mu J/cm^2)}$。

参 考 文 献

1. Born, M. and E. Wolf. 1964. *Principles of Optics*. Pergamon Press, Oxford, United Kingdom.

2. Coltman, J. W. 1954. The specification of imaging properties by response to a sine wave target. *Journal of the Optical Society of America*. 44: 468 - 469.

3. Joseph, G. 2005. *Fundamentals of Remote Sensing*. Universities Press, Hyderabad, India.

4. McCluney, W. R. 1994. *Introduction to Radiometry and Photometry*. Artech House, Boston.

5. Nill, N. B. 2001. Conversion between Sine Wave and Square Wave Spatial Frequency Response of an Imaging System. http://www.dtic.mil/dtic/tr/fulltext/u2/a460454.pdf (accessed on January 28, 2014).

6. Smith, W. J. 1966. *Modern Optical Engineering*. McGraw – Hill, NY.

7. Vladimir, S. 2006. http://www. telescope – optics. net/aberrations. htm (accessed on January 26, 2014).

8. Wetherell, W. B. 1980. *Applied Optics and Optical Engineering*. Vol. VIII. Academic Press, NY.

9. Wyant, J. C. and K. Creath. 1992. Basic wavefront aberration theory for optical metrology. In *Applied Optics and Optical Engineering*. Vol. Xl. ed. Robert R. S. and J. C. Wyant. Academic Press, NY.

第 3 章

成像光学系统

3.1 概　述

　　用户通过对地观测相机获得的图像质量主要取决于成像光学系统、焦平面探测器阵列、相关的电子学系统及原始数据的处理(校正、地图投影等),其中成像光学系统的作用是将物空间的辐射能量传递到像面,光学系统应保证图像几何和辐射信息的高保真度,即保持对应于物空间的形状、方位、尺寸、辐射度的能力。

　　一般而言,对地观测遥感相机的光学系统可以分为三大类,即折射式、反射式和折反式。这三类光学系统在空间对地成像相机中都有应用。具体任务中采用何种类型的光学系统主要取决于成像要求的光谱覆盖范围、视场角(FOV)和口径等因素。目前有多种光学设计软件来优化成像光学系统的结构,设计人员通过优化设计以在光学系统视场角内获取最佳的图像质量,同时进行容差分析,即获取图像的质量随光学系统结构参数和温度差异的变化情况,保证所设计的光学系统的工程可行性。星载相机光学系统的设计和实现需考虑多阶段的环境因素,包括制造、发射以及在轨运行等阶段。光机结构设计时需最大限度地保证系统部件的形状、位置不受上述因素的影响,以满足相机的成像性能要求。获取高质量图像要求相机必须满足严格的光机稳定性,因此其光学系统的设计和实现是一大难题。在本章中将重点阐述这些光学系统的性能和特点。

3.2　折射式光学系统

　　折射式光学系统基于透镜的折射性能,可以实现较大的光学视场,如卫星上搭载的单镜头宽幅相机(Large – Format Camera,LFC)的视场角可覆盖80°。这种折射式系统相比反射式和折反式光学系统的优势在于可实现大视场角,缺陷是工作谱段范围窄。折射式光学系统的工作谱段很难覆盖从可见光到热红外(Thermal Iinfrared,TIR)区域。除了宽谱段色差难以校正的问题,材料的透射率也是限制谱段范围的因素。

一个光学镜头通常由多个透镜组件构成,选择合适的透镜材料、形状及曲率可有效抑制和减小系统的色差。换言之,通过合理分配各透镜组件接收到的辐射能量可实现折射式光学系统的最佳性能。尽管如此,在实际应用中,设计和制造星载相机折射式光学系统还需要考虑更多因素,如透镜装配位置、集成方法等。

空间辐射主要影响光学系统中的玻璃元件和涂层。空间辐射环境包括电磁辐射和宇宙辐射。其中,由太阳活动、空间离子及范·阿伦带的电子和质子等引起的电磁辐射覆盖紫外(UV)到 X 射线波段,宇宙辐射则包含从质子到更重的原子核等,这些辐射与航天器材料发生相互作用后会产生二次辐射。一般,光学系统内部的元件可通过内部材料吸收紫外辐射,而裸露在空间环境中的元件则容易受到紫外辐射的影响,辐射的总剂量与航天器运行的轨道有关,本书将在第 10 章空间环境中详细描述空间辐射。空间辐射与光学材料相互作用而造成辐射损伤,包括透过率损失(由过度辐射造成)、折射率变化、介质击穿、应力积累和辐射发光(Czichy,1994)。器件损伤程度与系统玻璃元件的材料成分、辐射类型、被辐照时间等都有一定关系,空间辐射的影响范围几乎从航天器系统表面扩展到内部。

电离辐射能够改变中心波段的波长成分而导致出现材料吸收窗口,降低了透镜的透过率,进而减小了通过光学系统后输出的辐射能量,最终导致信噪比降低。如图 3.1 所示,这种材料吸收现象在可见光短波谱段的影响尤为明显。

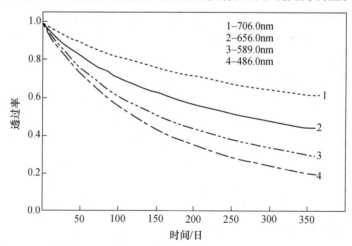

图 3.1　在辐射剂量为 100krad/年条件下,一块厚度为 5cm 的 BK7 玻璃中四个不同波段的透过率退化模型(经 SPIE 授权引自 Fruit et al. , Measuring space radiation impact on the characteristics of optical glasses, measurement results and recommendations from testinga selected set of materials,*Proceedings of SPIE*, 4823, 132 - 141, 2002)

透镜折射率的改变引起光学系统焦点位置的变化(具体变化程度取决于光学系统对透镜折射率变化的敏感程度),降低图像的分辨率。相机镜头前端裸露的透镜受空间辐射影响最大,内部透镜由于前端元件的防护及其他包覆材料的作用,受辐射影响的程度逐渐降低。一个由 NASA 发起的早期研究表明:蓝宝石材料受太阳辐射影响最小,其次是熔融石英(Firestone and Harada, 1979)。Boies et al(1994)研究了带电粒子辐射对玻璃材料的影响,并得到结论:熔融石英(Corning7958)的稳定性能使它可作为 TOPEX 激光反射阵列的反射器材料。他们的研究还发现厚度为 133nm 的氟化镁(MgF_2)防反射膜对带电粒子辐射的影响较稳定。

另外一个需要考虑的重要方面是由大气到真空的变化对星载透镜的影响。透镜在大气中的折射率比真空中大,折射率变化会导致整个镜头的焦距发生变化。因此,在地面装配探测器时应预置一定的偏差距离,才能保证相机在真空环境工作时,探测器始终处于最佳焦平面位置。另一种可行方式是在实验室装调和测试期间在镜头各透镜之间充满氦气(氦气的折射率是 1.000033,与大气折射率1.000273 相比,它更接近于真空的折射率),星载相机入轨后通过排气装置将内部氦气排放出去。排气装置一般是镜筒内部的特殊结构,例如带光圈的气阀来实现排放氦气,达到预定的气压状态。

从红外视频观测卫星 1 号(TIROS-1)开始,折射式光学系统被用于多个对地观测遥感相机,例如陆地资源卫星 1 号(Landsat-1)的 BBV 相机就采用了这种光学系统。第一个在轨的基于折射式光学系统的多光谱 CCD 相机是运行在太阳同步轨道的印度遥感卫星(IRS)的线阵自扫描一、二代(LISS 1/2)相机。在第 6 章将详细讨论线阵自扫描相机,本节中简要描述该相机设计折射式光学系统时的多方面考虑。线阵自扫描一、二、三代(LISS 1/2/3)的四谱段多光谱相机采用四个独立光学通道的折射式镜头,通过多通道设计获取每一个谱段最佳性能的图像。在设计多光谱相机时,需考虑一个基本原则,即在任何工作环境中,每一谱段图像的地面分辨率应保持一致或具有已知的固定偏差。这要求四个谱段的镜头均具有相同的焦距和畸变,且在不同工作环境中具有相同的性能。此外,镜头尽可能采用无热设计,才能保证相机运行时对温度变化的高容差。这些性能要求是相机镜头制造商面临的难题,马特拉防务公司——DOD/UAO——设计、生产和测试了许多满足上述要求的带干涉滤光片的线阵 LISS 1/2/3 镜头(Lepretre, 1994)。下面简要介绍马特拉制造线阵自扫描相机镜头的过程。

线阵自扫描相机(LISS)镜头源自双高斯光学系统,由位于中间的孔径光阑及两侧几乎对称的透镜组成。图 3.2 中给出了双高斯系统的光学结构。马特拉防务公司采用了八个独立透镜,其中紧挨像平面采用了低倍率且位置可调的透镜来匹配多光谱相机中四个不同波段透镜系统的焦距。例如,印度遥感卫星(IRS)的线阵自扫描三代相机(LISS 3)的透镜系统有效焦距(Effective Focal Length, EFL)约为 350mm,在 L7-L8 透镜之间每 $100\mu m$ 的偏差可导致有效焦距

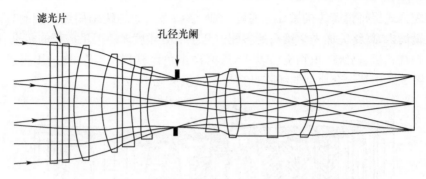

图 3.2　采用了光谱带限滤波片的典型双高斯光学系统

改变约 $20\mu m$（Lepretre，1994）。在马特拉防务公司设计的光学系统中，通过前端的干涉滤光片实现分光的功能。为了抑制辐射和温度对干涉滤光片的影响，在滤光片前放置熔融石英玻璃材料（Suprasil）的平板作为外端光学窗口。与此同时，还应对四个镜头系统中由单个透镜偏心造成的光轴移动的一致性进行优化。研制具有相对较窄的光谱带宽（约 $0.1\mu m$）和中等视场角（小于 $10°$）的线阵自扫描相机镜头并非大难题，真正的难题是如何保证相机每一个光谱通道都成相同格式的图像，且满足环境变化时光轴共线性（容差约 $1\mu m$）。这里所说的相同图像格式指：每个固定的视场角的图像尺寸相同，即保证四个镜头具有相同的有效焦距，每个镜头装配后的畸变差异小于 0.005%；CCD 阵列的位置随温度的变化能够精确控制在一定范围内；保持光轴共线性，即镜头镜筒中各机械部件的相对位置在不同环境条件下依旧保持固定不变。共线性的改变一般由机械运动（振动和震颤）及热应力诱发，使镜筒内部透镜元件的移位超过了设计容差。因此，对镜筒内每一个部件都必须有严格的侧向和轴向限制，以此保证光学系统对偏心、倾斜、镜间距变化及应力畸变的稳定性。

　　合理的机械设计是满足上述要求的关键。一种装配透镜的方法是基于干涉配合原理，采用合适的黏合剂，将各透镜组件按照过盈配合依次固定在镜筒内。基于过盈配合的装配方式的问题在于易产生应力（Richard and Valente，1991），且温度变化时这种应力的影响更严重。过盈配合装配技术一般应用于地面系统，很难适用工作环境极端的星载相机。为了提高星载相机中光学系统对环境应力的稳定性，高精度光学系统装配时应选择合适的柔性部件（Vukobratovich and Richard，1988；Yoder，2008）。这是一种弹性部件，在某一特定方向允许有较小的受控运动，同时限制其他方向的非预期动作。一种典型的柔性部件是透镜支架采用三片式对称结构，这种结构的特点是仅径向具有一定柔性，透镜通过合适的黏合剂装配在片式结构中，满足了对温度变化带来的不同材料不均匀膨胀的稳定性，从而抑制透镜的倾斜或偏心。对每一个透镜均采用最小应力分析来确定柔性部件的长、宽和厚度等。设计时需注意，柔性结构的透镜支架和镜筒的本征频率各不相同。通过精密装配方式保持镜筒的机械轴与透镜光轴共线,每一个透镜采用热匹配的方法装配在镜筒内,最终完成光学镜头的装配。几乎所有印度遥感卫星搭载的相机,如线阵自扫描相机、高级广角相机(AWiFS)、海洋水色监视仪(OCM)均采用折射式镜头。图3.3中是一套典型的线阵自扫描相机镜头光学结构。

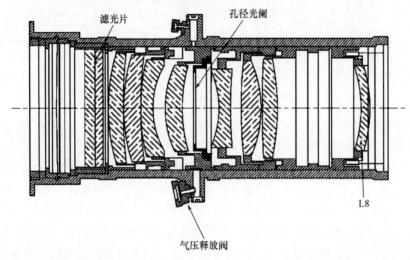

图 3.3　典型的线阵自扫描相机光学结构(图片经法国 SAFRAN REOSC 授权使用)

3.2.1　远心镜头

很多应用中,要求在单轨中获得更大的幅宽范围,大幅宽能够提高时间分辨率,相同观测角度时观测频率随幅宽增加而增加。例如,具有 2900km 幅宽的高级甚高分辨率辐射计(NOAA/AVHRR)能够每天对地球上任意地点成像。宽幅成像系统通常采用光机扫描仪,通过摆扫方式成像,光学系统仅在窄视场内(取决于瞬时视场大小,通常小于 0.1°)时需进行校正。对于线阵探测器,如 CCD,采用推扫的方式进行成像,其幅宽由光学系统视场角决定。例如,日本 ADEOS 卫星搭载的 POLDER 探测器视场角约为 114°,法国 SPOT 4 卫星相机的视场角为 101°,印度遥感卫星 IRS 搭载的海洋水色监视仪 OCM 视场角为 86°。这些探测器的光学系统通过滤光片获取光谱信息,随着入射光角度的增加,滤光片的中心波长逐渐变短。如果采用传统的光学设计方法,无论滤光片置于焦平面还是入瞳处,入射光角度变化都会导致 CCD 阵列不同位置像元接收到的光谱信息差异,进而影响成像结果。为了解决这个问题,使焦平面 CCD 探测器阵列所接收的光谱信息与入射光角度无关,可采用远心镜头。

对远心镜头,主光线在物空间或像空间与光轴平行。远心镜头可分为三类:物空间远心、像空间远心和物/像空间远心。物空间远心镜头的物距在一定范围(即景深)内变化时,放大率保持不变,可用来准确测量物体三维和高度变化信息。这种特性使得物空间远心镜头广泛应用于机器视觉中,如光学计量等。像空间远心镜头入射到焦平面的光线近似平行,入射角变化对焦平面滤光片几乎没有影响,采用这种像空间远心镜头的宽幅相机能够减小光学系统的轴外辐射(如 $\cos^4\theta$ 效应)(Bai and Sadoulet,2007)。图 3.4 是入射时普通镜头和远心镜头的焦平面光线角度的差别。一个典型的使用远心镜头的航天相机是 1999 年发射的印度遥感卫星 P4 搭载的海洋水色监视仪(IRS – P4/OCM),由法国 SAGEM 公司设计制造。海洋水色监视仪探测器幅宽为 1420km,包含从可见光到近红外的八个谱段,412～865nm 谱段的光谱分辨率为 20nm,长波谱段的光谱分辨率是 40nm,每个镜头焦距为 20mm,F 数为 4.3,视场角为 86°。和 3.2 节线阵自扫描相机一样,在空间环境下,海洋水色监视仪的八个谱段成像通道需保持严格的有效焦距和畸变一致性以及光轴共线性。每个谱段镜头之间有效焦距的差异应小于 ±0.01% (±2μm),畸变的变化小于 ±0.3μm,光轴的差异小于 ±1μm。此外,MTF、像面照度均匀性、杂散光等因素也应对空间环境保持稳定。Thépaut 等研究了海洋水色监视仪(OCM)的镜头如何实现上述要求(Thépaut et al,1999)。

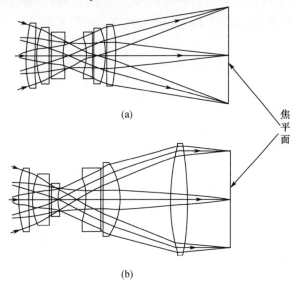

图 3.4　入射光角度不同时透镜系统的焦平面的入射角示意图
(其中,远心透镜系统中光线几乎以垂直的角度入射到焦平面)
(a)普通透镜系统; (b)远心透镜系统。

　　图 3.5 中的镜头由 10 个透镜构成,首个透镜后表面采用凹形抛物面设计来校正畸变。在镜头中,通过合理的设计对透镜的像差进行校正,由于谱段范围宽,所以每个镜头对应一个谱段并选用不同的透镜材料,以此实现每一谱段的最佳性能。每一个透镜均镀减反膜,将入射光线以最大入射角入射时的表面剩余反射降低至0.4% 以下。

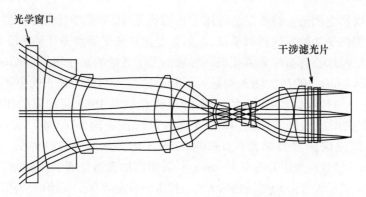

图3.5　海洋水色监视仪的光学系统结构(图片经法国赛峰集团授权使用)

图中,镜头最前端熔融石英平板光学窗口的作用是抑制温度梯度对系统的影响。干涉滤光片(IF)装配在光学系统的出口,相比装配在入口,这种设计可将入射到滤光片的光线最大入射角由±43°降低到±7°左右。此外,为了保证有效焦距和畸变的一致性,设计中有两个间隔可调,同时对图像 MTF 影响极小。为避免温度变化对内部组件的影响,整个镜头采用无热化设计。

3.3　反射式和折反式光学系统

折射式光学系统的工作谱段较窄,很难覆盖可见光到热红外(TIR)谱段。透镜材料的自身属性使得其很难同时满足对热红外和可见近红外(VNIR)谱段保持良好的透过率。例如,最常用的锗透镜对热红外谱段有优异的透过率,对可见近红外谱段几乎不透明;熔融石英和许多玻璃材料透镜则完全相反,对可见近红外谱段保持很好的透过率,而对热红外谱段很差。此外,随着对地观测相机口径和焦距的增加,折射式光学系统的重量和体积成为难以解决的问题。一般,高分辨率的相机需要长焦距和大口径的光学系统,而反射式光学系统可满足上述要求。

3.3.1　反射式光学系统

图3.6(a)是一个凹面反射镜,平行于光轴的入射光线通过反射面反射后会聚于反射镜的焦点。这是反射式望远镜最基本的形式。反射镜的焦点在光束的入射路径上,这种结构限制了装配在焦平面的探测器阵列的尺寸。为了解决这个问题,可在会聚光束聚焦之前通过平面反射镜使光路转折,将凹面镜的焦点移至入射光路之外。如图3.6(b)所示,这种光学系统称为牛顿望远镜,经典牛顿望远镜使用抛物镜作为主镜。图3.6(c)是另一种牛顿望远镜,通过平面镜折叠光线的方向,使光线通过主镜中心孔在主镜后方会聚,可很大程度地减小对焦平面组件尺寸的限制。

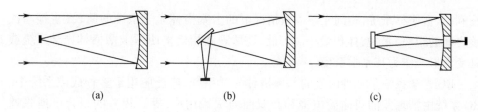

图 3.6 单主镜望远镜的几种不同结构

牛顿望远镜的尺寸较大,视场角也比较受限,且单反射镜的光学系统仅能校正球差,无法对其他导致轴外模糊的像差进行校正,如彗差、像散等,这些限制使得牛顿望远镜很难应用在星载相机上。在牛顿望远镜的光学系统中,采用次镜(凹面或凸面反射镜作为次镜)取代平面镜,可大大改善上述局限性。这种设计使其光学性能可由三个参数来进行优化,分别是主次镜的形状及它们的间距。采用双镜系统可有效校正球差和彗差,但无法消除像散对图像质量的影响(Korsch,1977)。

由双反射镜组成的望远镜有两种基本类型光学系统:格里高利(Gregorian)光学系统和卡塞格林(Cassegrain)光学系统。格里高利光学系统采用凹面镜作为次镜,反射光线经过同轴的凹面主镜中心的小孔在主镜后方聚焦,图 3.7(a)是典型的格里高利光学系统,采用抛物面主镜和椭球面次镜。通过不同主次镜的参数搭配,可组成同种结构形式的多种双反射镜光学系统。图 3.7(b)是另一种主次镜的组合,主镜采用凹面镜,次镜是凸面镜,入射光经次镜反射后通过主镜的开孔成像在后方,这种结构形式的光学系统是卡塞格林光学系统。卡塞格林光学系统的次镜将主镜出射光线的会聚角度进行一定程度的发散,出射光线的交点位置得以延长,从而提高了系统的焦距。经典的卡塞格林光学系统的结构是凹抛物面主镜与凸双曲面的组合,这种结构受球差影响较小,主要的像差是彗差。通过不同主次镜的参数组合,可形成多种卡塞格林望远镜系统,上述三种光学系统中,即牛顿、格里

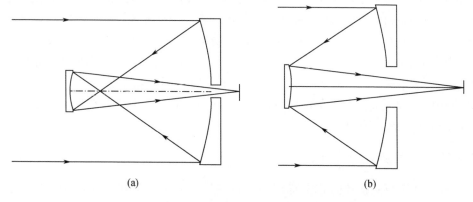

图 3.7 两种典型的双镜望远镜的光学系统结构

(a)格里高利系统; (b)卡塞格林系统。

高利、卡塞格林系统,相同光学参数情况下的卡塞格林光学系统的筒长(主镜与次镜之间的距离)最短,体积最小。因此,地球观测相机多使用卡塞格林光学系统或其变形形式作为其光学系统。

RC 光学系统是一种改进的卡塞格林光学系统,广泛应用于多种成像系统中。RC 系统由消球差的双曲面主镜和凸双曲面次镜构成,等光程差的组合可消除球差和彗差对图像的影响。尽管相同 F 数的 RC 光学系统比普通卡塞格林系统的视场角更大,但像散和场曲使其有效视场角受到限制。另一种卡塞格林光学系统的变化形式是 DK 光学系统,由椭圆主镜和凸球面次镜构成。这种系统的彗差比传统的卡塞格林系统大,但其反射镜的加工更加容易,装调的敏感性大大降低(Sacek,2006)。

在地球观测相机中,双反射镜的望远镜镜头多用于光学系统中需校正角度较小的光机扫描成像仪。例如,Landsat TM 相机采用 0.41m 口径 RC 系统光机扫描仪,其光学系统需要校正的角度仅为 0.04°;NOAA/AVHRR 的光机扫描仪采用 DK 系统,其校正角度仅为 0.075°。前文所提的推扫式相机的视场角需覆盖整个幅宽(跨轨方向)时,其光学系统视场角比光机扫描仪更大,接下来将详细讨论如何实现大视场角的光学系统。

3.3.2 增加光学系统视场

为了获取更佳的观测效果,星载相机上采用的望远镜技术越来越先进。从伽利略(Galileo)时代开始,望远镜就已经开始用于天文观测,早期的反射式天文观测望远镜的视场角较窄。天文学家们发现观测银河系及河外星系时需要较大的视场角,第一个实用的宽视场天文观测望远镜是 1928 年由施密特·伯恩哈德(Bernhard Schmidt)设计的施密特(Schmidt)望远镜,通过反射镜采集光线,在光路中合适的位置放置透镜元件来实现大视场和平像场。施密特望远镜的光学系统同时采用了反射和折射元件,因此可视为折反系统。前文可知双反射镜系统能够在窄视场内获得高质量的图像。当反射面的数量增加时,每一个反射面都能够提供更多可调的参数变量(如反射面形状及位置等),在宽视场角内对多种像差进行补偿,从而得到一个全反光学系统。在本书中主要介绍应用于星载对地观测遥感相机中的光学系统,读者可参考 Ackermann 等的宽视场角光学系统的发展全回顾(Ackermann et al,2010)。

3.3.2.1 折反式光学系统

在 3.3.2 节中描述的施密特望远镜是最早应用于天文观测的宽视场光学系统,其主镜是凹球面反射镜,孔径光阑设计在曲率中心位置,这种设计可消除彗差、像散和场曲的影响,但无法消除光学系统的球差(Mahajan,1991)。在施密特望远镜的光学系统中,为了对球差进行补偿,可在光路中引入校正镜,即有名的施密特校正镜。施密特校正镜自身球差与主镜相反且等量,从而对主镜的球差进行补偿(图 3.8(a))。这种光学系统应用于星载对地观测相机时视场角可达到 9° ×9° (Ackermann et al,2010)。

在经典的施密特望远镜中,校正镜装配在主镜的曲率中心,镜筒长度为焦距的 2 倍。施密特校正镜的一种变化结构是施密特—卡塞格林系统,在卡塞格林光学系统的光路上引入施密特校正镜,组成结构紧凑的光学系统。在图 3.8(b)的卡塞格林光学系统中,光线经过非球面的施密特校正透镜后,入射到凹球面主镜,紧接着反射到凸球面次镜,光线最终经主镜中心孔出射,在主镜后方成像。尽管施密特望远镜及其衍生光学系统口径往往小于 1.25m(Ackermann et al,2010),但至今仍在地面观测相机中广泛使用。施密特光学系统并非完全不受各种像差的影响,由于引入透镜的缘故,系统存在一定程度的色差。系统焦平面是弯曲的,需采用场镜进行校正。施密特光学系统应用于星载对地观测相机的典型例子是法国 SPOT 卫星搭载的高分辨率可见光相机(HRV)(Chevrel et al,1981)。在第 6 章中将详细介绍 SPOT 卫星上 HRV 相机的光学系统。

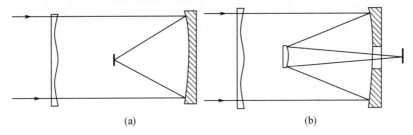

图 3.8　施密特光学系统的光学结构
(a)传统的施密特光学系统;(b)施密特—卡塞格林光学系统。

施密特校正镜位于光学系统的入瞳处,口径和主镜口径一致。这种结构会导致多种问题,如系统重量、温度梯度导致的畸变等,对航天相机的影响尤为明显。而将校正镜装配在近焦平面位置能够有效减小上述因素的影响。设计卡塞格林光学系统时,通常在近焦平面位置采用折射元件来增加视场角,校正离轴像差和场曲。一般,场镜对光学系统的 F 数影响不大。早期的校正镜采用两个球面透镜,后来逐渐发展为三四个透镜组,且其中一些至少包含一个非球面透镜(Wilson, 1968;Wynne,1968;Faulde and Wilson,1973;Epps and Divitorio,2003)。光学系统设计时通常将反射镜和透镜视为一个整体,通过优化各项参数来达到系统最佳的光学性能,Ackermann 等设计了一种五个球面透镜组成的校正镜,用于反射镜位置完全固定的光学系统中,能够得到几乎没有光学畸变的高质量图像(Ackermann et al,2008)。许多卡塞格林光学系统都能够在不改变反射镜参数的条件下使用上述五镜校正镜来增大视场。下面的例子是采用这种设计的大口径对地观测光学系统。图 3.9 是 2008 年发射的印度 CARTOSAT2A 相机光学系统结构,F 数为 8,主镜直径为 700mm,焦平面前的校正镜由三个透镜组成,平场可达 ±0.5°。

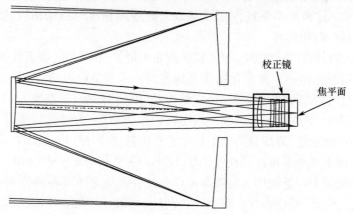

图 3.9   采用校正镜(FOC)的典型折反光学系统
(FOC 由三个带曲率的元件和一个光学窗口构成)

3.3.2.2   全反式宽视场光学系统

通过 3.3.1 节可知,任何双反射镜光学系统最多只能校正球差和彗差这两种光学像差。设计人员很早就意识到可通过三个反射镜扩大光学系统的视场角(Lampto and Sholl,2007)。三反射镜光学系统可对九个参数进行优化设计:三个反射镜的曲率和非球面度、镜间距、三镜到焦平面的距离。这种三反射镜系统能够对四种像差进行校正,包括球差、彗差、像散、场曲(Korsch,1977)。三镜消像散光学系统(TMA)具有宽视场角的衍射极限成像质量、较好的杂散光抑制能力,其中 Korsch 提出的有遮拦三镜消像散光学系统(OTMA)能够很好地抑制杂散光的影响,在平场为 1.5° 时的光斑能保持良好的几何形状。通过三个非球面反射镜,所有第三级像差均能同时校正,而高级像差也能很好地控制。其中一种 Korsch 形式的 OTMA 如图 3.10 所示,在这种结构中,主镜和次镜构成卡塞格林系统,在主镜的后方成实像(另一种方式是成像在主镜与次镜之间)。光线通过主镜和次镜反射,经 45° 放置在主镜与三镜之间的折叠镜后入射到三镜,三镜继续反射光线,最终通过折叠反射镜之间的开孔后二次成像。二次成像的图像与经主次镜成像的图像放大率几乎一致,且焦平面在折叠反射镜后方,中间像面可作为抑制杂散光遮拦的理想位置。三镜能够增大卡塞格林系统的焦距,从而获得所需的有效长焦距,这种光学结构已应用于 NASA 的火星轨道侦察相机——高分辨率科学试验成像相机(Hi-RISE)(Gallagher et al,2005)。改变三镜在光路中的位置可得到一系列不同的 Korsch 三反消像散光学系统(Gallogher et al,2005;Lampton and Sholl,2007)。OT-MA 广泛应用于地球观测相机中,如美国的 IKONOS 卫星和法国的 Pleiades 卫星

（Bicknell et al,1999；Fappani and Ducollet,2007）。Pleiades 的光学系统是典型的 OTMA,其入瞳口径为 650mm,有效焦距为 13m,光学结构如图 3.10 所示。光学系统采用了同轴的凹面椭圆主镜和凸面双曲次镜卡塞格林结构,光线经折叠反射镜后入射到离轴的凹面椭圆三镜。所有反射镜均采用微晶玻璃制作而成,轻量化达到 70% ~80% ,固镜装置（MFDs）由殷钢材料制作而成。反射镜采用宇航级结构胶与固镜装置胶合,最后经钛螺丝固定到光学系统镜筒中。光学系统在设计视场角大于 1.7°为能保持良好的光学性能。

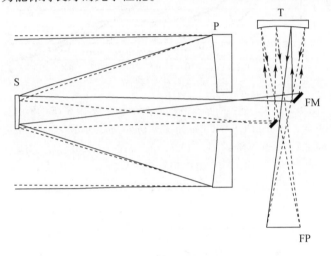

图 3.10　典型的有遮拦三反离轴光学系统

P—主镜；S—次镜；T—三镜；FM—折叠反射镜；FP—焦平面。

目前为止介绍的反射式光学系统的主要缺点是由反射镜带来的中心遮拦。中心遮拦降低了系统的有效通光口径,同时其衍射效应降低了系统的调制传递函数。图 3.11 是调制传递函数随不同遮拦比的变化曲线。有中心遮拦的光学系统中,次镜隔板会进一步降低系统调制传递函数,而次镜与光学系统的机械连接结构也会影响光学系统的衍射模式。此外,当入射光束的角度很大时,遮拦将阻挡大部分的入射光束,严重影响图像质量（Marsh and Sissel,1987）。为了解决遮拦对光学系统的影响,可采用无遮拦三镜消像散（UTMA）的设计方式。在无遮拦三反离轴光学系统中,离轴的主反射镜焦点在光路外,在合适的位置装配次镜时将不会遮挡入射光线,中心对称反射镜易于加工,离轴部分可由中心对称的反射镜切割获取。美国 QuickBird 卫星搭载的相机采用无遮拦镜头（UTMA）,其主镜为 0.6m 口径的无遮拦反射镜（Sholl et al,2008）。图 3.12 是典型 UTMA 的光学结构图。读者可参考 Rodgers 的研究对无遮拦多镜（从双反射镜到多反射镜）光学系统的设计进行回顾（Rodgers,2002）。采用无遮拦三反离轴光学系统时,保持波前差（WFE）不变的情况下可通过降低径向的视场角来增大正交方向的视场角。例如,在对远距离目标

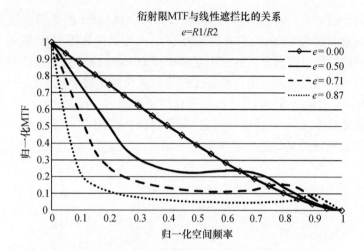

图 3.11　中心遮拦对卡塞格林光学系统的衍射限 MTF 的影响

（引自 E. Wetherell，B. William，*Applied Optics and Optical Engineering*，Academic Press，New York，1980；Adalka Dheeraj，2014，个人交流）

R1—中心遮拦半径；R2—入瞳半径。

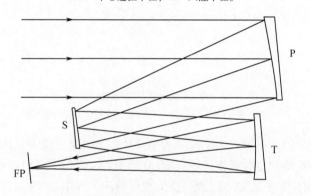

图 3.12　典型的无遮拦三反离轴光学系统

P—主镜；S—次镜；T—三镜；FM—折叠反射镜；FP—焦平面。

成像时，视场为 2°×3°、1°×6° 及 0.5°×8° 这三种状态的光学系统波前差几乎一致（Rodgers，2002）。而推扫式成像系统沿轨方向的视场比跨轨方向（幅宽）小得多，因此 UTMA 光学系统的特点使其成为一系列推扫式成像系统的选择，包括印度的 IRS-PAN、美国的 QuickBird 和 EO1-ALI、英国的 Topsat 等（Joseph et al，1996；Figoski，1999；Bicknell et al，1999；Greenway，2004）。其中 IRS-PAN 相机的无遮拦三反离轴光学系统的详细设计将在第 6 章中讨论。PROBA 卫星植被观测相机是 SPOT 卫星植被观测相机的后继星，其光学系统采用了视场为 34.5°×5.5°、焦比为 7 的像方远心无遮拦三反离轴光学系统。尽管其焦距仅为 110mm，但其无遮拦三反离轴光学系统具有目前在轨的对地观测相机最大的视场（Grabarnik et al，

2010）。Sliny 等设计并实现了一个五反射镜无遮拦光学系统，F 数为 3，36° 的跨轨视场角、90mm 的有效焦距（Sliny et al，2011）。

离轴非球面反射镜的制造是影响成本与周期的一个重要因素。Shafer 的研究证明，通过四个球面反射镜的匹配，可以设计出没有球差、彗差及三级像散的无遮拦光学系统，通过一些参数的合理搭配可校正场曲及畸变（Shafer，1978）。随着反射镜数量的增加，光学系统的装调也变得越来越复杂。

3.4　杂散光抑制与隔离

从根本上说，对地观测遥感相机是一种辐射计，理想情况下，每个像素的 DN 值（Digital Number，也称数字计数值）能准确表征地面景物经光学系统后到达焦平面探测器的辐射。实际成像时，往往由于各种因素而出现辐射传递误差，其中一个因素就是杂散光。当高反射率目标在靠近视场边缘成像时，如雪、云等，杂散光对图像质量的影响相当大。任何不希望落在像面上的光均可视为光学系统的杂散光。杂散光主要来源于传感器视场角之外的辐射，这种杂散光称为视场外杂散光。在双反射镜系统中，如典型的卡塞格林光学系统，视场外光线可不经过主镜和次镜的反射，直接通过主镜中央的开孔到达探测器，严重影响图像质量。除了这种直接影响，视场外杂散光经反射镜边缘或其他支撑结构后发生单次/多次散射在像面形成漫散射，如图 3.13 所示。视场内的辐射光经反射或折射镜后发生散射，在像面形成漫散射背景，但相比视场外杂散光，这种漫散射背景对图像质量的影响小得多。视场内的散射光主要取决于反射镜面的粗糙程度，通过提高反射镜的加工工艺可减小这种散射的影响。散射光到达像面后降低了图像对比度，这种散射光统称为杂光。

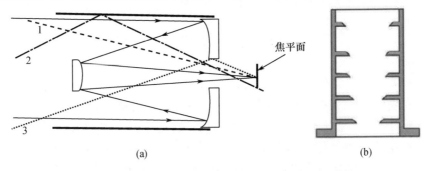

图 3.13　（a）卡塞格林光学系统中的杂光，（b）隔杂光板剖面图
1—直接入射光；2—镜筒反射光；3—主镜中央开孔散射光。

视场外杂散光对焦平面的影响可通过合适的挡光板来消除。对双反射镜结构，如 RC 光学系统，采用两块挡光板，一块置于主镜中心孔，另一块则置于次镜处。通过合理设计，挡光板不仅能够阻隔任何角度的直接入射光，而且可以抑制主次镜之间的镜筒内反射光。挡光板的设计参数,包括长度和直径,应满足对视场内入射光的最小遮拦,同时最大限度地阻隔杂光。然而,通过挡光板的光线依旧有部分反射或散射杂光能够到达探测器。为了达到对杂光的最佳抑制效果,上述反射或散射光也应在入射到探测器之前被阻拦。抑制杂光的方法是采用沿挡光板的扇叶结构。扇叶之间的空间类似于空腔,空腔内表面为黑色涂层,射入腔内的光线经多次反射后被涂层吸收或散射,从而减弱甚至消除杂光。发生散射时,光线向腔外各方向散射,且光强随着散射面距离的增加而逐渐衰减。设计光学系统时,应对扇叶的数量进行优化设计,不仅可以降低光学系统的重量和制造成本,而且能够减少扇叶边缘散射光对探测器的影响。

黑色涂层的扇叶腔增加了隔板的热负载而导致温度升高,对热红外成像仪,扇叶腔的自辐射增加了热背景辐射。热成像系统推荐采用镜面扇叶空腔的结构(Bergencr et al,1985),但仅在离轴光源角度固定时才适用。

杂光抑制隔板设计采用计算机绘图与分析法结合的设计方法(Young,1967;Hales,1992)。Kumar 等提出了一种基于光学设计软件和实际分析的设计方法(Kumar et al,2013)。这种方法通过光学分析软件计算得到与光学系统特性相匹配的光线,并迭代分析隔板与杂光的关系,以此得到隔板的最佳参数。实际上,估算杂光对焦平面的影响是一个非常复杂的过程,需要同时分析光学设计、机械结构表面粗糙度、涂层性质、散射模式等多方面因素。通过数学建模的方法分析这些因素时,很难验证其建模参数的有效性,因此设计杂光隔板需在实验室进行大量测试来确定设计的准确性。

此外,当光学系统具有中间焦点时,如 Korsch TMA 系统,在中间焦点位置装配一个光阑,可很大程度地降低杂光对焦平面的影响。

3.5　反射式望远镜头的设计

望远镜系统选型确定后,采用光学设计软件计算每一个反射镜的特性,反射镜之间的间隔、装配位置等,从而得到光学系统视场内的最佳性能。有许多可用的光学设计软件都是商业化且开源的,可供设计者选择。光学系统设计时,应尽可能缩短镜筒长度,从而减小镜头体积,减小次镜尺寸来降低遮拦,以及保持焦平面平场化等。这些设计要求都是相互关联的关系,例如,主镜 F 数小的光学系统镜筒长度短,次镜尺寸小但是场曲较大(Jodas,1999)。此外,次镜偏心容差随主镜焦比的三次方而变化(Bely,2003),这使得装配小 F 数主镜的光学系统变得更加困难,且小 F 数的主镜加工难度与成本也更高。设计光学系统时需综合考虑上述问题来提高系统的可实现性,仅仅在软件设计上实现系统的高性能而不解决镜面面形、离心、倾斜的允差等实际问题,则设计的光学系统不具备工程可行性。光学系统设计时若公差太严,即使系统可实现,制造成本也将大幅增加。元件的制造、材料的选择、成本的控制,都是设计者必须面对的问题。因此,光学系统设计时,设计人员需在时间和成本预算内,对光学系统性能要求和其他诸如材料、容差等进行合理选择。一旦确定了光学系统的设计,下一步便是实现满足光学性能要求和对环境变化稳定性要求的硬件及装配。

3.5.1　反射镜材料选择

制造反射镜的材料选择非常重要,合适的材料能够在各种特定环境(温度、湿度等)下制造、装配、装调同时保证光学质量要求。典型的低热膨胀系数(CTE)陶瓷玻璃,如 Cervit、Zerodur 都是广泛使用的反射镜基底材料(Cervit 由 Coring 公司生产,Zerodur 由 Schott AG 公司生产)。这些材料的热膨胀系数通常要求在 0 左右,实际上大多数玻璃材料的热膨胀系数均满足该范围。IRS 光学系统的反射镜以及其他许多卫星,如 SPOT、Landsat 等,均使用 Cervit 或 Zerodur。尽管如此,目前越来越多的新反射镜材料已逐渐应用在星载相机中。本节中将首先回顾星载相机光学系统对反射镜材料的基本要求,然后介绍一些采用新反射镜材料的星载相机。材料的重要力学性能包括低密度(ρ)、高弹性模量(E),其中弹性模量是测量材料刚度的特征量。材料的这两种性质可通过比刚度描述,即弹性模量与密度的比值(E/ρ)。比刚度越高,材料经抛光处理和装配时形变越小,且对振动和冲击的负载能力越强。当比较相同重量的材料特点时,可引入重量挠度比例因子比 $\left(\dfrac{\rho^3}{E}\right)^{\frac{1}{2}}$,这个参数的物理意义是比较相同质量材料的相对挠度(Paquin,1995)。另一个重要的参数是反射镜材料的热性能。材料需较低的热膨胀系数 α 来降低温度变化引发的形变,以及高的热导率来缩小温度梯度。材料由温度梯度造成的形变可通过选择高热导率和热膨胀系数比 κ/α 的材料来降低。选择高 κ/α 材料的反射镜增加了温度容差,降低了反射镜的温度形变。表 3.1 是常用反射镜材料的各种参数。

表 3.1　室温条件下各种反射镜材料的特性

项目	密度 $\rho/(\mathrm{g/cm^3})$	弹性模量 E/GPa	CTE/ $(10^{-36}/\mathrm{K})$	热导率 $\kappa/(\mathrm{W/(m \cdot K)})$	比刚度 E/ρ	κ/α	$\left(\dfrac{\rho^3}{E}\right)^{\frac{1}{2}}$
材料期望值	小	大	小	大	大	大	小
Zerodur	2.53	90.3	0.02	1.46	35.7	73	0.42
ULE Corning 7972	2.21	67.6	0.03	1.3	30.6	43.3	0.39
化学气相沉积碳化硅	3.21	465	2.2	280	145.1	127	0.27
铍	1.85	287	11.3	216	155	19	0.15
铝	2.7	68	22.5	167	25	7.4	0.55

注:表中值为标示值;不同融造炉出产的玻璃的各项特性准确值可能略有差异

除了上文提到的材料特性,材料的尺寸稳定性(也称形稳性),包括材料本身的稳定性及由于加工过程诱致的不稳定,也是重要的考虑因素。为保持这种尺寸稳定性,材料应对机械加工和热变化具备各向同性的特点。此外,反射镜材料也应具备加工和抛光至所需光学容差及稳定的光学反射涂层的要求。除了需满足上述多种材料属性,其他方面诸如生产周期和成本也是选择反射镜材料的考虑因素。

在表3.1中,铍具备最佳力学性能,碳化硅的热特性最好。铍本身是一种有毒的材料,一般很少用于制作星载相机的反射镜。铍具有密度小的优点,一般对地观测相机光机扫描仪中的扫描镜会采用铍,如 Landsat MSS/TM、INSAT/VHRR、NOAA AUHRR 等。铍是粉末冶金产品,铍反射镜很难经直接抛光的方法制作,而通常采用在铍表面镀一层镍的方法来实现反射镜面抛光精加工。抛光后的镜面根据工作波段的反射率要求镀上如金、银、铝等反光金属。最后采用二氧化硅或氟化镁作为外保护层。镍膜层解决了镜面精加工的问题,但镍与铍的热膨胀性能和热导率不同,当温度变化时,这种差异可能引发双金属问题,镍膜层厚度随温度变化时而改变反射镜面形。为了降低温度变化对膜层的影响,可通过调整镍膜层中的磷含量来改变膜层(主要指光学膜层)的热膨胀系数,使其与铍的热膨胀系数相近。Landsat MSS 的扫描镜使用电火花加工技术对固体铍金属坯加工而成。铍坯前后表面均为非电镀镍膜层,其中前表面膜层可实现光学精加工,而后表面膜层是为了起到应力平衡的作用。为了保证多光谱相机在光谱范围内反射率的一致性,采用真空沉积的方法在前表面镀一层金以及一层防止表面金属氧化褪色的保护性膜层(Lansing et al,1975)。

铍特别适用于低温系统,当温度降低到室温以下后,铍的热膨胀系数急剧下降,温度低于 80K 时接近于 0,而热导率在温度低于 150K 时逐渐增加(Paquin et al,1995)。铍的典型应用是工作在 40K 以下的詹姆斯韦伯天文望远镜(NASA/JWST)。该望远镜主镜的每一分块镜均为口径为 1.3m 的镀金铍反射镜,镜坯通过热等静压工艺对铍粉加工而成,每一块坯料均采用机械轻量化,成型的反射镜重量仅为镜坯的 8%。

由表3.1可知,碳化硅玻璃具有低热膨胀系数、高热导率、高比刚度的特点。碳化硅玻璃的这些特性很大程度上取决于其自身的生产制造过程。采用烧结或碳化硅粉末热压法或反应黏合过程得到的碳化硅通常较疏松,抛光时难以形成良好的光学表面。解决这个问题的办法是在碳化硅表面采用化学气相沉积法(CVD)镀一层碳化硅或其他合适材料(Han Yuan - yuan et al,2006)。CVD 碳化硅与普通碳化硅具有相同的热特性,可避免镍膜层铍反射镜易出现的双金属问题。支撑结构和互联结构均可采用碳化硅,以避免不均匀热膨胀,得到的整体结构能够具有最小的热形变,且同时能减轻一定的系统重量。

碳化硅反射镜已成功应用到天文望远镜和地球观测相机中。2009 年欧洲航天局发射卫星搭载的赫歇尔红外相机(Herschel IR)采用直径为 3.5m 碳化硅主镜,其密度为 21.8kg/m^2。直径为 3.5m 的主镜由 12 块分块镜焊接而成,每一分块镜采用冷静压法烧结碳化硅而成。镜面打磨抛光至要求面形和光洁度后,表面沉积一层 10nm 厚度镍—铬膜层,接着是铝反射层。铝表面被一层硅基聚合物保护,防止铝在地面操作时受水蒸气的侵蚀。该相机所有的主镜、次镜及次镜六脚支撑架均采用碳化硅制作而成,如果使用传统材料重达 1.5t,采用这种碳化硅材料时系统质量仅为 300kg(ESA,2004)。

另一种实现碳化硅反射镜轻量化的方法是采用"三明治结构",即将疏松碳化硅内核夹在两 CVD 碳化硅表面之间的结构。日本宇航探索局的红外天文卫星(AKARI)搭载的相机光学系统的主镜和次镜均采用这种结构。其主镜的直径为 71cm,质量仅为 11kg。

现在一系列对地观测相机均采用碳化硅作为光学系统的反射镜材料。以下是使用碳化硅反射镜光学系统的地球观测相机(文中列举并不完全)。NASA EO1/ALI 采用了碳化硅主镜;我国台湾 ROCSat－2 搭载了一个 Korsch 光学相机,其反射镜及焦平面支撑结构均为碳化硅材料;泰国 THEOS 的全色相机主镜由碳化硅材料制作;Sentinel－2 卫星是欧州航天局用于全球环境与防务监控的地球观测星座成员之一,搭载的地球观测相机均为碳化硅反射镜(Spoto et al,2012)。上述多数卫星均为敏捷卫星,能够对感兴趣区域快速成像获取数据。采用碳化硅的光学系统降低了卫星的整体质量,因此惯性更小,卫星敏捷性更好。

铝反射镜用于 RapidEye 成像系统,相机由德国的 Jena－Optronik GmbH 参照 JSS－56 设计制造,其光学系统是口径为 145mm 的全铝结构 TMA 结构(Risse 2008)。铝反射镜表面为镍膜层,以此获取合适的表面抛光质量(Kieschateina et al,2005)。替代 SPOT 卫星植被观测相机的 PROBAV 相机也采用全铝的 TMA 光学系统。

3.5.2　反射镜加工

无论采用什么类型光学系统,主镜作为第一个元件具有最大的几何尺寸。一般,主镜尺寸随相机空间分辨率的增加而增加。大口径给反射镜及相关机械机构的设计制造带来了许多困难。在这一节中,我们对实现大口径星载相机光学系统的几个关键要素进行讨论。

第一个要素是反射镜的厚度选择。合适厚度的反射镜具有足够的刚度来减少重力导致的挠曲。根据经验法则,反射镜直径与厚度的比值(宽高比)设计为 6~8。确定宽高比后,反射镜重量与其半径的立方成正比。随着重量的增加,反射镜自身重量引起的形变也增加。这种形变可用均方根(RMS)表面形变 δ 表示,δ 与反射镜材料的密度 ρ、弹性模量 E 及直径 D 和厚度 h 有关。当镜轴垂直时,δ 可

由下式得到(Yong Yan et al,2007):

$$\delta = \kappa \frac{\rho}{E}\left(\frac{D^2}{h}\right)^2 \tag{3.1}$$

式中:κ 为与反射镜支撑结构有关的比例系数。从式(3.1)中可知,反射镜直径增加 1 倍时,其厚度需增加 4 倍才能保持 δ 不变,而此时反射镜重量增加了 16 倍。

反射镜厚度的增加还有其他影响。一般反射镜前后表面具有不同的温度,而航天相机的温控系统会采取相应措施将这种温度不一致性最小化。而随着反射镜直径的增加,这种温度梯度变得很难控制。温度梯度会导致镜面产生额外的曲率半径(ΔR),关系如下式(Yong Yan et al,2007):

$$R = \frac{h}{\alpha \Delta T} \tag{3.2}$$

式中:ΔT 为沿反射镜厚度方向的温度梯度;α 为反射镜热膨胀系数;h 为反射镜厚度。通过式(3.2)可知,反射镜厚度的增加会使温度梯度导致的曲率变化程度增加,最终导致光学系统焦平面的变化,需通过重新调整探测器到新的焦平面才能消除离焦的影响。

3.5.2.1 反射镜轻量化

当主镜重量增加时,支撑结构的重量随之增加。因此,整个光学系统的重量很大程度取决于主镜的重量。因此,在不影响光学系统在各种环境条件下的工作性能时,需考虑如何优化反射镜重量。降低反射镜重量时能够相应提高其本征频率,因此,轻量化的光学元件对提高光学系统整体性能极为重要。

反射镜的反射性能仅与其前表面有关。因此反射镜轻量化设计的关键在于减少其背部重量同时确保刚度能够满足机械和光学要求。这种减轻反射镜重量的方案可概括为三大类:背部具有特定轮廓曲线反射镜、夹层式反射镜以及背部开放式/背部半开放式反射镜。

本节将简要描述这三种类型反射镜。背部具有特定轮廓曲线反射镜是减轻反射镜重量的最简单形式,在这种结构中,反射镜设计成特定轮廓来减轻总体重量。图 3.14 是两种背部具有特定轮廓曲线反射镜:单弧和双弧。通过调整参数来优化反射镜刚度,包括高度、边缘厚度、波形(抛物面、凸面、直线形)。宽高比为 6 时,

(a)   (b)

图 3.14 背面具有特定轮廓曲线反射镜

(Adapted from Vukobratovich, D., Handbook of Opto - Mechanical Engineering,

CRC Press, Boca Raton, Florida, 1997)

(a)单弧形;(b)双弧形。

相比实心圆弧面反射镜,采用背部具有特定轮廓曲线反射镜可将自身重量降低25%。由图中所示,反射镜厚度沿反射面变化,镜面不同厚度的部位达到热平衡所需时间不相同,在温度快速变化的工作环境中,可能导致反射面发生面形形变。相比其他类型轻量化反射镜,背部具有特定轮廓曲线反射镜往往具有最大的热形变(Vukobratovich,1997)。

典型的夹层式反射镜由作为反射面的光学面板、轻量化的镜核以及背部面板构成,如图 3.15 所示。镜核的轻量化蜂窝结构的几何外形通常为三角形、正方形或六边形,通过焊接或熔合的方法将镜核与前反射面和背面板组合成型。夹层式反射镜中,可优化的参数包括面板厚度、核的结构(棱状肋的厚度与间距)以及镜核与外表面的距离。夹层式反射镜周围环绕的棱可提高刚度以及便于反射镜装配,镜核采用同种材料泡沫状结构,提高刚度的同时极大的降低了总重量(Novi et al,2001)。这种反射镜比背面具有特定轮廓曲线反射镜和背部开放式/背部半开放式反射镜具有更高的刚度重量比,且宽高比为 6 时,相比实心圆柱面反射镜重量能够降低 85%。但是,夹层式反射镜的制造难度及成本相对更高,设计制造时的动态负载是一大技术挑战。

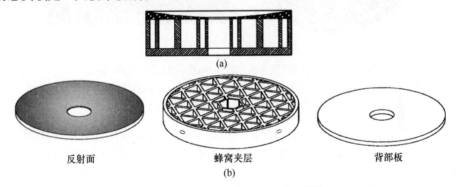

反射面　　　　　　　蜂窝夹层　　　　　　背部板
(b)

图 3.15　带围板的镜核夹层式反射镜
(a)横截面剖面图;(b)结构分解图。

背部开放式/背部半开放式反射镜是由一个薄反射面板和背部的轻量化结构组成。如图 3.16 所示,这种结构可完全开放或部分开放。背部开放式反射镜的轻量化形状与夹层式反射镜类似,通常为圆形、三角形或六边形。影响反射镜刚度和重量的参数包括轻量化孔的内切圆直径、轻量化筋的厚度、前反射面的厚度等。相比实心圆柱面反射镜,其重量可降低 60%(Vukobratovich,1997)。

网格效应是影响轻量化反射镜抛光的一个重要因素。网格效应是发生在抛光期间,由于反射面变形而出现的畸变,能够影响图像质量。这种效应限制了反射镜抛光时可承载的压力。采用非接触式抛光,如离子束溅射,能够减小网格效应。采用离子束溅射抛光时,根据干涉仪面形误差参考图来精确计算离子束在光学表面每个位置所需的保压时间,离子束由专用机器喷射(Rao et al,2008)。网格效应取

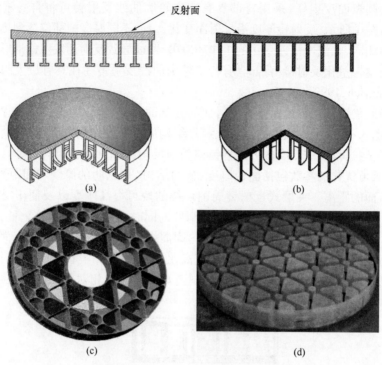

图3.16　横截面图(照片由印度 Bangalore LEOS/ISRO 提供)

(a)背部开放式反射镜；(b)背部半开放式反射镜；

(c)典型的三角轻量化模式；(d)背部开放式反射镜的实际背面图。

决于轻量化筋的几何模式、内切圆和反射面板厚度。六边形和正方形模式轻量化相对更容易制造,但其网格效应更严重。三角形模式轻量化的刚度相对更高,但边缘肋重量更大。

　　为了制造轻量化反射镜,可采用数控打磨、水注磨蚀、激光切割或蚀刻等技术,制造腹板加筋反射镜的方法包括熔接或焊接镜核至前/后面板或采用腹板加筋件进行铸造。实现特定要求的反射镜面是一项非常专业的工艺,每一个反射镜均需固定在特殊设计的横杠支撑托板上进行加工以减少重力效应。从加工难易程度、设计灵活程度、制造时间、成本等方面考虑,上述每种反射镜加工方法均有一定的优势和缺点,实际上应结合可用设备和生产人员的专业技能选择不同的加工方法。

3.5.2.2　轻质镜结构优化

　　优化轻质镜的结构和支撑件的研究从数十年前开始一直持续到现在(Schwesinger,1954;Barnes,1969;Genberg and Company,1993;Yu Chuan Lin et al,2011)。不同用户对元件的要求不同,所需优化的参数也各异,一种优化设计方案是很难满足多用户需求的。传统上对轻质镜的定义是"任何比相同参数和刚度的实心反射镜重量轻的反射镜",但星载相机光学系统的最优轻质反射镜如何定义?使用轻质反射镜望远镜或相机的最终目的是保证成像质量,因此,最优轻质反射镜设计不仅是降低反射镜重量,还应保持所需刚度或抗弯强度。因此,我们定义最优轻量反射镜为重量最小但依旧能够在制造、装配、集成、发射及在轨运行期间等多种机械和热应力条件下,始终能够保持特定图像质量的反射镜。换言之,反射镜制造过程带来的额外机械应力、装配时的界面效应、静态与动态应力、重力释放效应等造成的反射镜面形畸变应保持在设计容差范围内,以达到成像质量要求。此外,随着光学系统尺寸的增加,镜面的温度梯度控制也愈加困难,最优轻质镜设计时也应研究如何在各种温度环境下将温度梯度对光学系统性能的退化程度保持在设计容差内。在无应力状态,上述负载对反射镜面变形的影响是最重要的临界参数,另一个重要参数是本征频率,需始终大于与航天器自身有关的特定值。此外,反射镜固定装置(MFD)的设计与位置都对不同负载条件下反射镜整体特性有重要影响。中央开孔式反射镜(主镜)和其反射镜固定装置结构复杂,传统的梁、面、壳挠性理论的闭环式设计方法不再适用,采用有限元法(FEM)来实现。有限元法的基本理念是将一个复杂的整体结构分解成一系列不相关联的独立元件,然后基于定理公理用数学的方法建立相应模型。有限元设计时,反射镜镜面微形变或波前差(WFE)用实际镜面与理想镜面的均方根差来表征。优化设计时通过调整参数,如面板厚度、肋结构、反射镜固定装置的位置等来使波前差保持在规定范围内。反射镜的波前差也可通过泽尼克多项式表征,具体见第 2 章。反射镜基频需大于一个特定值,以此优化光学性能。达到最佳基频的反射镜可能无法满足重量最轻或刚度最高的要求。因此,为达到这些预定性能要求,反射镜设计时应根据实际需要对上述多种参数折中选择。

3.5.3　反射镜支撑结构

　　光学设计行业有句俗话叫做"反射镜好光学系统性能才好,而支撑结构好反射镜性能才好"。即使制造出最好的反射镜,而反射镜固定装置达不到要求,也能够导致光学系统性能变差。反射镜支撑结构应该具备在任何操作过程中均能将反射镜稳固且保持表面特性不变的作用。因此,反射镜固定装置应能够隔离制造与发射时的机械与热应力对光学系统结构的影响,从而将这些因素带来的波前差保持在允许范围内。反射镜和支撑结构的整体刚度设计时应保证基频大于一个特定值,支撑部件的材料与反射镜材料及反射镜固定装置的热膨胀系数差异应尽量小,才能减小连接处的热应力。反射镜支撑装置设计时需考虑的另一点问题是在轨运行阶段的重力释放效应。

　　反射镜支撑装置由一组挠性铰部件组成以保持运动受控,最简单的片式支撑装置如图 3.17 所示。三个片状结构间隔 120°附着在固定环上,反射镜置于其中。

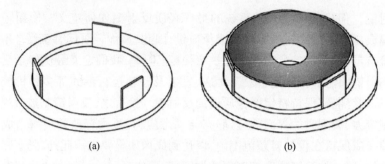

(a)   (b)

图 3.17 采用片结构的反射镜支撑装置结构
(a)三片式支撑环;(b)胶黏到片上的反射镜。

这种径向挠性结构可适应反射镜与支持部件不同的热膨胀,但无法隔离和消除装配时的机械应力。为了将传递到反射镜的机械应力降至最低,支撑环面的表面平整度及在光学系统中的安装位置应满足足够高的容差。

3.5.3.1　Bipod 支撑结构

　　Bipod 支撑结构由两个支撑件组成倒 V 状,如图 3.18(a)所示,通过设计很细的脚台来实现较高的挠性。图 3.18(b)是一个双轴挠性结构件,这种双轴相互垂直的设计具有很高的挠性,可隔离安装偏差。图 3.18(c)是双轴挠性脚台,反射镜支撑面板置于倒 V 的顶点处。

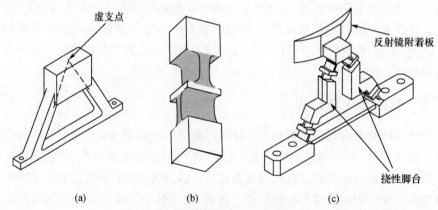

(a)   (b)   (c)

图 3.18 反射镜支撑结构
(a) Bipod 结构;(b)双轴挠性结构;(c)双轴挠性 Bipod 支撑结构。

　　通过这种支撑结构,即使 Bipods 实际上并未在该支点上连接镜面,也可以通过调整两腿夹角使虚支点保持在反射镜中性面上(Yoder,2006)。Bipod 通常用整块材料采用电火花成型加工而成,三个相同的 Bipod 间隔 120°固定在支撑环上,可提供 6 自由度来隔离反射镜与光学系统结构。图 3.19 中,Bipod 可以装配在反射镜边缘或背面合适位置。

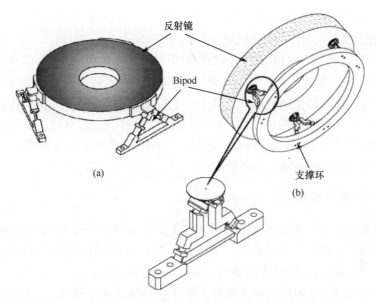

图 3.19 反射镜在支撑结构中的固定方式
(a)边缘固定;(b)背面固定。

支撑结构通常采用合适的黏合剂来固定反射镜,其中空间应用中常用的一种黏合剂是双化合物复合环氧树脂基黏合剂。环氧树脂基黏合剂的两种组成化合物依据其生产说明按比例混合后,应用于反射镜与支撑结构的接触面,在室温或高温时均能够硬化形成很好的黏结面。空间光学系统的黏合剂应具备低的材料挥发性,防止挥发的材料分子附着在相对低温的光学元件表面而降低反射系数和光谱特性,因此应用于空间相机的黏合剂挥发剂量需有严格的上限值。为了避免反射镜面的应力变形,选择黏合剂组成化合物以及黏合过程时需保证应力无法传递到反射镜面。另一个要考虑的是热应力的问题,当黏合剂中环氧基的硬化温度与黏结面的装配温度不同时,环氧基能够将热应力传导至镜面而引起变形。应力的影响机制相当复杂,有必要对不同熔合条件的树脂基性能进行研究,目前已有不少学者对其进行数学建模分析(Yan et al,2010)。不同类型黏合剂的试验研究均有许多文献可查(Pattern et al,1998;Seo et al,2007)。Kumar 等选择 Epotek - 301 和 3M2216 Gray 这两种黏合剂进行了试验,重点研究了黏合剂的光学表面变形、搭接剪切强度及挥发特性(Kumar et al,2012)。他们通过研究发现底层涂料为 3901 的 3M2216 Gray 黏合剂可应用于环境温度为 5~40℃可见光—红外谱段光学系统元件的黏结,适用的工作温度范围为(20 ± 3)℃。为了研究黏合剂对反射镜镜面的影响,一种推荐的方法是对与反射镜相同的材料进行研究。同时,黏结的面积也应进行优化选择,反射镜的热缩效应随着黏结面积的增加而增大,最终影响镜面面形,而缩小黏合剂的黏结面积可减小镜面面形形变,但黏结点的强度也相应降低。

确定黏合剂黏结面积时,在降低热缩造成的热变形的同时应满足刚度要求,保持光学系统装配稳定性及承受发射期间的负载(Mammini et al,2003)。

连接 Bipod 与反射镜的黏结片设计时,其连接脚台的区域较厚,能将应力有效传递至 Bipod,而黏结片边缘则逐渐变薄,图 3.18(c)为其结构图。逐渐变薄至刃状的边缘设计使黏结面的径向刚度最小化,有助于降低随温度变化而传递到反射镜的压力(Tapos et al,2005)。此外,黏合剂随时间的稳定性变化能够影响光学系统中反射镜组的装配(Patterson et al,1998)。Prabhu 等对常用于光学器件的黏合剂进行了总体概述(Prabhu et al,2007)。

3.5.4　反射镜装调

光学系统中反射镜组定的位置和方向依据光学设计而安装,整个装调要满足全部的环境要求和在轨使用要求。望远镜系统的支撑结构应保持高刚度及在不同操作环境中的稳定性,同时考虑系统在轨时的重力释放效应。系统应具备足够高的本征频率以避免发射期间发生故障。除了全金属式光学系统,支撑结构通常由低热膨胀材料构成,如殷钢和碳纤维增强型塑料制品。印度 IRS PAN 和 CARTO－1 就采用了殷钢材料;美国 Landsat TM 相机光学系统结构采用超低热膨胀系数的石墨环氧复合材料,可基本消除热膨胀造成的问题,但石墨环氧复合材料具有吸湿性,可能由此导致形变,设计时需考虑材料吸湿性及带来的问题;法国 Pleiades 相机光学系统采用碳/碳复合材料结构,其具有很低的热膨胀系数且对湿度不敏感。

下面给出装调双反射镜光学系统大概步骤。图 3.20 中是一个典型的双镜光学系统,主镜装配在圆柱镜筒的一端,次镜通过三角架结构固定在镜筒另一端。这种结构部件按规定的制造公差制造,可将反射镜放置在预定位置。光学系统初装

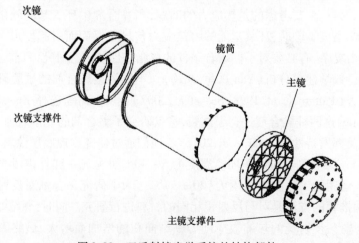

次镜

镜筒

主镜

次镜支撑件

主镜支撑件

图 3.20　双反射镜光学系统的结构部件

时,首先以主镜和次镜后表面作为参考,采用经纬仪来进行主次镜在镜筒内的准直。经准直后各部件装配位置精度和倾角精度分别可控制在 $100\mu m$ 和角分范围内。初装残留的失调量可能造成图像的像差。第二个步骤是减小主镜与次镜的倾斜失调和离心误差,保持反射镜之间必要的镜间距。为此需先对像差进行评估才能将其对图像质量的影响降低至预设值。

　　评价像差的影响时,首先需了解成像光学系统中像差是如何出现的。一束平行光线经过理想的成像光学系统后会聚成球面波,而任意有像差的波面均为非球面,使用自准直干涉仪测量会聚波面的波形可评估光学系统的像差。干涉仪焦平面处可形成很好的会聚波面,准直后的光学系统主焦点与该波面焦点重合。如图 3.21 所示,光学系统的波面经高精度参考反射面向后反射形成测试波面,测试光束与参考光束发生干涉形成干涉条纹。干涉图像的图形取决于像差的类型,对一个理想光学系统,干涉图为 0 级条纹,即干涉图为全白或全黑。图 3.22 给出了几种失调的光学系统像差的干涉图。

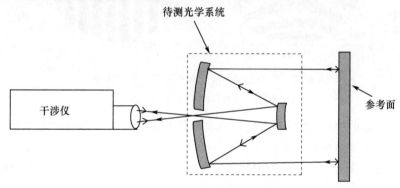

图 3.21　干涉仪测试光学系统准直度示意图

　　如果两个反射镜之间的镜间距与设计值不相符,出现的波前主要是离焦。离焦波面与干涉仪的参考波面发生干涉形成球形条纹,如图 3.22(a)所示。如果主镜与次镜的中心不在主光轴上而出现离心误差,这时出现的像差是彗差,如图 3.22(b)所示。如果主镜与次镜之间存在倾斜误差,则会导致像散,如图 3.22(c)所示。干涉仪焦点与光学系统焦点不重合时会出现环形条纹,可通过环形条纹来验证它们的焦点重合程度,即干涉仪焦点是否保持在光学系统后焦平面上。图 3.22(d)是线状条纹,当主镜与次镜的波面互相倾斜时会出现这种干涉条纹。事实上,在实际装调好的光学系统中,由倾斜、离心、离焦等综合作用下的干涉图像比上图中的几种情形要复杂得多。一般,干涉图存储在干涉仪外的计算机中作为辅助数据分析使用。计算机通过计算干涉图像与理想球面波和待测光学系统的波面的差异来对波面的形状建模仿真,一般通过泽尼克多项式对波面进行数学表述。最终的装调是通过调整单一或两个反射镜,通过在反射镜支撑结构与外结构

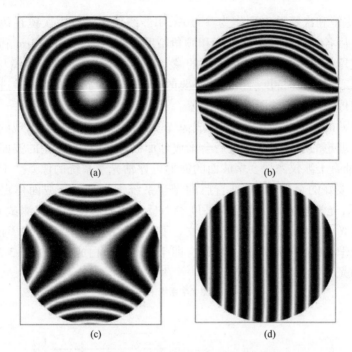

图 3.22　失调光学系统几种典型像差的干涉模式
(a)离焦；(b)彗差；(c)像散；(d)倾斜。

之间插入合适的垫片，重复调整直到波面满足要求。最终可以通过几个循环的热试验来检验望远镜头装配的稳定性。

　　当反射镜在光学系统结构中装调完成后，接下来将在焦平面位置集成探测器来形成完整的成像系统。具体细节将在第 6 章中进行讨论。

参 考 文 献

1. Ackermann, M. R., J. T. McGraw, and P. C. Zimmer. 2008. Five lens corrector for Cassegrain – form tele-scopes. *Proceedings of SPIE* 7060：D1 – D3.

2. Ackermann, M. R., J. T. McGraw, and P. C. Zimmer. 2010. An overview of wide field of view optical designs for survey telescopes. http://www. amostech. com/TechnicalPapers /2010/Systems / Ackermann. pdf (accessed on February 5, 2014).

3. Hanxiang, B. and S. P. Sadoulet. 2007. Large – format tele – centric lens. *Proceedings of SPIE* 6667：51 – 58.

4. Barnes, W. P. Jr. 1969. Optimal design of cored mirror structures. *Applied Optics.* VIII：1191 – 1196.

5. Bely, Y. P. 2003. *Construction of Large Optical Telescopes.* Springer, New York.

6. Bergener, D. W., S. M. Pompea, D. F. Shephard, and R. P. Breault. 1985. Stray light rejection perform-ance of SIRTF：A comparison. *Proceedings of SPIE* 0511：65 – 72.

7. Bicknell, W. E., C. J. Digenis, S. E. Forman, and D. E. Lencioni. 1999. EO – 1 advanced land imager. *Proceedings of SPIE* 3750：80 – 85.

8. Boies, M. T. , J. D. Kinnison, and J. A. Schwartz. 1994. The effect of electron radiation on glass used for space – based optical systems. *Proceedings of SPIE* 2287: 104 – 113.

9. Chevrel, M. , M. Courtois, and G. Weill. 1981. The SPOT satellite remote sensing mission. *Photogrammetric Engineering and Remote Sensing* 47: 1163 – 1171.

10. Czichy, R. H. 1994. Optical design and technologies for space instrumentation. *Proceedings of SPIE* 2210: 420 – 433.

11. Epps, H. W. and M. DiVittorio. 2003. Preliminary optical design for a 4.0 m f/2.19 prime focus field corrector with a 2.0 deg. field of view. *Proceedings of SPIE* 4842: 355 – 365.

12. ESA. 2004. http://sci. esa. int/science – e/www/object/index. cfm? fobjectid = 34705 (accessed on January 25, 2014).

13. Fappani, D. and H. Ducollet. 2007. Manufacturing & control of the aspherical mirrors for the telescope of the French satellite Pleiades. *Proceedings of SPIE* 6687: T1 – T11.

14. Faulde, M. and R. N. Wilson. 1973. A three – lens prime focus corrector for parabolic telescope mirrors. *Astronomy and Astrophysics* 26: 11 – 15.

15. Figoski, J. W. 1999. The QuickBird telescope: The reality of large, high – quality, commercial space optics. *Proceedings of SPIE* 3779: 22 – 30.

16. Firestone, R. F. and Y. Harada. 1979. Evaluation of the effects of solar radiation on glass. *National Aeronautics and Space Administration*, George C. Marshall Space Flight Center, Alabama 35812, Contract No. IAS8 – 32521, Final Report No. D6139.

17. Fruit, M. , A. Gusarov, and D. Doyle. 2002. Measuring space radiation impact on the characteristics of optical glasses: measurement results and recommendations from testing a selected set of materials. *Proceedings of SPIE* 4823: 132 – 141.

18. Gallagher, D. , J. Bergstrom, J. Day et al. 2005. Overview of the optical design and performance of the high resolution science imaging experiment (HiRISE). *Proceedings of SPIE* 5874: K1 – K10.

19. Genberg, V. and N. Cormany. 1993. Optimum design of lightweight mirrors. *Proceedings of SPIE* 1998: 60 – 71.

20. Grabarnik, S. , M. Taccola, L. Maresi et al. 2010. Compact multispectral and hyperspectral imagers based on a wide field of view TMA. *International Conference on Space Optics*, Rhodes, Greece. Vol. 4. http://www. rsp – technology. com/ICSO – 2010 – Surface – roughness%201nm. pdf (accessed on May 20, 2014).

21. Greenway, P. , I. Tosh, and N. Morris. 2004. Development of the TopSat Camera, *Proceedings of the 5thInternational Conference on Space Optics (ICSO 2004)*, Toulouse, France. ed. B. Warmbein. ESA SP – 554 (113).

22. Hales, W. L. 1992. Optimum Cassegrain baffle systems. *Applied Optics* 31: 5341 – 5344.

23. Han Yuan – yuan, Zhang Yu – min, Han Jie – cai, Zhang Jian – han, Yao Wang, and Zhou Yu – feng. 2006. Optimum design and thermal analysis of lightweight silicon carbide mirror. *Proceedings of SPIE* 6148: R1 – R5.

24. JODAS – My Optics. 1999. http://www. myoptics. at/jodas/twomirror. html (accessed on January 25, 2014).

25. Joseph, G. , V. S Iyengar, R. Rattan et al. 1996. Cameras for Indian remote sensing satellite IRS – 1C. *Current Science* 70(7): 510 – 515.

26. Kirschsteina S. , A. Kochb, J. Schoneicha, and F. Dongia. 2005. Metal mirror TMA— Telescopes of the JSS product line. *Proceedings of SPIE* 5962: M1 – M10.

27. Korsch D. 1977. Anastigmatic three – mirror telescope. *Applied Optics* 16: 2074 – 2077.

28. Kumar, S. M. , C. S. Narayanamurthy, and A. S. Kiran Kumar. 2013. Iterative method of baffle design for

modified Ritchey – Chretien telescope. *Applied Optics* 52：1240 – 1247.

29. Kumar, S. M. and A. S. Kiran Kumar. 2012. Adhesives for optical components：An implementation study. *Journal of Optics* 38：81 – 88.

30. Lampton, M. and M. Sholl. 2007. Comparison of on – axis three – mirror – anastigmat telescopes. *Proceedings of SPIE* 6687：51 – 58.

31. Lansing, J. C. Jr. and R. W. Cline. 1975. The four and five band multispectral scanners for Landsat. *Optical Engineering* 14：312 – 322.

32. Lepretre, F. 1994. Lens assemblies for multi – spectral camera, *Proceedings of SPIE* 2210：587 – 600.

33. Mahajan, V. N. 1991. *Aberration Theory Made Simple*. SPIE Press, Bellingham, Washington, DC.

34. Mammini, P., A. Nordt, B. Holmes, and D. Stubbs. 2003. Sensitivity evaluation of mounting optics using e-lastomer and bipod flexures. *Proceedings of SPIE* 5176：26 – 35.

35. Marsh, R. G. and H. N. Sissel. 1987. A comparison of wide – angle, unobscured, allreflecting optical designs. *Proceedings of SPIE* 0818：168 – 182.

36. Myung, C. and R. M. Richard. 1990. Structural and optical properties for typical solid mirror shapes. *Proceedings of SPIE* 1303：80 – 88.

37. Novi, A., G. Basile, O. Citterio et al. 2001. Lightweight SiC foamed mirrors for space applications. *Proceedings of SPIE* 4444：59 – 65.

38. Onaka, T. and A. Salama. 2009. AKARI：Space infrared cooled telescope. *Experimental Astronomy* 27：9 – 17.

39. Paquin, R. A. 1995. Materials for mirror systems：An overview. *Proceedings of SPIE* 2543：2 – 11.

40. Patterson, S. R., V. G. Badami, K. M. Lawton, and H. Tajbakhsh. 1998. The dimensional stability of lightly loaded epoxy joints, UCRL – JC – 130589. https：//e – reports – ext. llnl. gov/pdf/235105. pdf (accessed on February 7, 2014).

41. Photonics Handbook. http：//www. photonics. com/edu/Handbook. aspx (accessed on January 19, 2014).

42. Prabhu, K. S., T. L. Schmitz, P. G. Ifju, and J. G. Daly. 2007. A survey of technical literature on adhesive applications for optics, *Proceedings of SPIE* 6665：71 – 711.

43. Rao, H. M. V., R. Venketaswaran, N. Mahale et al. 2008. Ion figuring of light – weighted aspherical mirrors. *Journal of Optics* 37(4)：115 – 121.

44. Richard, R. M. and T. M. Valente. 1991. Interference fit equations for lens cell design. *Proceedings of SPIE* 1533：12 – 20.

45. Risse, S., A. Gebhardt, C. Damm et al. 2008. Novel TMA telescope based on ultra precise metal mirrors. *Proceedings of SPIE* 7010：701016. 1 – 701016. 8.

46. Rodgers, M. J. 2002. Unobscured mirror designs, *Proceedings of SPIE* 4832：33c60. Sacek, V. 2006. http：//www. telescope – optics. net/dall_kirkham_telescope. htm (accessed on February 7, 2014).

47. Schwesinger, G. 1954. Optical effect of flexure in vertically mounted precision mirrors. *Journal of the Optical Society of America* 44：417 – 424.

48. Seo Yu Deok, Heayun – Jaung, Kim, Sung – Ke Youn et al. 2007. A study on the adhesive effects on the optical performance of the primary mirror system of a satellite camera. *Journal of the Korean Physical Society* 51：1901 – 1908.

49. Shafer, D. R. 1978. Four – mirror unobscured anastigmatic telescopes with all – spherical surfaces. *Applied Optics* 17：1072 – 1074.

50. Sholl M. J., M. L. Kaplan, and M. L. Lampton. 2008. Three mirror anastigmat　survey telescope optimiza-

tion. *Proceedings of SPIE* 7010: 70103M1 – 70103M11.

51. Silny, J. F. , E. D. Kim, L. G. Cook, E. M. Moskun, and R. L. Patterson. 2011. Optically fast, wide field – of – view, five – mirror anastigmat (5MA) imagers for remote sensing applications. *Proceedings of SPIE* 8158: 815804. 1 – 815804. 13.

52. Spoto, F. , P. Martimort, O. Sy, and P. Laberinti. 2012. Sentinel – 2 optical high resolution mission for GMES, Operational services project team, *ESA/ESTEC*. http:// www. congrexprojects. com/docs/12c04_doc/ 4sentinel2_symposium_spoto. pdf? sfvrsn = 2 (accessed on February 7, 2014).

53. Tapos, F. M. , D. J. Edingera, T. R. Hilbya, M. S. Nia, B. C. Holmesb, and D. M. Stubbs. 2005. High bandwidth fast steering mirror, *Proceedings of SPIE* 5877: 587707. 1 – 587707. 14.

54. Thépaut, L. , J. Rodolfo, F. Houbre, and R. Mercier – Ythier. 1999. Fabrication and test of high performance wide angle lens assemblies for ocean colour monitor. *Proceedings of SPIE* 3739: 56 – 62.

55. Vukobratovich, D. 1997. *Handbook of Opto – Mechanical Engineering*. ed. A. Ahmed. CRC Press, Boca Raton, FL.

56. Vukobratovich, D. and R. M. Richard. 1988. Flexure mounts for high – resolution optical elements. *Proceedings of SPIE* 959: 18 – 36.

57. Wetherell, E. and B. William. 1980. The calculation of image quality. *Applied Optics and Optical Engineering*. Vol. VIII. ed. R. R. Shannon and J. C. Wyant. Academic Press, NY.

58. Wilson, R. N. 1968. Corrector systems for Cassegrain telescopes. *Applied Optics* 1;7(2): 253 – 263.

59. Wynne, C. G. 1968. Ritchy – Cheretin telescopes and extended field systems. *The Astrophysical Journal* 152: 675 – 693.

60. Yan, L. , YongMing Hu, YingCai Li , YouShan Qu, and JiaoTeng Ding. 2010. Analysis of bonding stress with high strength adhesive between the reflector and the mounts in space camera. *Proceedings of SPIE* 7654: 76541F1 – 76541F6.

61. Yoder, P. R. 2006. *Opto – Mechanical Systems Design*, 3rd Edition. CRC Press, Boca Raton, FL.

62. Yoder, P. R. 2008. *Mounting Optics in Optical Instruments*, 2nd Edition. SPIE Monograph Bellingham, Washington, DC.

63. Yong Yan, Guang Jin, and Hong – bo Yang. 2007. Design and analysis of large spaceborne light – weighted primary mirror and its support system. *Proceedings of SPIE* 6721: V1 – V7.

64. Young, A. T. 1967. Design of Cassegrain light shields. *Applied Optics* 6: 1063 – 1068.

65. Yu Chuan Lin, Long – Jeng Lee, Shenq – Tsong Chang, Yu – Cheng Cheng, and Ting – Ming Huang. 2011. Numerical and experimental analysis of light – weighted primary mirror for Cassegrain telescope. *Applied Mechanics and Materials* 52: 59 – 64.

第4章

对地观测遥感相机综述

4.1 概　述

对地观测相机收集影像数据主要用于识别和绘制各种地表目标,这种行业俗称为"遥感",采集数据的仪器称为遥感器。广义上遥感器可分为被动遥感器和主动遥感器。探测地球发射或反射的自然辐射遥感器称为被动遥感器;另外有的遥感器系统可产生特定波长或谱段的电磁辐射,与目标发生作用,研究人员可研究这种目标的散射辐射,这种自身产生电磁辐射的遥感器称为主动遥感器。在整个电磁光谱范围内,研发遥感器的技术不是相同的,微波遥感器的研发技术与光学—红外遥感器的技术完全不同。因此,从遥感器设计与实现的角度来看,把遥感器(包括主动和被动)分为光学遥感器和微波遥感器则更为方便。光学遥感器和微波遥感器可以是成像的,也可是非成像的。成像遥感器可以得到发射或反射电磁辐射强度的二维空间分布(如照相机),而非成像遥感器测得视场角范围内的辐射强度,在某些情况下,这种辐射强度是遥感器视距距离的函数(如垂直温度剖面辐射计(VTPR))。图 4.1 显示了一种遥感器分类方式。本书讨论的是可见光红外谱段范围内的被动成像遥感器。

本章讨论描述遥感相机的各种性能参数,尽量从遥感用户的角度理解他们的需求。一般来讲,用户对识别和描述各种地物目标感兴趣,测量它的物理特性,如长度、距离和高度。对于这类信息的实际使用,用户需要通过地理坐标的定位来找到目标的位置,也就是说,对地观测数据的终端用户关心地物目标的分类和制图,这可以通过测量感兴趣目标发射或反射的辐射来获取,因此可以说遥感影像详细记录了地表场景的几何和辐射特性,而且可以根据研究的现象进行重复观测。这些需求取决于遥感器的观测能力,从而根据所需研究的目标和所必需的观测周期,能够探测出地球表面反射率或发射率在几个谱段上的微小差异。然而,一个重要问题是"遥感器的优化指标是什么?"不幸的是,由于最优参数选择要依赖于研究主题,所以没有唯一答案。尽管一组理想参数最终会被确定,但由于这些理想参

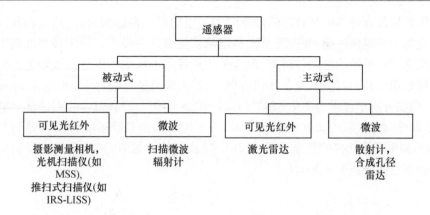

图 4.1　遥感器分类（引自 Joseph, G. , Fundamentals of Remote Sensing,
p. 130, Ed. 2, Universities Press, Hyderabad, India, 2005）

数（如空间分辨率、谱段个数、谱段带宽和信噪比）之间有强关联性以及遥感器
的工程要求，它们的综合实现在遥感器系统内是一个复杂问题（Joseph, 2005）。
我们可以在以下四个领域考虑遥感器参数：①空间；②光谱；③辐射；④时间。

4.2　空间分辨率

　　成像系统设计中与空间相关的特征是图像的覆盖宽度（主要是以场景的宽度
来衡量）和空间分辨率。覆盖宽度直接可以理解，但由于空间分辨率并不能清楚
地定义，可能会被解读成多种意思，所以它需要更深入地剖析。
　　在深入理解遥感中的空间分辨率之前，首先了解望远镜中空间分辨率的定义。
早期望远镜主要用来观测天体，因此天文学家们想知道望远镜区分视场中两颗邻
近星（点源）的能力。在第 2 章中，我们可以知道由于光的衍射，点光源在像面上
不会成为一个点，如图 2.11 所示，对于一个圆形口径，成像中心是个亮圆盘，周围
围绕着一系列较弱的亮圆环，两圆环之间有暗区，这就是熟知的艾里斑。因此，衍
射限制了任何成像系统区分两个邻近目标的能力。能区分的最小分离角度称为望
远镜的角度分辨率。一般评估角度分辨率的可用标准是瑞利准则，该准则认为当
一幅影像衍射斑的中心最大值与另一幅影像衍射斑的第一个最小值相重叠时，两
个点目标的像是可以分辨的（图 4.2）。
　　角度分辨率 θ 可以表示成

$$\theta = 1.22 \frac{\lambda}{D} \tag{4.1}$$

式中：λ 为辐射测量波长；D 为光学系统口径直径（两者必须统一单位，θ 的单位为
rad）。θ 是两个点源的最小可分辨角度（单位为 rad），通过光学仪器可以分辨这两
个点源。当 θ 乘上目标与光学系统之间的距离时，即可得到可分辨的距离，因此一

个成像系统都有分辨两个目标的理论限制。当拍摄一幅影像时,应该认识到其他因素会进一步退化性能,如探测系统和记录系统引入的噪声。尽管瑞利准则不能用来定义遥感影像的空间分辨率,但这个公式可用于确定产生衍射极限影像的光学系统最小口径。以 IRS 全色相机为例,它的入瞳口径大约为 22cm,在 $0.5\mu m$ 波长时,角度分辨率极限为 $2.7 \times 10^{-6}(1.22 \times 0.5 \times 10^{-4}/22)$ rad。从 810km 处观测时,空间分辨率极限为 $2m(810 \times 103 \times 2.7 \times 10^{-6})$,而该载荷实际空间分辨率为 5.6m。如果用该相机的光学系统在 $2\mu m$ 短波红外成像时,光学系统本身的衍射将限制其空间分辨率为 8m。

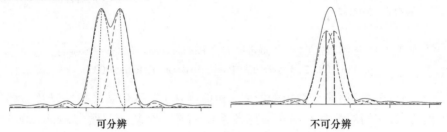

可分辨   不可分辨

图 4.2 分辨率限制。当一个点目标艾里斑的最大值与另一个点艾里斑第一个最小值重叠时,这两个点即可分辨(引自 Joseph, G., Fundamentals of Remote Sensing, p. 130, Ed. 2, Universities Press, Hyderabad, India, 2005)

由于天文观测应用中很多被观测目标都是点源,因此上面讨论的"两点"分辨率标准有着直接的实际意义。然而,这并不是我们处理对地观测相机的情况,在遥感中,我们对识别有限大小的目标感兴趣。一般意义上,空间分辨率是表明可将两个邻近目标成像为两个可识别的分离目标的遥感器测量能力。遥感器研制人员提到的空间分辨率仅仅表示这种能力吗?当用离散探测器或探测器阵列的光电载荷成像时(如 Landsat MSS、IRS LISS 等),空间分辨率指的是探测器探元通过光学系统在地面上的投影大小。因此,当我们说 IRS – 1C/D 全色相机的空间分辨率是 5.8m 时,它仅仅代表了当卫星轨道上的成像光学系统成像时,一个 CCD 探元在地面上的投影大小为 5.8m。这个投影大小是探元在地面上的"足印",依赖于相机的瞬时视场角(IFOV),即 $5.8m \times 5.8m$ 是可以独立记录辐射值的最小面积,而这个"足印"就是瞬时几何视场(IGFOV),即探元在地面投影成像的几何大小,如图 4.3 所示。不能保证所有 5.8m 大小的"足印"都可以在 IRS – 1C/D 全色影像上分辨出来。然而,如果目标的信号强度很大,足以影响像元灰度值,那么探测小于 IGFOV 的高对比度目标也是可能的(例如,宽度小于 80m 的路也可以在 Landsat MSS 上看到)。这是因为仅仅瞬时视场角不能恰当地反映成像系统的空间响应。由于从用户角度理解这种限制是非常重要的,我们应该详尽地讨论这种用基于 IGFOV 的单个数字表示空间分辨率的局限(图片像素(也称为像元))。与 IGFOV 在使用时并没有区分,但它们之间有着细微的差异。"像元或图片像素表示在输出产品中可获取辐亮度值的数据采样大小"(UN A/AC 105/260),即像元是数字影像中可获取颜色和强度的最小单元,由于数据可以按不同的空间大小采样,而不一定是按探元"足印"大小,因此它的大小不必与遥感器系统参数相关)。

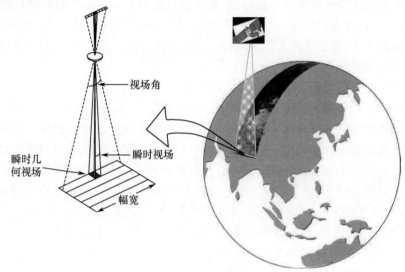

图4.3 视场角、瞬时视场角和瞬时几何视场的显示图

(引自 Joseph, G., Fundamentals of Remote Sensing, p. 130, Ed. 2,

Universities Press, Hyderabad, India, 2005)

在第2章中,我们已经了解到成像光学系统降低了对比度,而且对比度随着空间频率的减少量是由光学系统调制传递函数表示的。探测器尺寸有限,它的输出是它对应地面"足印"内所有目标辐射的平均值。这种空间平均是场景内有效空间频率的基本滤波过程,它依赖于探测器大小。可以直观地把这种过程理解成一个大尺寸的探测器平均了场景中较细微的特征,在较高空间频率上有较差的响应。这种效应可以用探元的 MTF 来表示,一个大小为 $a \times a$ 的方形探测器的 MTF 可以表示为

$$\mathrm{MTF}_{\mathrm{detector}}(f) = \frac{\mathrm{sinn}(\pi fa)}{\pi fa} \tag{4.2}$$

式中:f 为每单位大小的线对。当 $f = \dfrac{1}{a}$,MTF 为 0,由于在这个频率下,一个线对完全被一个像元覆盖,因此平均值为 0;当 $f = \dfrac{1}{2a}$,MTF 为 0.63,也就是说,探测器"足印"覆盖了一个代表瞬时几何视场大小的黑条或白条。

在任何光电系统中,数据获取需要进行采样。由于采样 MTF,空间采样的过程进一步退化了 MTF(Boreman,2001)。影响相机 MTF 的其他因素包括相机电子

学、卫星在轨颤振,甚至大气,所有这些因素都影响了系统的 MTF。正如 2.6 节中讨论的,系统 MTF 是其各部分 MTF 的乘积,可表示为

$$\text{MTF}_{\text{camera}} = \text{MTF}_{\text{optics}} \times \text{MTF}_{\text{detector}} \times \text{MTF}_{\text{electronics}} \times \cdots$$

如果必须区分任意两个邻近目标,那么在观测波长上这两个目标的辐射亮度就应该不同,称之为对比度。如果系统 MTF 将影像中目标的对比度降低到系统可探测阈值的水平,那么无法探测该目标。与低对比度的大目标相比,高对比度的小目标更可能被探测到。

仅仅根据几何投影来说明遥感器成像质量而不考虑由它产生的对比度下降的情况合理吗? 如何判定具有相同 IGFOV、不同 MTF 的不同遥感器的成像质量呢? 影像的目视解译依靠视觉对比阈值,这是分析者能分辨的最小对比度。让我们看看由计算机完成的目标识别,先看假设没有任何噪声的数据案例,计算机可以识别对比度差异为 1 个 DN 值的目标,然而,当噪声出现后,只能识别那些辐射差异能被测量的目标,这就依赖于系统的辐射分辨率 NEΔL(4.4 节)。影像空间的辐射差异依赖于目标空间的对比度和系统 MTF。因此,决定识别两个目标能力的因素包括目标对比度、系统 MTF 和噪声等效辐射(噪声等效调制(NEM)本身作为调制并不合适,它在没有目标对比度情况下不能设定更低的阀阈)。从而,低 MTF、高信噪比(SNR)的相机性能可能会好于高 MTF、低 SNR 的相机性能。因此,相机空间分辨率的较好指标是 IGFOV 范围内 MTF 与噪声等效辐射的比值,即 $\left[\dfrac{\text{MTF}}{\text{NE}\Delta L}\right]_{\text{IGFOV}}$。该指标越高,对相同对比度目标的识别能力越好。

现在看看图 4.4 中两个相机的 MTF 曲线。尽管在 IGFOV 处,它们有相同的 MTF,但在 2 倍 IGFOV 处,曲线 A 相机比曲线 B 相机能更好地识别低对比度目

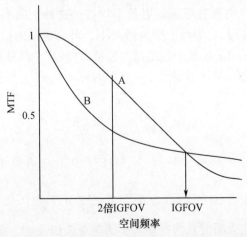

图 4.4 MTF 曲线形状对空间分辨率影响示意图。尽管两条 MTF 曲线在 IGFOV 处都有相同的 MTF,但曲线 A 的相机对大目标有较好的识别性能

标。因此,相机识别能力也与 MTF 曲线形状有关。尽管 MTF 曲线形状并不能方便地表明系统 MTF,但在 2 倍 IGFOV 处的 MTF 值可以作为系统性能参数的补充参数。总之,除了 IGFOV,可探测目标的大小还取决于系统 MTF、目标对比度和 NEΔL。

1973 年由 NASA 提出了有效瞬时视场的概念,它是系统 MTF 为 50% 时的分辨率大小,有效瞬时视场的引入用来比较不同遥感器的性能。

一般情况下,MTF 被认为代表一幅影像中边缘锐化的程度。然而,MTF 也可用来表示所测目标辐射的精度,因为低的 MTF 表明其他像元对目标像元有贡献(反之亦然)。由于目标像元的辐射会受到邻近像元的特性影响,引起多光谱分类出现问题,因此,不同环境下的相同目标会有不同的辐射响应(4.4.1 节)。Norwood 于 1974 年提出了这种考虑,那么辐射精度 IFOV(RAIFOV)是什么?Joseph 于 2000 年指出 RAIFOV 是 MTF 于 0.95 时的分辨率。表 4.1 列出了一些高分辨率相机的 IFOV 值。

表 4.1　IKONOS、GeoEye 和 Cartosat 相机不同 IFOV 的在轨测量值

参数/m	IKONOS(1)		WorldView – 1(2)	Cartosat 2A(3)
	全色相机	多光谱相机	全色相机	全色相机
瞬时几何视场(IGFOV)	0.82	3.28	0.5	0.8
有效瞬时视场(EIFOV)	3.6	12	1.04	2.3
辐射精度瞬时视场(RAIFOV)	20	64	12	11

来源:(1) IKONOS 仪器/产品说明书,2009;(2) GeoEye 仪器/产品说明书,2009(1&2credits Digital Globe);
　　(3) Kumar Senthil, M. 2014,个人交流和 Srikanth 等,J. Spacecraft Tech. 20(1),56 – 64,2010

另一个与影像空间特性相关的术语是地面采样距离(GSD)。影像数据是根据具体地面距离采样得到的,这个地面采样距离小于 IGFOV。GSD 是地面采样中心的线性距离,用 GSD 作为 IGFOV 的同义词是不正确的。

上述解释表明用单独的性能参数来定义空间分辨率是不可能的。因此,用一个性能参数来比较不同遥感器识别最小目标的能力是一项无法完成的任务。考虑到这些缺陷,我们以后应该认为空间分辨率是探元大小通过光学系统在地面的投影。基于这个定义,Landsat MSS 的空间分辨率为 79m,SPOT 多光谱空间分辨率为 20m,IRS LISS – II 空间分辨率为 36m。

在总结该节之前,应该简要讨论用于军事目标发现、识别和确认的经典 John 标准。该标准是由位于弗吉尼亚州贝尔沃堡的约翰逊陆军夜视实验室的 John 于 1958 年建立的,它将视觉识别水平与美国空军三线靶标频率相关联,该靶标频率是以目标最小尺寸为参考的(Minor,2002)。他建立最小线对以取得不同任务 50% 的成功概率。为了发现场景中是否有目标,需要最小 1 个线对,然而识别目标属于哪一类(如坦克和卡车)需要 3 个线对,而确认目标在这一类别中属于哪种类

型则需要 6 个线对。这对军事目标侦察有非常重要的指导意义。

图 A.2 显示了图像特征识别能力如何随着空间分辨率增加而变好。

4.3　光谱分辨率

在多光谱遥感中,反射/发射光谱辐射的变化可用来识别不同的目标特性。然而在多数情况下不必获得连续的光谱信息(利用高光谱成像获取连续光谱将在第 8 章中讨论)。在多光谱成像相机中,可以测量几个选定波长的反射/发射光谱,在光谱域中需要考虑三个方面:①中心波长的位置;②谱段带宽;③波段总数。观测波长范围通常称为光谱谱段,是用中心波长 λ_c 和带宽($\Delta\lambda$)来定义的,其中带宽是由低端(λ_1)和高端(λ_2)截止波长决定,光谱分辨率 $\Delta\lambda$ 可由($\lambda_2 - \lambda_1$)得到。

光谱分辨率指的是相机观测所用的波长间隔。$\Delta\lambda$ 越小,光谱分辨率就越高。这个定义看似简单,但实际系统中 λ_1 和 λ_2 的确切位置是很难确定的。当我们说 IRS LISS 第 1 波段的光谱带宽是 $0.45 \sim 0.52\mu m$ 时,它实际含义是什么呢? 在理想系统中,在波长 $0.45\mu m$ 和 $0.52\mu m$ 之间的响应为 1,在此之外的响应为 0(图 4.5(a))。这种矩形或栅车形的滤波器实际并不可行,一个实际的滤波器在光谱响应曲线上有一定的上升和下降的特性。因此,应该有一个光谱带宽归一化方法将光谱响应转换成等值的栅车形响应,同时要带有明显的波长极限和带通响应。通常采用的方法是根据峰值 1/2 的宽度来定义带宽,也称为半高宽(FWHM)(图 4.5(b))。如果系统的光谱响应是高斯型或接近于高斯型,那这个定义是最好的。然而在实际滤波器中,带通响应有几个"波动"(图 4.5(c)),其峰值赋值并不容易。同时如果响应是倾斜的,这种方法可能并不适用。Palmer(1984)提出了一种叫矩量法的技术来计算中心波长 λ_c 和带宽 $\Delta\lambda$,这种方法避免了前述方法识别峰值的问题。这种分析是基于确定光谱响应曲线 $R(\lambda)$ 第一个和第二个矩量(Palmer,1980),根据 Palmer(1984),中心波长 λ_c 和带宽 $\Delta\lambda$ 可由下式得到:

$$\lambda_c = \frac{\int_{\lambda_{min}}^{\lambda_{max}} \lambda R(\lambda)\,d\lambda}{\int_{\lambda_{min}}^{\lambda_{max}} R(\lambda)\,d\lambda} \tag{4.3}$$

$$\lambda_1 = \lambda_c - \sqrt{3\sigma}, \ \lambda_2 = \lambda_c + \sqrt{3\sigma} \tag{4.4}$$

$$\Delta\lambda = 2\sqrt{3\sigma} \tag{4.5}$$

这里 σ 为

$$\sigma^2 = \frac{\int_{\lambda_{min}}^{\lambda_{max}} \lambda^2 R(\lambda)\,d\lambda}{\int_{\lambda_{min}}^{\lambda_{max}} R(\lambda)\,d\lambda} - \lambda_c^2$$

式中:λ_{min}、λ_{max} 分别为最小波长和最大波长,在这范围之外,光谱响应为 0。这种方法的优点是这些值是不依赖于光谱响应曲线的。Pandya et al(2013)用该方法比较了 Resourcesat－1 和 Resourcesat－2 卫星载荷的光谱特性。表 4.2 列出了用 FWHM 和矩量法得出的 Resourcesat－2 LISS3 谱段的这些值。从表中可以看出,两种方法得出的中心波长非常接近,但是矩量法得到的带宽值要比传统 FWHM 法的结果高 5%~13%。建议遥感器制造商采用矩量法,这样相互比较才有意义。

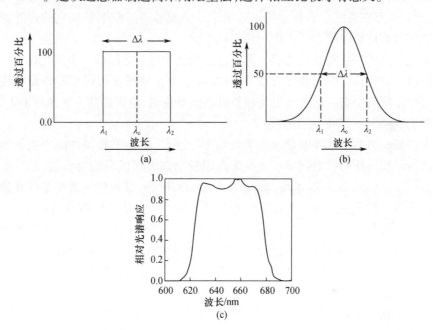

图 4.5 光谱带宽定义(引自 Joseph, G., Fundamentals of Remote Sensing,
p. 130, Ed. 2, Universities Press, Hyderabad, India, 2005)

(a)理想响应,在低于 λ_1 和高于 λ_2 范围的响应为 0;

(b)非常接近于实际滤波器,其带宽为半高宽(FWHM);

(c)实际滤波器的光谱响应,响应峰值很难确定。

表 4.2 由 FWHM 方法和矩量法得出 Resourcesat－2 LISS3
相机谱段中心波长和带宽的比较

波段	FWHM/μm		矩量法/μm	
	中心波长 λ_c	带宽 $\Delta\lambda$	中心波长 λ_c	带宽 $\Delta\lambda$
B2	559	66	561.5	69
B3	651.0	56	651.5	58.0
B4	812.0	85	811.8	95.1
B5	1620.0	132	1619.0	149.3
来源:Pandya, M. R. 2013,个人交流				

另一个要关注而常常不被特别考虑的参数是谱段外响应。当进行水色遥感监测相机(如 SeaWifs 和 OCM)窄谱段光谱选择时,这个参数是特别重要的。例如 SeaWifs 数据产品级别中,这个性能指标要低于谱段内响应值的 5%。这时的谱段内应定义为低端和高端响应为 1% 时两者之间的波长范围(Barnes et al,1999)。

在设备级别上,总光谱响应取决于光学系统响应、滤波器响应和探测器响应;在数据产品级别上,光谱内容还取决于输入源的光谱响应形状,由于它依赖于目标特性,所以很难在遥感中进行评估。选用干涉滤波器的波段形状和它的带外抑制特性应该与相机整体性能要求相一致。

带宽的选择是所需收集能量与观测特征的光谱形状之间的一个优化过程。如果人们对一些特征发射谱线感兴趣,则带宽必须小于特征发射线宽度以便在线光谱上可以采样几个点。对于可见光近红外的陆地观测,通常用几十纳米的带宽,而海洋观测则用 10～20nm 的带宽。

光谱域里另两个重要参数是光谱数和中心波长,它们都要提供给相机研制人员。谱段位置选择的最重要标准是光谱谱段要远离大气成分的吸收带,如应处于大气窗口里。Landsat MSS 谱段选择非常任意,然而野外试验研究表明某些光谱谱段非常适合于特定的主题,因此专题制图仪(TM)谱段基于此调查进行了选择。所选择的谱段尽可能互不相关,因为相关谱段会带来冗余信息,这不利于提高识别能力。Kondratyev and Pokrovsky(1979)提出了谱段间相关性评估的几个方法。不幸的是,这些研究都是基于特定场景的,而为全球成像的相机设计时,则需要一定的普适性。

从分类精度来看,谱段数从 1 个增加到 2 个会产生最大的精度提升,然而在增加到 4 个谱段后,精度提升很慢或者没有提升。由于随着谱段数增加,数据率也直接增加,因此最佳谱段数的选择是必要的。重要的是最小化优化谱段设置。Sharma et al(1995)的研究表明,中波红外增加到 TM 任何其他谱段上都会提升农业分类的分类程度。

4.3.1　干涉滤光片

尽管在一些对地观测相机中,光谱选择是通过传统设备实现的,如棱镜和光栅,但大多数现代多光谱成像系统是用干涉滤光片实现的。因此在此部分将简要介绍干涉滤光片的作用。干涉滤光片为镀在合适基底上的具有由高折射率层和低折射率层材料交替构成的多层薄膜。通常三或五层分成一组,称为"腔",它们由一个厚间隙带分离开。波长选择则依靠干涉效应,这种效应发生在薄膜界面处入射光和反射光之间。通过选择合适的厚度,滤光片透过的波长范围可以调整。滤光片中腔的数量决定了滤光片的整体形状。当包括更多的腔时,光谱响应曲线低端和高端坡度会变得更陡,顶端会变得更加平坦(Schott Catalogue)。IRS 相机用四个腔滤光片,这个滤光片特点是针对垂直入射光的。由于在滤光片里光的路径长度会随着入射角而变化,如果它用在强聚光或发散光上,它的特性就会发生变化。当宽视场相机必须用干涉滤光片来进行光谱选择时,滤光片的这种特性应受到关注。由于滤光片有效折射率与波长的关系,峰值透过率会移向较短波长,即

$$\lambda = \lambda_0 \left[1 - \left(\frac{n_o}{n_e} \right)^2 \sin^2\theta \right]^{\frac{1}{2}} \tag{4.6}$$

式中:λ_0 为垂直入射光波长;λ 为入射角 θ 处的漂移波长;n_e 为滤光片的有效折射率;n_o 为外部介质的折射率(空气为 1)。

滤光片也对温度变化敏感。波长漂移量要取决于滤光片的设计。

4.4　辐射分辨率

遥感器仅对处于低端和高端辐射设置值之间的辐亮度值响应。低端辐射值常设置为 0,高端辐射值常称为饱和辐亮度(SR),因为对于超出饱和辐亮度的任何辐射输入,遥感器的输出都保持常量。因此,可以测量的最大辐亮度就是饱和辐亮度。而饱和辐亮度的设定要取决于任务目标,例如对于云/雪辐亮度的测量,辐亮度值就要保持或稍微高于 100% 反射的太阳辐照度,而对于海洋水色观测,大约 10% 的反射就是恰当的,因为离水辐亮度本身只有太阳辐照度的百分之几。在光电遥感器中,输出通常是数字化的,以产生离散的等级。这里数字化是指量化,可用 n 二进位来表示,因此 7 位量化表明有 2^7 或 128 个离散等级(0 ~ 127)。

辐射分辨率是衡量遥感器区分不同目标光谱反射/发射能量最小变化的能力。它常常用噪声等效反射率差(NE$\Delta\rho$)或噪声等效温差(NEΔT)来表示,它们可以定义为反射率或温度的变化引起遥感器输出对应信号水平下的均方根(rms)噪声。除了 NE$\Delta\rho$,用噪声等效辐射差(NEΔL)更加合适,而且可以在设备级测得该值,它可以定义为遥感器入瞳辐亮度的变化引起输出信号的变化,等同于该信号水平下的均方根噪声,它取决于多个参数,如信噪比、饱和辐亮度及量化位数。SPOT HRV 相机是 8bit 量化,而 IRS LISS1/2 相机是 7bit 量化。对于一个具体辐亮度,如果信噪比和饱和辐亮度选择合适,从原则上说两者应该有相同的 NEΔL。目前遥感系统设计都采用 11bit 或更高的量化位数,但这种系统并不意味着好的辐射分辨率,除非它们有相对应的信噪比。可以通过比较两个假设的遥感器来说明这个问题,先假设这两个遥感器都是线性响应,如输出电压与输入辐亮度是线性关系,它们的特性如表 4.3 所列,遥感器 2 的辐射采样间隔要小于遥感器 1,其他测量参数都没有它好(表 4.3(c))。然而,根据噪声等效辐亮度,遥感器 1 有更好的性能。因此,单独的量化位数并不能代表遥感器的辐射分辨率能力。但有较高的量化位数也是有好处的,一台在轨相机必须能拍摄更宽范围的辐亮度影像,这要取决于纬

度和目标反射率(从雪 90% 的反射率到水体百分之几的反射率)。要实现宽动态范围,就要求有非线性增益,或者有能力针对不同纬度和季节的预期辐亮度进行在轨增益调整。如果有更高的量化位数,动态范围也会增加,这样不需要改变增益就可以测量从海水到雪的不同辐亮度。

表 4.3　两遥感器设计参数比较与性能优化

参　　数	遥感器 1	遥感器 2
(a)饱和辐亮度/$(mW/(cm^2 \cdot sr \cdot \mu m))$	20	35
(b)比特数	7(128)	8(256)
(c)辐射采样间隔$(a/b)/(mW/(cm^2 \cdot sr \cdot \mu m))$	0.16	0.14
(d)系统信噪比/$(@15mW/(cm^2 \cdot sr \cdot \mu m))$	90	75
(e)噪声等效辐亮度$(15/d)/(mW/(cm^2 \cdot sr \cdot \mu m))$	0.17	0.20
来源:Joseph George, ISPRS J. Photogramm., 55(1), 9 – 12, 2000		

4.4.1　辐射质量

影像辐射质量主要取决于辐射分辨率、定标精度和 MTF。一般来讲,分辨率是指测量仪器可以区分两个离散值的最小差值,但是高分辨率并不代表高精度,精度是指测量值接近真实值的程度。

辐射精度有两种。

(1) 绝对精度:经过恰当的定标,光电遥感器输出能量的单位可表示为 $mW/(cm^2 \cdot sr \cdot \mu m)$,绝对辐射精度是遥感器数据接近主要标准辐射值的程度。

(2) 相对精度:相对于基准,谱段内部的相对精度。例如,一个四谱段多光谱相机,尽管每一个谱段不能准确地表示辐亮度值,但对于一个谱段来说,如果谱段间的辐射比值与真实比值相同,则表明没有相对误差。

在利用遥感数据进行特征的计算机分类中(如最大似然法分类器),通常是关注遥感器测量反射值的统计差值。因为在这里我们比较像元的相对反射率值,所以反射率(或辐射值)的绝对值并不重要。然而,当我们对两个不同时间的分类结果感兴趣,或者通过联合两个遥感器的信息研究反射率随时间如何变化时,必须具备绝对辐射值。

辐射误差也会因相机系统的 MTF 而被引入。正如前面提到的,MTF 本质上显示了从目标空间到影像平面的对比度减少。正因为如此,由于邻近像元的信号会溢出到目标像元中,遥感器测得的辐射值并不代表目标像元的实际反射值。由于所测的像元辐射受限于邻近像元的特性,因而导致多光谱分类出现问题,如图 4.6 所示。

另一个导致辐射误差的因素是大气,因为大气影响了到达遥感器的实际反射值。大气散射将额外的辐射增加到观测路径辐射中。这不仅降低了对比度,也增

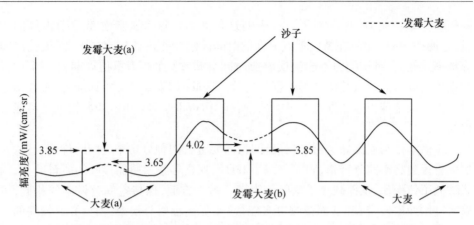

图 4.6　MTF 对辐射精度影响的例子。"方波"模式显示了三个目标的实际辐射：大麦、发霉大麦和沙子。发霉大麦在两处：一处在大麦中(a)，一处在沙子中(b)；"余弦"曲线显示了辐射计测得的场景辐射，数字代表了辐亮度值。辐射计的 MTF 改变了辐射值，发霉大麦(a)和(b)有相同的辐射值(3.85)，但由于辐射计 MTF，(a)处发霉大麦有一个较低的值(3.6)，而(b)处发霉大麦有一个较高的值(4.02)，(b)处是由于沙子较高的辐射溢出到发霉大麦中了，而(a)处正相反，大麦较低的辐射溢出到发霉大麦中了。因此，与实际野外测量值相比，由于遥感器 MTF 引起的辐射值重新分配会导致一个错误的辐射测量值(源自 Norwood, V. T., SPIE 51, 37−42 页,1974 年)

大了实际反射值。邻近像元对目标像元辐射的大气影响(邻近效应)也会影响空间分辨率，引入辐射误差(Kaufman, 1984)。通常辐射误差会导致差的分类精度，需要通过合适的模型将这些影响校正到一定程度。

4.5　时间分辨率

卫星遥感主要优势之一是它能够定期重复观测一个场景。时间分辨率指的是一个场景成像的时间频率，通常是以天来表示的。IRS−1C LISS3 相机的时间分辨率是 24 天，即全球任何区域(除了极地周围)每 24 天成一次像，这也称为重访周期。重访周期取决于轨道特性和幅宽。幅宽越大，时间分辨率越高。因此，幅宽3000km 的 SeaWiFS 卫星时间分辨率为 1 天。当然，地球同步观测卫星可能有最高的时间分辨率，如 Meteosat、Insat 和 VHRR，它们的时间分辨率从几分钟到 30min，这取决于运行模式。较高的时间分辨率可以进行对快速变化的监测，如森林火险、洪水等，也可以提高获取无云影像的概率，特别是在经常被云覆盖的区域。

这里，IRS−1C 相机 24 天的重访周期意味着星下点轨迹每 24 天重访一次(除了轻微轨道摄动)。因此，每 24 天获取的影像对任何位置都有着相同的视场角，这是重要的，目标二向反射特性差异不会影响数据。随着 SPOT 卫星的发射，我们第一次具备了垂轨倾斜相机视角方向的观测能力，这种模式增加了指定地点的观测频率,"重访能力"这一术语可以表明这种能力。这个新概念是一个很好的主意,它使得 SPOT 卫星在特定地点成像的时间间隔少于沿轨定点成像 26 天的时间分辨率。然而,重访能力不能被误解成时间分辨率(亦称为重访周期),一个位置的重访会以不能获取其他位置数据为代价。因此,如果要考验重访能力,则在指定时间内获取全球覆盖数据是不可能的,而利用 Landsat TM/IRS LISS 相机是可能实现的。

应该牢记当遥感器进行工程设计时,需要进行四种分辨率之间的优化。例如,如果想得到高空间分辨率,则需要减小 IFOV,这会导致遥感器接收的能量减少,因此降低了信噪比,从而减小了辐射分辨率。另一方面,保持空间分辨率的相同,可以通过增加谱段带宽(从而接收更多能量)来提高辐射分辨率,但可导致较差的光谱分辨率。而且较高空间分辨率和增加的幅宽会导致增加数据率。因此,必须合理选择遥感器参数才能满足数据应用的需求。

4.6 性能指标

任何仪器的最佳使用都要依赖于用户如何更好地理解它的性能特性。很多对地观测相机的参数都定义得很含糊,在很多地方都被解释得很糟糕,因此有必要明确相机的最优参数以便于理解它的潜力以及与其他遥感器进行比较。考虑这些方面,本书作者(国际摄影测量大会(ISPRS)第一委员会主席(1996—2000 年))撰写了一篇文章"How well do we understand Earth observation electro - optical sensor parameters?",描述了用来说明遥感器参数的各种术语的混淆(Joseph,2000)。这篇文章也提出了其中几个术语的定义。Stan Morain 博士在 2000—2004 年担任第一委员会主席期间,于 2003 年 11 月组织了"辐射和几何定标国际研讨会",来自 7 个国家的 80 位专家参加了此次会议(Morain and Budge,2000)。尽管会议得出结论:商业卫星数据提供商和航天部门应该提供遥感器数据,以保证能够与其他遥感器和产品相互比较,但是具体实施仍然需要等待。下面列出一组用来说明每个对地观测相机的参数。

1. 空间域

a. 瞬时视场(IFOV)/瞬时几何视场(IGFOV)

b. 有效瞬时视场(EIFOV)

c. 辐射精度瞬时视场(RAIFOV)

d. 视场(FOV)/幅宽

e. 瞬时视场的调制传递函数

f. 2 倍瞬时视场的调制传递函数

2. 光谱域

a. 中心波长

b. 带宽(用矩量法)

c. 带外贡献

3. 辐射域

a. 饱和辐亮度(SR)

b. 90% SR 和 10% SR 时的信噪比

c. 量化位数

尽管 NEΔE 可以由信噪比得到,但如果它能明确地表达则更好。而这些测量通常都是在实验室中完成的,因此有必要在遥感器研制方与用户部门之间就上述参数测量的过程达成统一,这对于进行不同遥感器之间的比较更有意义。在卫星发射入轨后,有些参数仍然要作为遥感器在轨特性进行测量,我们将在 4.8 节中进行讨论。

4.7　成　像　模　式

一般而言,成像模式有三种(Joseph,2005)。

(1)逐帧式:在地表一定范围进行瞬时快照,它要依赖于遥感器特点和平台高度。一个典型的例子就是传统的摄影相机。通过面阵 CCD 或其他形式的面阵探测器的成像就可以以这种操作模式成像(此时称为凝视模式)。在一个地形条带上连续帧成像要依赖于相机的指向。一般而言,连续帧之间都有一定的重叠,如图 4.7(a)所示。

(2)逐像元式:遥感器在基本框架下在某一时刻从瞬时几何视场内收集辐射

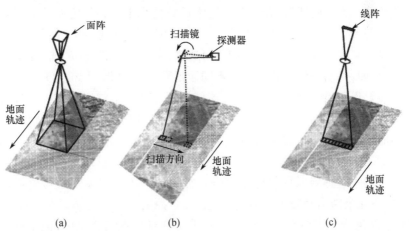

图 4.7　空间不同成像模式示意图(引自 Joseph, G., Fundamentals of Remote Sensing, p. 130, Ed. 2, Universities Press, Hyderabad, India, 2005)
(a)面阵成像;(b)逐像元成像(也称为摆扫式成像);(c)逐线成像(也称为推扫式成像)。

能量。一般而言,扫描镜在垂轨方向将遥感器指向下一个像元,遥感器通过扫描镜运动,实现宽度等于一个 IGFOV 大小的垂轨线成像。通过平台运动就可以进行连续的扫描成像。这是一种光机扫描成像方式,这种成像模式也称为摆扫式扫描成像,如图 4.7(b)所示。

(3)逐线式:遥感器用一个线阵探测器在垂轨方向的一条线上瞬间收集辐射能量。通过平台运动可以产生连续线成像,这也称为推扫式扫描成像,如图 4.7(c)所示。

我们将在第 5 章和第 6 章分别详细地介绍(2)和(3)这两种相机成像模式。

4.8　在轨成像评价

由于遥感器、卫星平台、大气和数据传输与接收系统,地面站接收到的原始数据会有一些误差/偏差。因此,人们需要将畸变数据"恢复"到更加接近于原始场景。用户对影像上点的地理位置坐标感兴趣,如地理定位。地理定位的作用是将接收到的影像坐标转换成指定地图投影。提供给终端用户的影像产品应该准确地描述地面场景的几何和辐射特性。评价影像如何最好地满足具体目标是一项重要活动。数据产品的质量取决于遥感器性能和用来进行校正、几何定位等的各种模型。在本节中,我们将讨论遥感器在轨性能监测的相关内容。

遥感器搭载到卫星平台之前,需要进行大量的发射前性能验证。尽管遥感器在实验室里状态良好,但它们的在轨性能会由于不同因素而发生变化,如发射载荷引起的失调、在轨空间环境引起的部件逐渐退化等。因此,有必要进行定期在轨遥感器性能监测。为了监测辐射敏感性,通常遥感器会带有在轨定标装置以作为遥感系统的一部分。在轨定标系统本质上可以监测遥感器辐射响应的稳定性。有各种不同的设计来完成这项任务。太阳反射通道是将光源或散射太阳辐射转换成焦平面辐射,然而,基本设计随着仪器的不同而不同。IRS LISS 相机用光发射二极管(LED)去照射焦平面组件。在夜晚时,遥感器通过海洋上空完成定标。通过改变LED 电流和 LED 灯开关结合,为 LISS1/2 相机产生 12 组非零强度等级。尽管这种系统不能监测光学系统的退化,但它足以监测探测器响应的稳定性。Landsat -8 用两个太阳漫反射板(其中一个是正常使用,另一个仅是偶尔作为参考),用于将太阳反射光引入遥感器以提供全系统全口径定标。当快门关闭时可以提供暗参考。另外,在冗余结构处安装的两个灯组件可以照射整个望远镜系统(Markham et al,2008)。尽管在轨定标系统已经用在几乎所有对地观测相机中,但定标系统本身的稳定性有时是值得怀疑的,因此使得用定标系统的整个目的受挫。另一个监测在轨辐射稳定性的方法是用一个已知辐射的外部稳定定标源(Slater et al,1996)。这些目标源可以是亮目标,如雪、冰或沙漠,可以是海面上的暗目标,可以是天体目标,如月亮。

地表天然或人工场地的野外测量结合相应模型被广泛采用以提供独立方法用来检验对地观测遥感器的在轨性能,这种方法称为替代定标。自从 Landsat – 1 发射之后,在轨运行的对地观测遥感器数量在增加。为了充分利用多个卫星数据,有必要建立一个通用定标方法来评估每个卫星的辐射精度和敏感性。这种方法的目的是产生遥感器的辐射传输函数,以给出遥感器输出 DN 值与对应入瞳辐亮度之间的关系。

首先是寻找空间上均匀、时间上稳定的自然地表。在遥感器经定标场时,测量地表反射辐射值。在测量地表的同时,也需要同时测量不同的大气参数,如水汽、臭氧和光学厚度。地表反射率数据和大气参数用在辐射传输模型中以计算大气层顶的入瞳辐亮度。

定标场的选择非常重要。地物应该有高反射率(>0.3)以减少大气的影响,另外,这个定标场应该是个近朗伯体反射、空间均匀的地表,以保证仅几次测量就可以描述大面积地表,减少测量期间太阳高度角变化的影响。同时这个定标场应该有最小量气溶胶和云覆盖。美国最常用的三个定标场分别是新墨西哥州的白沙自然保护区、内达华州的雷尔罗德河谷(Railroad Valley)盆地和加利福尼亚州的伊凡帕(Ivanpah)盆地(Thome et al,2008)。

然而,从一个天然定标场只能得到一个辐射值,生产不同反射率值的反射板则可以覆盖整个动态范围。反射板应该放在低反射背景位置以减少邻近效应的影响。每个反射板的大小应该远大于 RAIFOV 大小,以保证测量值不会受到 MTF 影响。由于大小的限制,这种方法对高空间分辨率系统是切实可行的。另一种方法是用月亮作为光谱辐射标准(Barnes et al,1999;Kieffer and Widey,1996;Kieffer et al,2003)。

另一个需要评估的遥感器性能指标是空间响应,它是通过 MTF 来表示的。尽管实验室里遥感器 MTF 较好,但在轨后遥感器会遇到不同于实验室的情况,例如,卫星的姿态颤振和随之发生的影像运动(积分时间内卫星运动)会降低 MTF 到低于实验室的测量值。正如在第 2 章中讨论的,MTF 是系统光学传递函数(OTF)的调制,可以由系统点扩展函数(PSF)的傅里叶变换得到。因此,如果能测得系统对点源的响应,那么至少原则上就可以得到成像系统的 MTF。然而,点源在自然界中很难找到,尽管尝试过人工点源但也不太成功(Leger et al,1994)。也可以对理想线目标(如暗背景下无穷细的线结构)成像,从而获得线扩展函数(LSF)以求得 MTF。一维 MTF 是 LSF 傅里叶变换的大小。然而,另一种方法是对刃边成像,刃边目标是一边反射,另一边全黑,带有明显锐利的直边(即陡度函数)。通过对这种目标成像可以得到刃边扩展函数(ESF),由 ESF 可以得到 LSF,从而得到一维 MTF。因此,用来评估 MTF 的目标有点目标、线目标和刃边目标,如图 4.8 所示。

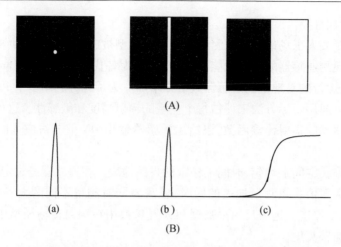

图4.8　(A)MTF测量的目标类型；(B)线性扫描仪相对应的响应：(a)PSF；(b)LSF；(c)ESF

　　尽管上面给出的过程很直接，但是也有一些实际限制。第一个是，在自然场景中寻找一个理想(或近理想)目标是一项重要工作。自然目标中的桥、路和海岸线可以用来进行 MTF 评估。这些目标是形成刃边还是线要取决于遥感器的空间分辨率。如果目标和背景都是均匀的(光谱和空间上)，并且线宽小于 0.2 个像元大小，那么这个目标可以当作线目标(Rojas，2002)。目标和背景之间应该有合适的对比度，以便于提取亚像元数据。旧金山附近的圣马特 – 奥沃德(San Mateo – Hayward)桥作为线目标来评估 TM 的 MTF(Rauchmiller and Schowengerdt，1988)。人造目标也可以用来生成 PSF。

　　下一个问题是如何从影像上提取 PSF。相机对点/线/刃边的响应取决于目标落入阵列的什么位置。如果目标是被设置好位置，以便大多数影像辐照度会完全落入一个单独探元中，从而产生的信号在空间上是紧凑的。如果目标落入到两个相邻的像元中，目标源能量就会分布在多个探元上，从而产生更宽的响应，如图4.9所示。也就是说，尽管同样的源在两种情形下成像，但由于每个源相对采样网格有着不同的空间相位，采样影像上从而出现明显的不同。如果计算这种采样系统的 MTF，傅里叶变换要依赖于目标相对探测器的排列。也就是说，如果采样格网经过场景，则影像就会出现退化。我们把这种现象归咎于地面采样距离(GSD)与点的成像相比太大。换句话说，PSF 是欠采样了。采样场景相位的影响(场景位置相对系统采样网格的不确定性)会出现在所有数字成像系统中(Rauchmiller and Schowengerdt，1986)，所以这种系统是空域变化的。有不同的方法可以克服这个问题，基本理念是要有一个具有相对采样网格不同相位的目标，由于目标相位调整，每个成像点/刃边目标在数据影像上显示了不同的能量分布大小。也就是说，在采样网格中有不同亚像素尺寸的几幅影像可以重建过采样的 PSF。根据目标像元已知的相对位置，它们就可以适当地结合起来生成系统 PSF。

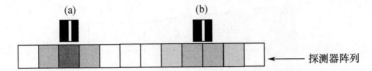

图 4.9 线目标线阵响应示意图。目标(a)落入像元中心,大多数影像辐照度完全落入一个单独探元中;目标(b)落入两个相邻探元上,大多数辐照度分布在两个探元上,并进一步溢出到邻近像元,从而产生更宽的 PSF。灰度色调代表了能量等级

Rauchmiller and Schowengerdt (1986)用 16 个黑方块放在白色背景上(新墨西哥州的白沙导弹靶场(White Sands Missile Range)),以评估 Landsat TM 的 MTF。这个目标的设计通过 TM 影像 30mIFOV 产生了点目标的 4 像元偏移,从而有利于采样场景相位调整,以有效地对 7.5m 采样间隔处的 PSF 进行重新采样。根据这些目标像元的已知相对位置,将它们重新结合起来形成了系统的 PSF。

尽管有几个用线或点目标的在轨 MTF 评估方法,但并没有理想的点或线目标来完成这项工作。另一个方法是改用刃边目标来进行在轨 MTF 评估,从而去除点大小或线宽度的影响。刃边法的理论基础很严格,处理方法很简单(Li et al,2010)。另外,刃边目标很容易制作或选择,并有较高的信噪比,因此这种方法广泛并成功地应用在多个光学遥感卫星的在轨 MTF 评估工作中(Anuta et al,1984;Helder et al,2006;Kohm,2004;Leger et al,2004;Nelson and Barry,2001)。为了避免ESF 的欠采样,需要刃边目标相对采样网格落入不同的相位中。因此,相对星下轨迹或遥感器阵列,刃边目标是按照一定的倾斜角摆放,这样可保证采样数据相对目标在采样相位上有一点差异。黑白区域的宽度应该远大于系统 PSF 在地面的投影,目标的长度要确保 ESF 曲线拟合的采样点数量足够抑制随机噪声的影响。目标与遥感器扫描线的夹角不能太大,这样可以保证获得合理的相位采样数量以重建 ESF。图 4.10 显示了刃边如何根据每根扫描线调整相位。下一个任务是决定影像中刃边的位置,这可以通过合适的插值方法将刃边通过亚像元提取出来(Tabatabai and Mitchell,1984;Mazumdar et al,1985;Mikhail et al,1984)。由于各种原因,所有影像的亚像元刃边位置不会位于一条直线上,最小平方拟合方法将亚像元边界恢复成直线,然后这些像元根据像元位置排列到一个统一坐标下。为了减少随机噪声的影响,将过采样的数据点拟合曲线生成 ESF,然后进行微分得到LSF,再进行傅里叶变换就可以得到相应的 MTF(Li et al,2010;Robinet and Léger,2010)。

另一种用到的 MTF 评估方法是双影像法,其中一幅高分辨率影像作为参考图。Rojas et al(2002)用 ETM 作为参考数据评估了 MODIS 在轨 MTF。这种情况下,由于两幅影像来自不同的卫星,影像配准是一个主要工作。然而,现在多分辨率数据可以从同一颗卫星上获得了,如 IKONOS、IRS – Resourcesat 等,这种情况下这个方法会得到更好应用。Resourcesat 有另外一个优势:高分辨率相机 LISS – 4

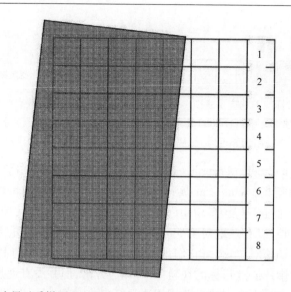

图4.10　边界过采样原理。图中有8条连续的扫描线。当边界从1~8扫描时,在每一条扫描线中,边界覆盖了不同面积比例的像元,亚像元探测可以确定边界位置

和低分辨率相机 LISS - 3 有相似的光谱响应。Raghavender et al(2013)用双影像法对 LISS - 3 和 LISS - 4 进行了试验,得到了低分辨率 LISS - 3 相机的 MTF。在这项研究中,他们用相对应的 LISS - 4 影像替代真实场景,得出了 LISS - 3 三个谱段的 MTF。

参 考 文 献

1. Anuta, P. E., L. A. Bartolucci, M. E. Dean et al. 1984. Landsat – 4 MSS and thematic mapper data quality and information content analysis. *IEEE Transactions on Geosciences and Remote Sensing* 22: 222 – 236.

2. Barnes, R. A., R. E. Eplee, F. S. Patt, C. R. McClain. 1999. Changes in the radiometric sensitivity of SeaWiFS determined from lunar and solar – based measurements, *Applied Optics* 38(21): 4649 – 4664.

3. Boreman Glenn D. 2001. *Modulation Transfer Function in Optical and Electro – optical Systems*. SPIE Press, Bellingham, Washington, DC.
GeoEye – 1. http://gmesdata. esa. int/geonetwork _gsc/srv/en/resources. get? id = 375&fname = GeoEye – 1_ Product_guide_v2. pdf&access = private. (accessed on January 25, 2014).

4. Helder, D., J. Choi, C. Anderson. 2006. On – orbit Modulation Transfer Function (MTF) Measurements for IKONOS and Quickbird, *Civil Commercial Imagery Evaluation Workshop*, Reston, VA. http://calval. cr. usgs. gov/wordpress/wp – content/uploads/JACIE _files/JACIE06/Files/28Helder. pdf (accessed on February 8, 2014).

5. IKONOS Instrument/Product Description. 2009. http://gmesdata. esa. int/geo – network_gsc/srv/en/resources. get? id = 376&fname = IKONOS_Product_guide_v2. pdf&access = private (accessed on January 25, 2014).

6. Joseph, G. 2000. How well do we understand Earth observation electro – optical sensor parameters? *ISPRS Jour-*

nal of Photogrammetry and Remote Sensing 55(1): 9 – 12.

7. Joseph, G. 2005. Fundamentals of Remote Sensing. Universities Press, Hyderabad, India.

8. Kaufman, Y. J. 1984. Atmospheric effect on spatial resolution of surface imagery. *Applied Optics* 23(19): 3400 – 3408.

9. Kieffer, H. H. , T. C. Stone, R. A. Barnes et al. 2003. On – orbit radiometric calibration over time and between spacecraft using the moon. *Proceedings of SPIE* 4881: 287 – 298.

10. Kieffer, H. H. and R. L. Wildey. 1996. Establishing the moon as a spectral radiance standard. *Journal of Atmospheric and Oceanic Technology* 13(2): 360 – 375.

11. Kohm, K. 2004. Modulation transfer function measurement method and results for the ORBVIEW – 3 High Resolution Imaging Satellite. http://www. cartesia. org/geodoc/isprs2004/comm1/papers/ – 2. pdf (accessed on February 7, 2014).

12. Kondratyev K. Ya, O. M. Pokrovsky. 1979. A factor analysis approach to optimal selec – tion of spectral intervals for multipurpose experiments in remote sensing of the environment and earth resources. *Remote Sens Environment* 8(1): 3 – 10.

13. Leger, D. , J. Duffaut, F. Robinet. 1994. MTF measurement using spotlight. *Geoscience and Remote Sensing Symposium IGARSS* 94: 2010 – 2012.

14. Leger, D. , F. Viallefont, P. Deliot, C. Valorge. 2004. On – orbit MTF assessment of satel – lite cameras. In *Post – Launch Calibration of Satellite Sensors*, edited by S. A. Morain and A. M. Budge. Taylor and Francis, London, United Kingdom.

15. Li, X. , X. Jiang, C. Zhou, C. Gao, and X. Xi. 2010. An analysis of the knife – edge method for on – orbit MTF estimation of optical sensors. *International Journal of Remote Sensing* 31: 4995 – 5011.

16. Markham, B. L. , P. W. Dabney, J. C. Storey et al. 2008. Landsat Data Continuity Mission Calibration and Validation. http://www. asprs. org/a/publications/proceedings/pecora17/ – 0023. pdf (accessed on February 7, 2014).

17. Mazumdar, M. , B. K. Sinha, and C. C. Li. 1985. Comparison of several estimates of edge point in noisy digital data across a step edge, 19 – 23. In Proc. Conf. on Computer Vision and Pattern Recognition, IEEE Computer Society.

18. Mikhail, E. M. , M. L. Akey, and O. R. Mitchell. 1984. Detection and subpixel location of photogrammetric targets in digital images. *Photogrammetria* 39(3): 63 – 83.

19. Minor John, L. 2002. Flight test and evaluation of electro – optical sensor systems, *SFTE 33rd Annual International Symposium 19 – 22 August 2002, Baltimore, MD.* http://www. americaneagleaerospace. com/documents/ Electro – Optics/Flight%20Test%20%26%20Evaluation%20of%20Electro – Optical%20Sensor%20Systems. pdf (accessed on February 8, 2014).

20. Morain, S. A. and M. B. Amelia. (Ed). 2004. *Post – Launch Calibration of Satellite Sensors: Proceedings of the International Workshop on Radiometric and Geometric Calibration*, 2 – 5 December 2003, Gulfport, MS. Taylor and Francis, London, United Kingdom.

21. Nelson, N. R. and P. S. Barry. 2001. Measurement of Hyperion MTF from on – orbit scenes. *IEEE Transactions on Geosciences and Remote Sensing* 7: 2967 – 2969.

22. NASA. 1973. Special Publication #335, Advanced scanners and imaging systems for Earth observation. Working Group Report.

23. Norwood, V. T. 1974. Balance between resolution and signal – to – noise ratio in scanner design for earth resources systems. *Proc. SPIE* 51: 37 – 42.

24. Palmer, J. M. 1980. Radiometric bandwidth normalization using root mean square methods. *Proc. SPIE* 256: 99 – 105.

25. Palmer, J. M. 1984. Effective bandwidths for LANDSAT – 4 and LANDSAT – D' mul – tispectral scanner and thematic mapper subsystems. *IEEE Transactions on Geoscience and Remote Sensing* 22(3): 336, 338.

26. Pandya, M. R., K. R. Murali, A. S. Kirankumar. 2013. Quantification and comparison of spectral character- istics of sensors on board Resourcesat – 1 and Resourcesat – 2 satellites. *Remote Sensing Letters* 4 (3): 306 – 314.

27. Raghavender, N., C. V. Rao, A. Senthil Kumar. 2013. NRSC Technical note, NRSC – SDAPSA – G&SPG – May – 2013 – TR – 524.

28. Rauchmiller, R. F. Jr., and R. A. Schowengerdt. 1988. Measurement of the Landsat Thematic Mapper MTF using an array of point sources. *J. Optical Engineering* 27(4): 334 – 343.

29. Rauchmiller, R. F., and R. A. Schowengerdt. 1986. Measurement of the Landsat Thematic Mapper MTF using a 2 – dimensional target array. *Proc. SPIE* 0697:105 – 114.

30. Robinet, F. V., D. Léger. 2010. Improvement of the edge method for on – orbit MTF measurement *Optics Ex- press* 18(4): 3531 – 3545.

31. Rojas, Francisco. 2002. Modulation transfer function analysis of the moderate resolution imaging spectroradiome- ter (MODIS) on the Terra satellite, PhD thesis, Department of Electrical and Computer Engineering, The Uni- versity of Arizona. http://arizona. openrepository. com/arizona/bitstream/10150/280247/1/azu_td_3073306_ sip1_m. pdf (accessed on February 8, 2014).

32. Schowengerdt, R. A. 2001. Measurement of the sensor spatial response for remote sensing systems. Proc of SPIE 4388: 65 – 71.

33. Sharma, S. A., H. P. Bhatt, and Ajai. 1995. Oilseed crop discrimination, selection of optimum bands and role of middle IR photogrammetry and remote sensing. *Photogrammetry and Remote Sensing* 50(5): 25 – 30.

34. Schott Catalog: http://www. schott. com/advanced_optics/english/download/schott_interfer – ence_filters_ propert_2013_eng. pdf (accessed on February 8, 2014).

35. Slater, P. N., S. F. Biggar, K. J. Thome, D. I. Gellman, and P. R. Spyak. 1996. Vicarious radiometric calibrations of EOS sensors. *Journal of Atmospheric and Oceanic Technology* 13:349 – 359.

36. Srikanth, M., V. KesavaRaju, M. SenthilKumar, and A. S. KiranKumar. 2010. Stellar Imaging Operations in Cartosat – 2A. *Journal of Spacecraft Technology* 20(1): 56 – 64.

37. Tabatabai, A. J. and O. R. Mitchell. 1984. Edge location to subpixel values in digital imagery. *IEEE Trans- actions on Pattern Analysis and Machine Intelligence* 6(2): 188 – 201.

38. Thome, K., J. McCorkel, J. Czapla – Myers. 2008. Inflight intersensor radiometric calibration using the reflec- tance – based method for Landsat – type sensors. *Pecora 17*. Available at http://www. asprs. org/a/publica- tions/proceedings/pecora17/0040. pdf (accessed on February 8, 2014).

39. UN A/AC 105/260, Committee on the peaceful uses of outer space. Report on effective resolution element and related concepts, http://www. fas. org/irp/imint/docs/resunga. htm (accessed on February 8, 2014).

第5章

光机扫描仪

5.1　概　述

首个民用地球观测载荷为美国"泰罗斯" – 1 卫星(TIROS – 1)携带的一台电子束成像系统(电视摄影机)。之后宽谱段覆盖范围的需求迅速导致离散探测器对电子束成像方式的替代,相应地利用机械扫描仪将场景辐射引入光学系统,这种系统称为光机扫描仪,具有这种扫描成像方式的系统称作摆扫式扫描仪。

5.2　工作原理

设想一个光学采集系统,在其光轴上主焦点位置放置一个探测器,与光轴倾斜45°角放置一块平面镜,如图 5.1 所示。平面镜改变场景辐射或反射光方向,并将光线引入望远镜。光学系统将辐射聚焦在焦平面处的探测器上,接收探测器投影至地面一块区域的辐射,区域大小由探测器尺寸、光学系统焦距、光学系统与地面之间的距离决定。成像对应的地面区域称为瞬时几何视场。如果平面镜(以后称为扫描镜)绕沿光轴方向的轴旋转,探测器从位于扫描方向的相邻地面区域开始获取数据,并以瞬时几何视场宽度为单位接收辐射。设想将这样一个仪器装载在一个移动平台上,如航空器或航天器,系统光轴沿平台运动方向。扫描镜通过旋转采集垂直于平台运动方向的一个条带,形成垂轨方向的条带数据。平台的运动产生连续扫描条带。如果调整扫描镜扫描频率,使其与平台移动一个瞬时几何视场角时间一致,扫描镜在每一条带开始重新扫描,将形成连续扫描条带。为了产生连续图像,扫描频率必须根据平台运动速度和瞬时几何视场角精确调整。概括讲,垂轨方向通过扫描镜转动获取瞬时几何视场角数据,产生一行图像条带,沿轨方向连续图像条带由平台运动产生,这种扫描方式称为摆扫式扫描。

为了生成多光谱图像,光学系统接收的能量直接进入光谱分光系统处理,这种能够同时生成多个谱段图像的系统称为多光谱扫描仪。系统通常配备用于监测遥感器辐射性能和稳定性的定标装置。图 5.2 为多光谱扫描仪的功能框图。多光谱

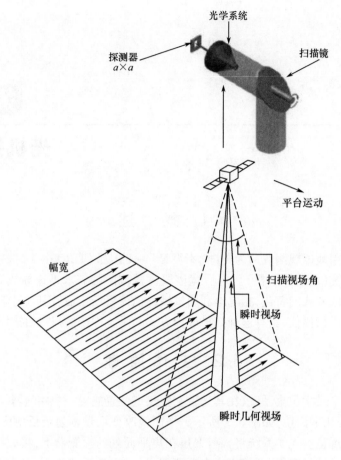

图 5.1   光机扫描仪成像原理

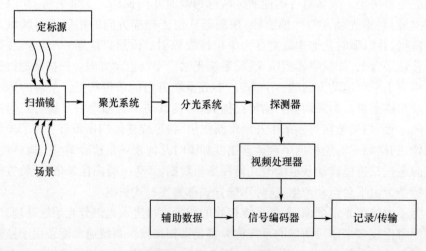

图 5.2   MSS 功能块状图

扫描仪包含扫描镜、聚光系统、分光系统(将入射光分为不同谱段)以及相应波长的探测器。探测器输出进入电子学处理电路,场景数据与平台姿态、各子系统温度等数据编码后与其他信息一起存入扫描仪存储器或传输至平台存储器。

5.3 扫 描 系 统

在所有光电成像系统中,都是在一定的扫描成像后记录图像信息。电视摄影机由电子束扫描荧光屏产生图像,称为电子像平面扫描仪,光机扫描仪可以在物空间或像空间进行扫描。像空间扫描方式扫描镜位于光学系统后焦平面附近(图5.3(a)),将焦平面每点的光引入探测器,这种系统要求聚光系统对应整个视场,使用反射系统难度很大。但是扫描镜尺寸相对较小,尽管像空间扫描已经在早期的多光谱光机扫描仪中应用,如 Skylab 多光谱扫描仪 S – 192,但是由于聚光系统必须对应整个视场,因此在现在的系统中已经不常用了。

物空间扫描方式下,进入扫描镜的场景光线通过反射进入聚光系统(图5.3(b))。光束到达探测器的方向与聚光系统保持一致,与扫描镜位置无关。因此,在聚光系统中采用物空间扫描方式,只需要修正光轴附近的一个小视场。视场修正量依赖于瞬时视场和焦平面探测器的分布。摆扫式扫描仪包含大量沿轨方向探测单元,通过降低扫描频率提高信噪比,大量垂轨方向探测单元用于增加谱段。

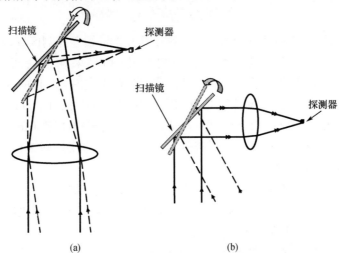

图 5.3   物平面和像平面扫描原理

(a)像平面扫描,扫描镜在成像光学系统与像平面之间;

(b)物平面扫描,扫描镜在成像光学系统入口前。

物平面扫描实现的技术有多种,最简单的是扫描镜与光轴夹角45°放置,通过镜子绕光轴连续转动实现垂轨方向扫描。这种方式下,所有与扫描镜成45°角且垂直于光轴入射的光线会沿光轴方向反射(图5.4(a))。这种扫描方式广泛应用于气象载荷,如 NIMBUS、NOAA 星上的 VHRR/AVHRR 等。AVHRR 扫描镜利用一台80极磁滞同步电机驱动扫描镜旋转,转速达到360r/min。这种扫描方式扫描效率(一次扫描中用于场景观测的时间)很低。在5.7节中将讨论到扫描效率是最大采集信号的重要参数。位于轨道高度1000km 的卫星观测地球全景的覆盖角小于120°,这种方式下地球表面扫描时间(扫描效率)少于30%,其他时间扫描镜扫描深空或载荷本体,但其中一部分时间可以用于星上定标。如果采用多面棱镜作为扫描镜,扫描效率可以提高(图5.4(b)),如果棱镜有 n 面,每次旋转形成 n 条扫描线,每个面覆盖角度为 $(360/n)°$,但这种方式很少用于星载成像仪。

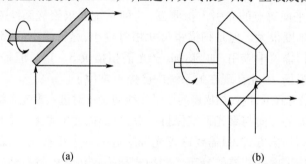

(a)   (b)

图5.4 不同物平面扫描机制原理
(a)单扫描镜;(b)多面棱镜扫描器。

另一种提高扫描效率的方式是利用镜子往复摆动覆盖探测区域。具体方式是成像期间镜子以一定角速度在穿轨方向摆动,扫描末期尽快回到初始位置(图5.5)。实际上,这种扫描方式扫描效率达到45% 左右,如 Landsat 上的 MSS。精确确定摆镜角相对仪器的位置是重构图像几何的必要条件。MSS 扫描机制包含用挠性枢轴悬挂的一个2.5mm 厚、长轴35.3mm 的椭圆铍镜(Lansing and Cline,1975)。利用一个砷化镓(GaAs)二极管接收扫描镜的多次反射来检测扫描位置,测角精度优于±10μrad。

采用镜子正反扫方式能够进一步提高扫描效率,如 Landsat 上的 Thematic Mapper。这种双向扫描方式扫描效率优于80% ,Landsat TM 扫描机制是光机扫描仪中最复杂的系统,将在5.8节中进一步介绍。

以上讨论的扫描模式都是用于低轨平台成像,卫星和地球之间有相对运动。1966 年,美国发射的地球同步轨道成像卫星 Application Technology Satellite - 1 (ATS - 1)主要用于获取气象信息。地球同步轨道卫星与地球相对静止,无法产生连续扫描条带。因此相机必须在两个正交方向扫描形成二维图像。地球同步轨道卫星姿态稳定方式是卫星绕某个轴旋转,保证旋转轴在惯性空间相对固定,或者卫星设计为三轴空间稳定。两种情况下扫描机制完全不同。

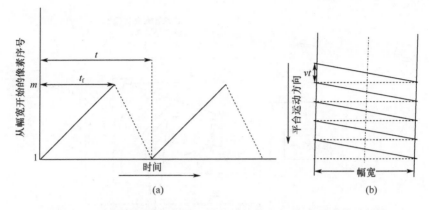

图 5.5 （a）扫描镜摆动原理图，扫描镜从像元 1 到 m，到达第一行第 m 像元后，又返回下一行第一个像元，t 是一个完整的周期，包括前向和反向。（b）扫描线在地面的投影。由于轨道运动，扫描线与星下点轨迹不垂直，虚线表示扫描镜的返回路径，中心线是星下点轨迹，v 是卫星速度

　　早期同步轨道地球观测系统如 GOES（美国）、METEOSAT（欧洲航天局）、GMS（日本）等自旋稳定，旋转轴与地球子午线方向平行。卫星的旋转（约 100r/min）产生东西方向的线性扫描，相机需要实现南北方向扫描。纬度扫描可以通过不同方式实现，一种方式是相机光轴与旋转轴垂直，光学系统主镜直接对地成像。每次旋转后，成像光学系统与通过南北方向旋转实现纬度扫描。旋转角由南北方向条带宽度确定以保证扫描连续性。经过 20～25min 南北方向扫描后，光学系统快速回到初始位置。返回过程对平台引起一些扰动，一旦平台稳定，下次成像过程开始。自旋稳定卫星产生一幅地球圆盘图像大约需要 30min。

　　这一概念在 1966 年的 ATS-1 卫星的旋转扫描相机上首次实现。为了实现南北向扫描，成像过程中整个相机在柔性枢轴上步进式倾斜（Suomi and Krauss，1978）。在第一代 METEOSAT 星上的可见近红外成像仪（MVIRI）上使用了一种改进方案，光学系统倾斜组装保证焦平面组件固定。从光学系统进来的光束通过折返镜出射，保证探测器相对于卫星固定（图 5.6（a））。光学系统安装在两个挠性平板枢轴上，扫描机构是一个由步进电机通过变速器驱动的高精度螺旋千斤顶（Hollier，1991）。每次东西扫描后，旋转时钟向扫描电动机电路发送一个信号，驱动光学系统旋转 1.25×10^{-4}rad，对应东西扫描过程中一个南北向图像条带。纬度方向扫描方式是使光轴和旋转轴在一条直线上。地球辐射通过与光轴夹角 45° 的扫描镜进入光学系统（图 5.6（b））。这种方式在早期 GOES 系列和日本 GMS 上采用。GOES 卫星自转形成一个自西向东的扫描，每次旋转后扫描镜连续自北向南倾斜实现纬度方向扫描。

　　静止轨道对地张角约 17.4°，旋转扫描系统的扫描效率（相机对地球成像时间

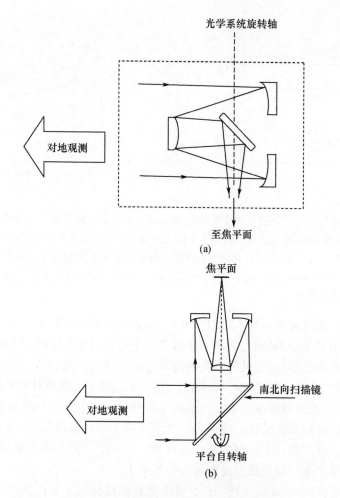

图 5.6   地球静止轨道卫星旋转扫描原理

(a) METEOSAT MVIRI 相机扫描原理,卫星旋转轴与纸面垂直;

(b) GOES/GMS 相机扫描原理,光轴与卫星旋转轴共线。地球辐射直接由扫描镜进入光学系统。

与旋转周期之比)低于 5% 。因此要从静止轨道高度获得高空间分辨率图像,自旋卫星并不适用。采用三轴稳定卫星平台是合理的,卫星三轴对地稳定,凝视地球。相机需要进行经度和纬度方向的扫描。第一个静止轨道三轴稳定成像系统是美国1974 年发射的 ATS - 6。静止轨道三轴稳定成像系统业务化应用始于 1982 年印度多用途卫星 INSAT。简短介绍一下 INSAT/VHRR 中的扫描相机。在二维指向扫描机构上装一面铍扫描镜,通过自东向西/自西向东方向快速扫描和自南向北方向慢速扫描实现地球圆盘成像。快速和慢速扫描运动由独立的两台带有位置编码感应传感器、由独立伺服系统控制的无刷直流电机驱动(Krishna and Kannan,1966)。在 1s 自东向西扫描中,光学系统采集瞬时视场角对应的一个有效条带,为了提高扫描效率,在自东向西和自西向东扫描中均进行成像。为了实现双向扫描,在一个方向完成快速扫描后,扫描方向反转同时扫描镜在南北方向步进一个瞬时视场角条带。为了消除成像时扫描镜速度反转引起的剩余扰动,扫描速率下降和反扫时上升的加速度一致。快扫能够覆盖 21.4°,有足够时间用于成像周期内扫描镜的稳定,扫描镜在快扫方向移动 ±5.35°、慢扫方向移动 ±10°形成一幅 21.4° × 20°的图像(Joseph et al,1994)。为了实现对一个事件的频繁观测,扫描镜可置于南北方向 0.5°步长的任意位置,覆盖南北方向 4.5°的成像条带大概需要 7min。这种扫描方式特别适合于跟踪观测剧烈变化天气。

满足所有光机要求实现一个扫描系统是一项有挑战性的工作,需要包括光学、机械、电子工程和加工制造等各专业组成一支有经验的团队。需要扫描镜轻量化以实现小惯量,同时能够承受足够的机械载荷。由于低密度和高弹性模量,扫描镜最常用的材料是铍。它比铝轻 45% 但硬度约是铝的 5 倍,是扫描应用中的低惯性组件。设计时在铍坯背后挖去材料(蜂窝型形孔)减小重量并保持强度,在 3.4.1 节中讨论了铍作为光学组件的预处理和加工过程。另一种扫描镜材料是碳化硅,它具有重量轻、硬度高、热膨胀系数低且热导率高的特点(Harnisch et al,1994,1998)。

AVHRR 上使用旋转扫描镜,另一个重要问题是镜子的动平衡。镜子的光学性能可能由于动态负载导致退化。镜子的动态畸变可以使用有限元分析方法计算,扫描镜成像质量可以根据扫描镜机械设计准则预估(Feng et al,1994)。

镜面运动的线性度(角度与时间的关系)是一个重要的性能要求,要满足线性度要求也是有挑战性的。TM 设计要求数据采集过程中扫描镜角振动峰峰值小于 2μrad,尽管其电子学设计很完美,但扫描镜运动也会引起结构振动,从而影响线性度。TM 扫描镜装配是最复杂的设计之一,Starkus(1984)给出了详细介绍。

5.3.1　扫描几何和畸变

当我们讨论扫描线性度时,意味着镜面在单位时间内扫过一个固定角度。成像数据获取时间间隔固定即角度间隔固定。但是,这不意味着探测器投影至地面的瞬时几何视场在刈幅内相同。是因为遥感器与地面成像区域间的距离在扫描轨迹上是变化的。此外,如果刈幅覆盖范围非常大,地球表面的曲率也会引起畸变。一个探测器瞬时视场角为 β(rad),平台高度 h(km),星下点像素对应地物大小 βhkm。当扫描镜从星下点转过 θ 角时,三角学示意图如图 5.7 所示,沿轨方向和垂轨方向分辨率变成 $\beta h \mathrm{Sec}\theta$ 和 $\beta h \mathrm{Sec}^2\theta$。为了避免这个问题,制定了一种扫描策略,使地面上的扫描条带与扫描仪距离相等。具体方法是采用圆锥形扫描方式获得环形扫描条带(图 5.8)。这种方式在 Skylab 星的 S192 多光谱扫描仪和 ERS1/2 星的沿轨扫描辐射计上已经得到应用。

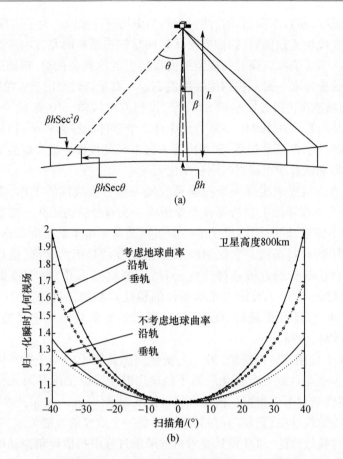

(a)

(b)

图 5.7　(a)光机扫描仪扫描几何对地面分辨率的影响。h,卫星高度,β 瞬时视场角,θ 天底偏视场角。未考虑地球曲率。(b)考虑地球曲率的分辨率随扫描角变化曲线,与未考虑地球曲率情况相比,下降速度加快(引自 Kurian,M.,2014,个人交流)

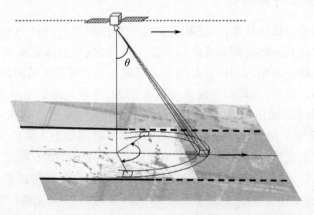

图 5.8　圆锥形扫描几何原理。视角 θ 在同一刈幅中保持一定,保证瞬时几何视场一致

5.4 聚 光 系 统

目前,所有的光机扫描系统都采用物方空间扫描。之前讨论过,采用物方空间扫描(n 个瞬时视场,如果每个谱段用 n 元探测器)的相机图像接近光轴,因此光学系统在沿轨方向仅需稍微校正以覆盖瞬时视场。垂轨方向的校正取决于焦平面探测器的分布情况。实际中光机扫描仪的光学系统修正量小于 $0.1°$。此外,相机需要覆盖一个宽谱段范围。因此,对地观测相机通常使用两镜系统进行光机扫描成像。Landsat MSS/TM、INSAT/VHRR、GOES 和许多其他型号都使用 RC 光学系统,RC 光学系统在第 3 章已经详细讨论过。少数相机,如 INSAT – 1 卫星高分辨率扫描辐射计、TIROS – N 卫星高分辨率扫描辐射计和 HCMM 卫星辐射计使用远焦梅森光学系统(图 5.9),次级聚焦与主焦点一致。当主镜和次镜在一条直线上时,准直光束平行光轴出射但截面减小。这种构造的优点是用于分离焦平面不同波段的分束器可以放置在一个角度,而不会引入任何误差。但是,主镜和次镜间微小的错位可能影响输出光束的共线性。

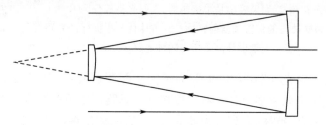

图 5.9 梅森远焦反射系统。主次焦点一致,由一点源产生两条平行光束

5.5 色散型光学系统和焦平面布局

经过光学系统到达焦平面的辐射是由瞬时几何视场内所有地物发出,经过扫描镜和光学系统的光谱响应作用后的光谱成分。接着要测量经过分离的感兴趣电磁波谱的焦平面辐射量。需要将接收到的光谱分离成感兴趣谱段之后用合适的探测器进行测量。类似光谱仪,当对连续光谱信息感兴趣时,使用棱镜或者光栅作为分光器件。这种方案已用于早期的星载遥感器,如 Skylab S192 和航空扫描仪。我们将在第 8 章中讨论其在高光谱成像仪中的应用。当需要在一些特殊谱段内做采样时,使用干涉滤波片是更有效的方法。

为了容纳不同类型的探测器,主焦平面通过光学方法分为若干个焦平面,在物理空间对应于不同的探测器,光学系统接收到的辐射被分为多个支流。首先考虑焦平面怎样被分为两个波段。图 5.10 所示为一个光学系统被分为两波段方案。

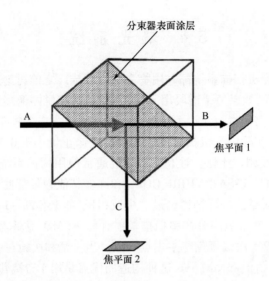

图 5.10　使用光束分光器将单一光学系统的光分为两个平面用于不同探测器原理。两个垂直的棱镜黏合在直角三角形斜边上,表面镀有分光涂料。入射光束 A 分为两束光 B 和 C,如果膜层是半透明的,入射光将等分为 B 和 C。二向色性膜层可以优化特殊波段的传输和反射特性。立方体代替平面保证光路等长。如果光束分光器在会聚光束,光学设计需要考虑附加光路

使用分束器将入射光 A 分为 B 和 C,为了便于探测器放置,分束器将光束分为两个方向。在光路中放置多个分光器可以将这一思路扩展至多波段。因此光谱分离由一组放置在适合位置的光束分光器完成,之后的利用探测系统附近的干涉滤光片实现光谱选择。但是,如果分束器用于会聚光束,应该考虑它对图像质量的影响,分束器通常是偏振灵敏器件这一特性也应该考虑。

　　简单的分束器是一个 45°放置的半银质平面镜,将光束等分至两个方向。但是这样的布置减小了探测器处的辐射量。为了解决这一问题,需要使用分色片。分色片在某一个特殊谱段反射绝大部分辐射,同时在另一个谱段透射性最优(图 5.11)。可以为分色片设计不同的透过谱段,使反射率达到 95% 以上同时透射率优于 85% 。选择分色片使特征波段在传输过程能量几乎不下降。分束器和干涉滤波片已经在大多数光机扫描仪中得到应用,如 NOAA/AVHRR、INSAT/VHRR 和 GORS 系列卫星辐射计。图 5.12 给出了 GOES - N 成像仪使用多个分色片的焦平面布局。

　　如果在同一基板上分布大量带有滤波片的探测器,可以避免分束器分离焦平面,即焦平面带光谱选择滤波探测器阵列。Landsat MSS 使用类似概念的一种不同实现方式。在 MSS 设计阶段,集成探测器阵列还未发展至空间应用,焦平面利用光纤组件矩阵实现 4 波段分离。每个波段带 6 个探测器,24 根光纤构成 4 × 6

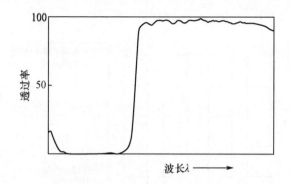

图 5.11　二向色性分光器光谱响应曲线。当透过率最小时,为反射波段

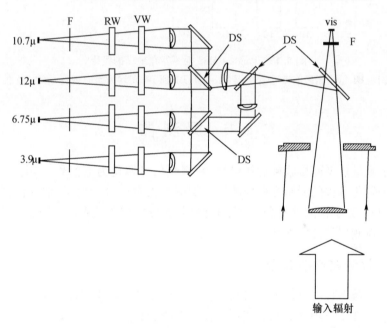

图 5.12　GOES - N 成像仪中使用的二向色性分光器进行不同探测器焦平面分离
RW—辐射窗口; VW—真空窗口; DS—分束器; F—滤光片。

排列(对应于 4 波段 6 阵列扫描),构成焦平面组件,它的矩形末端形成视场光阑。进入光纤阵列的辐射由光纤尾纤送至探测器滤波组件。随着技术进步,在 Landsat - 4 TM上,焦平面带有集成电路探测器阵列。Landsat MSS 和 TM 都使用主焦点后需要制冷的中继光学系统生成分离的焦平面满足不同的探测器,称为制冷焦平面。但是这种方案不能保证器件级固有的谱段间配准。图 5.13 所示为 Landsat MSS 在垂轨方向谱段划分方式。对于一个固定偏差,可以通过校正手段生产谱段配准数据产品,其他时变偏差,如扫描镜性能变化、卫星平台的漂移和振动造成的综合误差需要精确的扫描镜角位置和平台动力学进行建模修正。

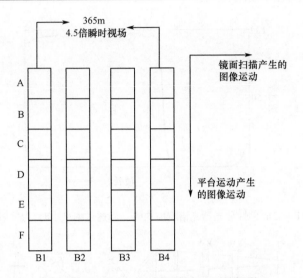

图 5.13　Landsat MSS 探测器在地面的投影。
B1 ~ B4 每个谱段有 6 个探测器(A - F),B1 到 B4 间均为瞬时视场角的 4.5 倍

5.6　探 测 器

为了测量焦平面接收到的辐射量,需将光信号转化为电信号,即电压或电流。完成这个转化过程的就是光电探测器。探测器大致可分为两类:热探测器和光子探测器,其中光子探测器又分为光电探测器、光导探测器及光伏探测器。接下来将讨论这些探测器的性能参数。

5.6.1　探测器性能参数

不同探测器性能可用多种参数表征。相机设计者应选择能满足相机性能要求的探测器。在本节中将简要介绍探测器的性能参数。

响应度(Responsibility):响应度符号为 R,它表征探测器将光信号转化为电信号(电压或电流)的能力。对输出电流的探测器,响应度可表示为电流信号的均方根与入射光辐射通量的均方根之比,单位为 A/W。对输出电压的探测器,响应度表示为电压与光辐射通量之比,单位为 V/W。一般,在一个谱段范围内,响应度并不是一个常数,而是与波长有关,用 R_λ 表示。如果 I_s 为对应光辐射通量 Φ_λ 的均方根电流,则光谱响应度为

$$R_\lambda = \frac{I_s}{\Phi_\lambda \mathrm{d}\lambda} = \frac{I_s}{E_\lambda A_d \mathrm{d}\lambda} \tag{5.1}$$

式中:E_λ 为光谱辐照度$((\mathrm{W/cm^2})/\mu m)$;$A_d$ 为探测器面积$(\mathrm{cm^2})$。探测器的响应度与其工作环境也密切相关,如探测器偏向、温度、截止频率等。确定探测器的响

应度后,用户可以根据探测器输出信号的大小来选择相应的前置放大器。

量子效率(Quantum Efficiency):量子效率符号为 QE。在光子探测器中,探测器响应度取决于量子效率。量子效率可用光生电子/空穴对数与入射光子数之比表示,即入射光子转化为光电子的比例。例如,QE = 0.5,表示如果入射光子数量为 10,则产生 5 个光电子(或空穴)。因此,量子效率可作为衡量探测器将入射光信号转化为电信号的能力。

光谱响应(Spectral Response):每一种探测器工作时均有自身的敏感光谱区域,光谱响应表征探测器对不同波长响应度的变化。光谱响应可通过一条曲线表示,其中波长 λ 为 x 轴,响应度 $R(\lambda)$ 为 y 轴,曲线上每一点表示对应波长的响应度。事实上,一般使用相对光谱响应曲线来表征光谱响应,该曲线中,将各波长光谱响应中最大值视为 100%,其他波长的响应度均采用对最大响应的相对值。

噪声等效能量(Noise Equivalent Power):噪声等效能量用 NEP 表示。相机设计时必须考虑探测器能够探测到的最小辐射能量,而噪声则限制了探测器的这种能力。因此,探测器能探测的最小辐射能量取决于探测器产生的噪声及响应度。NEP 表征探测器产生与噪声信号电流(或电压)相等的信号电流(或电压)所需的入射辐射能量,即探测器产生单位信噪比(SNR)所需的辐射能量,其表达式如下:

$$\text{NEP} = \frac{I_{\mathrm{n}}}{R} \tag{5.2}$$

式中:I_{n} 为噪声电流均方根(A);R 为响应度(A/W)。NEP 为特定波长与温度下的值,描述 NEP 时必须指定波长与波段范围。探测器生产商一般将 NEP 作为单位波长平方根对应的最小可探测能量,单位为 $\dfrac{\mathrm{W}}{\sqrt{\mathrm{Hz}}}$。因此,NEP 越小,探测器在存在噪声时可探测的信号能量越小,探测器性能越佳。

假定所有噪声源均被消除后,探测器依旧存在一种噪声——光子噪声。这种噪声由辐射源随机入射到探测器的光子及背景辐射导致,存在光子噪声时探测器的信噪比与 $(\text{QE} \times N)^{\frac{1}{2}}$ 成正比,其中 N 为探测器接收的光子数,QE 为量子效率。

探测率(Specific Detectivity):用 D 表示,是另一种表征探测器探测能力的参数,与噪声等效能量互为倒数关系,即

$$D = \frac{1}{\text{NEP}} \mathrm{W}^{-1}\mathrm{Hz}^{-\frac{1}{2}} \tag{5.3}$$

对多数常用探测器,探测率与探测器面积的平方根成反比,因此很难对比两个面积未知的探测器的探测率。为了对比不同面积探测器的性能,可定义一种与探测器尺寸无关的探测率 D^*,表达式如下:

$$D^* = \frac{\sqrt{A_d}}{NEP} \mathrm{cm/WHz}^{\frac{1}{2}} \qquad (5.4)$$

D^* 表征特定频率时波段宽度为 1 Hz、能量为 1 W 的辐射能在 $1 \mathrm{cm}^2$ 有效探测器面积上产生的信噪比。D^* 是一个与波长 λ、频率 f 及波段 Δf 有关的参数,可表示为 $D^*(\lambda, f, \Delta f)$。当存在噪声时,$D^*$ 越高表示探测器性能越好。

由于探测率与探测器面积平方根成反比,可通过降低面积来实现提高探测器性能。实际上,探测器尺寸一般由其面积和其他性能参数共同决定。一种降低探测器面积且保持光学尺寸不变的方法是在探测器前放置一块高折射率的透镜,即光学浸入式探测器(Jones,1962)。光学浸入式探测器是将探测器置于半球面透镜的曲率中心,从而形成等光程的图像。在这种结构中,对固定物理尺寸的探测器,通过透镜折射率 n 的变化来增加其表观线性光学尺寸。若采用超球面折射镜,则影响因子变为 n^2(超球面可通过截取球面镜中心距为 R/n 的镜面得到)。光学浸入式探测器通常用于热红外相机中,其折射透镜的材料一般为折射率 $n=4$ 的锗。

动态范围(Dynamic Range):探测器可探测的信号范围,用可探测到的最大信号与最小信号的比值来表征。理想情况下,探测器在其动态范围内的响应为线性,即输出信号强度随入射光强线性变化。

时间常数(Time Constant):探测器对入射辐射瞬时变化的响应时间。当入射辐射发生阶跃变化时,以时间为变量,当探测器的响应电压(或电流)达到饱和值的 0.63 时,这个时间为探测器的时间常数。

另一个描述探测器响应速度的参数是上升时间。上升时间表征为探测器入射辐射阶跃变化时,其响应值从峰值的 10% 达到 90% 的时间差。

上述均为光电探测器重要的性能参数,接下来将介绍不同探测器的基本原理。

5.6.2   热探测器

热探测器是利用电磁辐射的热效应来工作。温度升高时,探测器的电性能发生相应变化,如电阻等,可通过外置电路来测量这种电性能的变化,进而得到入射光通量。热探测器的响应仅与辐射能量有关,而与波长无关。实际上,热探测器的波长特性受限于探测器材料的波长吸收特性(与波长有关)和探测器包覆材料的传输特性。常用的热探测器包括热辐射计、热电偶、热释电探测器等。

对于热辐射计,辐射导致的温度变化改变了探测器电阻,采用合适的方法可测量电阻的变化。早期的热辐射计采用人工涂黑的铂金属条,现阶段的先进热辐射计使用半导体材料。相比金属材料,半导体的电阻随温度的变化更加明显。半导体热辐射计器件也称为热敏电阻。

热电偶由两种不同热电性能的材料互联构成。最常用的两种材料是铋和锑,它们分置两端,通过互联构成热电偶,一端涂黑以吸收辐射,另一端则保持参考温度。热电偶两端温度的差异产生了热电势,进而测量入射辐射功率。为了提高探测器的灵敏性,通常将多个热电偶互相连接,这种探测器称为热电堆。

当温度低于居里点时,铁电晶体材料会表现出随温度变化而发生自然极化的现象,即释热电效应。热释电探测器的基本结构是一个接收入射辐射的绝热的铁电电容,当入射辐射改变探元的温度时,探测器发生自然极化,温度变化时沿晶格方向相对的表面表现互为相反的电荷极性。发生极化后,产生移位电流流向外置探测电路。热释电探测器的响应仅与温度变化有关。相比其他热释电探测器,热释电探测器具有最大的 D^* 和最快的响应时间。

热探测器工作时,探测器元件温度升高到最终值需要一段时间,而光子探测器的电荷转移几乎发生在一瞬间,相比之下,热探测器的时间常数较长。一般热探测器的时间常数为毫秒级,不适用于时间常数较小的高分辨率成像。

5.6.3　光子探测器

光子探测器也称为量子探测器,光子是光能的量化形式,与探测器材料发生光电效应产生电子—空穴对,最终输出为光生电压或电流。依据不同探测器材料和反应过程,探测器发生光电效应的条件是入射光子能量以不小于最低能量 E_{min} 来打破原子键,从而产生电子—空穴对,E_{min} 表达式如下:

$$E_{min} = h\nu = \frac{hc}{\lambda_c} \tag{5.5}$$

式中:h 为普朗克常数;c 为光速;λ_c 为材料的截止波长。当入射光波长大于截止波长时,探测器的响应度降至 0。不同的光子吸收速率决定了光子探测器的类型。图 5.14 是光子探测器与热探测器的光谱响应曲线。图中的响应曲线容易让读者产生误解,即光子探测器的响应度随入射光能量降低而增加。实际上,当光波长增加时,光子能量降低,在保持总能量恒定时,光子的数量增加。而光子探测器的响应

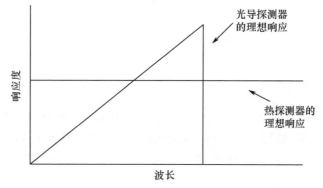

图 5.14　恒定能量入射时光子探测器和热探测器的理想光谱响应曲线

度取决于每秒钟接收的光子数,因此图 5.14 中响应度曲线随波长增加而变大。而热探测器的响应度则取决于吸收的总能量,因此其响应度不随波长增加而变化。

5.6.3.1 光电探测器

光电探测器基于光电效应理论,当入射光子能量大于探测器材料的某个特定能量阈值时,材料表面将释放自由电子。探测器材料释放自由电子所需的能量取决于材料自身的性质,称为材料的功函数。探测器材料表面释放的光电子在真空被加速到达阳极,相对发射表面产生一个正电势,并通过外电路形成电压或电流,如图 5.15 所示。用于光学成像相机的基于这种工作原理的光电探测器称为光电倍增管(PMTs),通过逐渐增大一系列倍增电极之间电压对光电子进行二次发射,最终光电子达到阳极。通过内部增益使信号增大,无须采用特殊的低噪声放大器便达到后续处理的要求。一些化合物材料的功函数比单成分金属更低,如银—氧—铯表面的功函数仅为 0.98eV,截止波长为 1.25μm。光电倍增管的光谱响应范围较广,可覆盖从紫外到近红外的谱段。1966 年发射的应用技术卫星一号(ATS-1)旋转扫描式云层相机、1967 年发射的应用技术卫星三号(ATS-3)的多色旋转扫描式云层相机以及陆地资源观测卫星一号(Landsat-1)的多光谱相机是少数几种采用光电倍增管式光电探测器的空间相机。

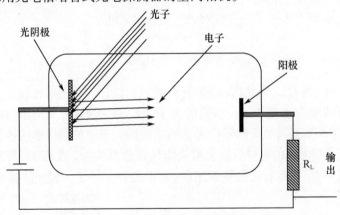

图 5.15 简单光电探测器的功能示意图

R—电阻阻抗。

5.6.3.2 光导探测器

光导探测器采用光敏半导体,其电阻随着入射能量的增加而降低。当入射光子的能量足够大时,能够将半导体材料的电子激发,从价带跃迁到导带。如果 E_g 为材料能隙,表示价带与导带的电势差,则激发电子所需的光子最大波长为

$$\lambda_c = \frac{1.24}{E_g} \tag{5.6}$$

式中:λ_c 的单位为 μm;E_g 的单位为 eV。常用的半导体材料,如锗的 E_g 为 0.66eV($\lambda_c = 1.9\mu m$),硅的 E_g 为 1.12eV($\lambda_c = 1.1\mu m$),砷化镓的 E_g 为 1.42eV($\lambda_c = 0.87\mu m$)。当电子被激发到导带后,探测器的电导率增加。因此,光导探测器可视为光敏可变电阻,其电导率随着吸收光子数的变化而变化。光导探测器一般由均质材料构成,包括本征半导体和掺杂半导体。对本征半导体掺杂处理可将导带与价带之间的能隙减小,从而增大了可探测辐射的波长范围,通过合适的掺杂处理可改变探测器能隙和截止波长。几种常用的空间相机光导探测器包括锑化铟、砷化镓及碲化镉(MCT)探测器。碲化镉探测器是一种特殊的探测器,通过改变合金的成分,其工作谱段能够从近红外扩大至热红外谱段。印度卫星高分辨率辐射计(INSAT/VHRR)采用的光探测器谱段范围包括热红外谱段(10.5~12.5μm)和水汽谱段(5.7~7.1μm)(Joseph et al,1994)。在实际应用中,光导探测器通常与一个电阻及电源电压相连接,如图 5.16(a)所示,入射辐射能量的变化导致探测器电阻变化,进而改变了电压,通过合适的放大器可测量电压的变化。

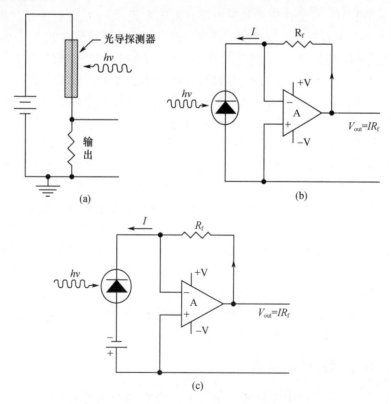

图 5.16 典型的光子探测器几种不同模式

(a)光导探测器;(b)光伏模式的光电二极管;(c)光导模式的光电二极管。

5.6.3.3 光伏探测器

当 p 型半导体和 n 型半导体连接在一起时,可构成一个 p-n 结。在 p-n 结处,n 型区域电子扩散到 p 型区域,p 型区域的空穴扩散到 n 型区域,从而形成了一定的电势差。当入射到 p-n 结的光子能量大于半导体材料能隙时,在 p-n 结处产生电子—空穴对,进而改变 p-n 结处的电势差,这种效应称为光伏效应。p-n 结半导体的工作模式包括光伏模式和光导模式两种。在光伏模式时,电子—空穴对分别向 p-n 结不同方向迁移而形成电势差,这种经由 p-n 结(断路时)产生的电压与辐射强度对数相关。如果将 p-n 结通过外置导体短路,当光辐照到 p-n 结时,在电路中产生电流,这种光电流与辐射强度线性相关(一定限度内)。实际上,一般通过互阻抗放大器(Transimpedance Amplifier,TIA)将光电流转化为电压。如图 5.16(b)所示,光伏模式采用零偏压工作方式,常应用在低频(可达 350Hz)和超低光照环境中。光伏模式的另一个优势是这种模式下的光生电流响应度受温度影响小。

p-n 结的另一种工作模式是采用反向偏压方式,即 p 型区比 n 型区电势低,称为 p-n 结的光导模式。这种模式产生的噪声电流比光伏模式更大,但反偏压模式增大了耗尽区的宽度,p-n 结电容变小,因此反偏压模式的响应速度更快。光导模式的结构如图 5.16(c)所示。因此,光伏模式常应用于高线性精度和弱信号探测的探测器,而光导模式多应用于需高速响应转换的探测器。通常在光电二极管加工制造阶段对工作在光伏或光导模式进行。

另一种可增加频率响应的半导体光电二极管是 PIN 光电二极管。PIN 光电二极管在 p 型区与 n 型区之间添加一层轻掺杂的本征区。当光电二极管反偏压工作时,其内阻抗变得无穷大,如同发生断路,这时输出电流与输入辐射能量成正比。

通过选用不同材料 p-n 结的光电二极管,探测器光谱响应可覆盖不同谱段区域。硅(Si)光电二极管的响应谱段为蓝波段到近红外波段(约 $1\mu m$);砷化铟—砷化镓(InGaAs)光电二极管的响应谱段为 $1\sim2\mu m$;锑化铟(InSb)探测器的响应范围可覆盖 $1\sim5\mu m$;常用于热红外谱段($8\sim12\mu m$)的多为碲镉汞(MCT)探测器。前文提到探测器中半导体材料能隙可通过调整汞(Hg)和镉(Cd)的含量比例而改变,从而在一个宽的红外谱段内调整峰值响应位置(Westervelt,2000)。图 5.17 是几种典型的光子探测器的光谱相应曲线。

5.6.4 量子阱红外探测器

碲镉汞探测器从数十年前就开始用于探测 $8\sim14\mu m$ 谱段的长波红外辐射。温度为 77K 时碲镉汞探测器的量子效率可超过 70%,探测灵敏度大于 10^{12}(cm·$Hz^{1/2}$)/W。尽管中等尺寸焦平面阵列目前可采用碲镉汞探测器,但如何应用在长

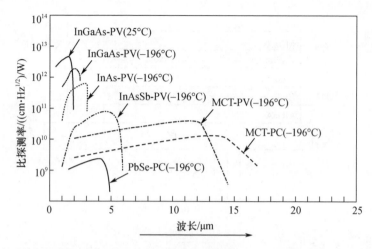

图 5.17　几种典型的光子探测器光谱相应曲线,各自工作温度在括号中显示
(图中响应曲线对应的部分探测器由 Hamamatsu 光电公司生产,可访问
http://www. hamamatsu. com/resouces/pdf/ssd/infrared_techinfo_e. pdf. 了解技术信息详情)

线阵器件中依旧是技术难题。量子阱红外探测器(QWIPs)已成为热红外成像的另一种选择。在能隙较大的半导体材料层中(如砷铝化镓的能隙为 1.4 ~ 3.0eV,随掺 Al 的含量变化而变化)添加一层厚度为纳米级的低能隙材料(如砷化镓,其能隙为 1.4eV)可发生量子效应(图 5.18)。量子效应产生了一个限制电子或空穴的势阱,使得原本可以在三维自由移动的电子或空穴停留在一个平面区域,即量子阱。在量子阱中,电子和空穴在平行耗尽层方向依旧保持自由运动,但在垂直耗尽层方向被限制在各分立能级上。探测红外谱段辐射就是利用电子在各分立能级之间的跃迁实现。量子阱掺杂后,直到受入射光子激发之前,电子始终被限制在基态能级。当加上偏压后,受激发的电子在电场的作用下产生定向流动形成光电流。势垒之间的量子阱通过栈式堆积以增加光子吸收能力。通过改变量子阱厚度及势垒的高度,进而调整可探测波长的范围。由于探测器自身存在暗电流(由隧道效应及热激发等造成),这种类型探测器一般工作温度需低于 120K。量子阱红外探测器通过现代晶体外延生长技术提高探测精度,更多技术细节可参考 Henini and Razeghi 的相关工作(2002)。近年来,高性能量子阱红外探测器发展迅速,面阵和线阵均有应用。美国 Landsat - 8 号的热成像仪采用了量子阱红外探测器。

5.6.5　温度控制

理想的探测器在零入射辐射能量时应保持零电流输出,但在实际上始终存在一定的电流输出。当温度为绝对零度($T = 0K$)时,所有电子均被束缚在原子核周围,此时没有电流存在,半导体表现为绝缘体。当温度高于 0K 时,平均热能随电荷载流子的变化为 kT,其中 k 为玻耳兹曼常数,T 为热力学温度。随着温度的升

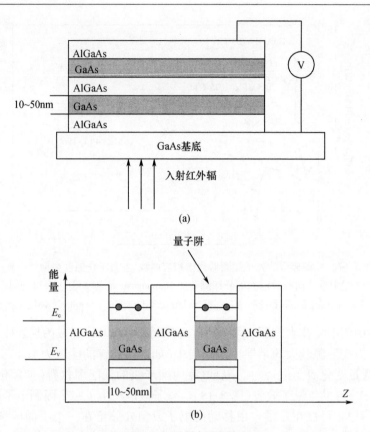

图 5.18 (a)异质结构量子阱红外探测器示意图;(b)能级结构。
AlGaAs 作为一个势垒来形成一个势阱,其中 E_c 为导带边缘,
E_v 为价带边缘(引自 Babu Naresh,2013,个人交流)

高,电子获得了足够跨越能隙的能量。这种热激发的电子与光生电子基本无法区分,由热激发的电子形成的电流称为暗电流,暗电流是探测器一个主要的噪声源。当探测器工作谱段为长波区域时,材料能隙较小,暗电流的影响变得尤为显著。例如,硅探测器工作在长波谱段的截止波长 λ_c 为 1.1μm,其能隙 E_g 为 1.12eV。当温度为 300K 时,其热能为 0.026eV,仅为硅能隙的 2.3%。而工作在长波谱段的碲镉汞探测器截止波长 λ_c 为 10μm,其能隙 E_g 为 0.12eV,温度为 300K 时的热能可达碲镉汞探测器能隙的 22%。而当温度为 77K 时,此时 kT 值为 0.0066eV,仅为碲镉汞探测器能隙的 5.5%。因此,为了减少热载流子及相应的热噪声,红外探测器通常需要降温系统来提高性能,探测器工作时需降低的温度与其工作波长有关,且不同工作温度和不同结构的探测器降温方法也不尽相同。

当探测器工作温度高于 170K 时,常使用热电致冷器。热电致冷器工作原理基于珀耳帖效应,即当电流通过两个互相连接的不同性质导体时,导体一端升温而

另一端降温。当互联的导体换成半导体时,这种效应更加明显。很多工作谱段为 $3 \sim 5\mu m$ 的探测器均采用热电致冷方式进行冷却降温。

对于工作谱段为 $8 \sim 14\mu m$ 的热红外探测器,一般需要降温至 100K 以下。对于星载传感器,通常采用被动辐射致冷器进行降温。图 5.19 是印度卫星 VHRRI 的碲镉汞探测器的三级致冷器结构图(Gupta et al,1992)。接下来将简要介绍这种辐射致冷器。三级分别是遮阳罩、散热器和辐射片,辐射片是一个对外空间散热的辐射表面,探测器与辐射片之间采用热连接以便将热量迅速往外空间辐射。辐射片最终达到的热平衡温度与其表面的热辐射特性、从周围环境吸收的热量、探测器的热量发散、导线的传导损耗及支架柱螺栓等有关。因此,设计致冷器时应尽可能减少到达辐射片的热应力。为了将致冷器三级之间的热辐射和传导降至最低,三级结构之间采用热隔离设计。此外,辐射冷却器应装配在背阳面,从而将探测器外部输入的热量降至最低。散热器位于中间阶,且与辐射片共面。为了减少散热器的热应力,散热器面向外空间的表面涂一层低太阳辐射吸收率和高发射率的白漆。为了避免太阳直射辐射片,一个由四块梯形面板组成的锥形遮阳罩安装在冷却器最外端。设计遮阳罩时,其高度和锥角应能够保证一年中在任何时间太阳光都无法直射到辐射片。遮阳罩朝向辐射片的表面具有高反射率(类镜面),并保持低太阳吸收和低发射率,从而将入射太阳辐射反射回深空,避免散射的发生。遮阳板同时还具有阻隔热辐射的功能,从而将辐射片的热应力降至最低。连接辐射片的机械结构及导线应合理设计以保证辐射片能最大限度地隔热。为了便于地面测试,一般将辐射片与散热器组合装配在真空罩中。为了保持探测器的工作温度稳定,辐射片应能够将温度冷却至预设工作温度之下,且需要温控系统(TC)来控制探测器温度。温控系统通过连接加热线圈到辐射片上实现,采用铂阻温度计来监控温度变化,用以控制加热线圈,将探测器温度维持在特定温度范围内。此外,引

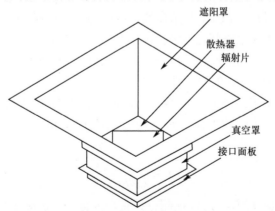

遮阳罩

散热器

辐射片

真空罩

接口面板

图 5.19　图中是星载被动热辐射冷却器(引自 Courtesy of ISAC/ISRO;
Gupta et al. J. Spacecraft Technol. II,1,23 − 25,1992)

入加热去污装置去除任意可能沉积的挥发性污染物。

被动式致冷器具有可靠性高(无运动部件)、除温控系统外无其他主动供能需求、低重量、不产生振动、工作寿命仅受限于表面的污染度和性能退化等优点,常应用于对地观测相机。正因为被动式致冷器的这些优点,它们广泛用于工作温度为80～100K 的探测器。但当温度低于 70K 时,被动式致冷器的性能迅速降低,且提高温度所需的能量较大。为了解决被动致冷器的这些问题,许多空间相机采用主动式致冷器(制冷机)。早期空间科学探测时使用的致冷器可将温度降至 10K,目前用于对地观测相机的致冷器采用斯特林制冷机,可将温度保持在 60～80K。典型的应用制冷机来维持探测器温度的对地观测相机包括被动式大气探测器上的迈克尔逊干涉仪(MIPAS)、欧洲环境卫星搭载的先进沿轨扫描辐射计、地球观测卫星搭载的 MOPITT 等(Jewell,1996)。许多新一代地球静止轨道成像仪,如 GEOS -R、METEOSAT 第三代、日本先进气象成像仪等均计划采用主动致冷器来给焦平面探测器阵列降温(Ross and Boyle,2006)。

5.6.6　信号处理

探测器的输出既包括与辐照光子数成比例的连续电压或电流信号,也包括噪声信号。红外探测器的输出与温度、视场角内的背景辐射(如光学系统、外罩等)有关,在许多情况下,背景辐射的输出与信号相比很大。探测器信号处理电路的主要功能包括信号放大、增强和带限滤波,直流恢复提供稳定的参考信号,模数转换将模拟信号量化为数字信号以便后期格式处理和通过卫星数传通道对地传输。探测器输出的信号较弱,需使用前置放大器将信号放大和增强,前置放大器的设计要求取决于探测器的类型。

光伏探测器受光子辐照后产生光生电流,进而转化为电压信号。零偏压光伏探测器如同一个大阻抗的电阻,形成断路,此时需要一个低阻抗的元件将电流转化为电压,通常采用 TIA 电路将电流转换成电压。典型的用于光伏探测器的 TIA 电路如图 5.20 所示,输出的电压信号是光电二极管的短路电流(包括光生电流和暗电流)乘反馈电阻值。TIA 的稳定性与探测器 p - n 结的电容、连接导线等密切相关,一般在反馈电路中加入补偿电容 C_f,降低增益峰值,防止可能出现的振荡效应。C_f 与 R_f 的值决定了放大器的频率响应,信号的 3dB 截止频率 f_c 由式(5.7)得到:

$$f_c = \frac{1}{2\pi R_f C_f} \tag{5.7}$$

由 R_f 产生的热噪声是主要的噪声源,其信噪比与 $\sqrt{R_f}$ 成比例。一般,R_f 的最大值取决于电路所需的带宽,而反馈电路阻抗的最大值则应保证最大电流通过电路时不发生饱和。运算放大器的实际电阻并不是无限大的,偏置电流经过时会产

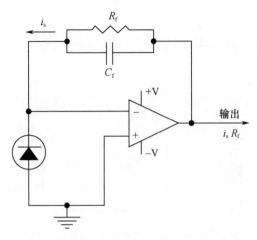

图 5.20　光伏探测器的互导放大器电路示意图

生一定的偏置电压。场效应晶体管运算放大器的偏置电流相比双极运算放大器小得多,因此被更加普遍地应用。除了偏置电流,其他选择运算放大器的准则包括带宽、驱动要求(导线长度与电容)、噪声性能。

除了光伏探测器,另一种用于光机扫描仪的探测器是光导探测器。5.6.3.2 节中已经介绍过光导探测器,其电阻随着入射辐射变化而变化。因此,获取光导探测器的输出信号取决于如何准确测量其电阻随入射辐射的变化。原理上,通过简单的偏压模式即可测量电阻的变化,如图 5.16(a)所示。光导探测器的阻抗较低,仅几百欧,且存在预设偏置电流值。因为偏置噪声/漂移会被当作信号,因此需要设计一个稳定且极小的偏置电压。另一种将偏置电流漂移效应的影响降至最小的途径是采用比率测量方法。最简单的比率测量方法是采用桥式放大器,如图 5.21 所示,探测器装置在桥式放大器的一端。

其中,R_3 是探测器的等效阻抗,用以平衡桥式放大器。当节点 A 与节点 B 的电压相等时,放大器处于平衡状态。电阻 R_1 和 R_2 的阻抗取决于偏置电流的大小,一般远大于探测器的阻抗。一个低噪声的运算放大器用以测量“桥”两端的电压差。桥式放大器的预设平衡温度与特定探测器的温度有关。图 5.21 中这种放大器对信号的增益为 R_f/R_3,探测器的信号非常低,因此光导探测器需用前置放大器将信号增强至 500 ~ 1000 倍。前置放大器的增益较大,与探测器温度及预设温度不匹配时将导致“桥”两端失去平衡,最终表现为输出偏压,后继电路中需始终考虑该问题。

前置放大器的输出既包括信号,也有部分偏置量。这些偏置量的造成因素有多种,如电子器件、探测器暗电流及电荷漂移等。当探测器入射辐射为 0 时,探测器也有一定的输出,这时的输出是由多种偏置量造成的,将该输出作为探测器的暗电流。测量探测器的输出信号时,一般通过直流恢复过程去掉探测器暗电流。空

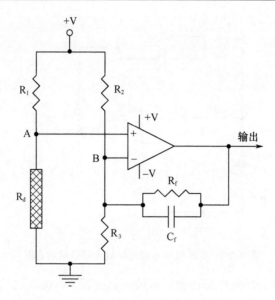

图 5.21 桥式放大器测量光导探测器输出的简单示意图

间相机在轨时确定探测器暗电流的最佳方式是观测深空,此时的输出即为暗电流。对于地球静止轨道的光机扫描仪,如 METEOSAT、GOES、VHRR 等,可通过全视场扫描实现深空观测。而对低轨卫星搭载的相机,一般具有旋转镜结构,如 AVHRR,可通过每一次镜面旋转实现深空观测。在使用摆镜的光机扫描仪中,如 Landsat/MSS 和 TM,当完成每一次成像扫描时,遮拦快门旋转,探测器的光路被中断,此时在探测器视场内的是快门的内侧,可视为零辐射表面,探测器输出为暗电流(Fusco and Blonda,1986)。

直流恢复在数字域或模拟域均可完成。当探测器视场内为暗空间时,电子学系统通过"箝位"来估算背景电压值,并将该电压储存于电容器中(模拟域模式)或直接转换成数字计数值(数字域模式)。当目标信号入射时,移除背景信号电压(或数字计数值)即可获取真实信号输出。对每一个扫描行均执行上述过程,类似于相关双采样(6.3.2 节)。直流恢复后的信号由放大器放大,设定增益值使得模拟信号的最大值可转换为模数转换器(ADC)的满量程值。通常可根据饱和辐亮度的变化来调整增益值。

探测器探测的信号的空间频率取决于与光学系统和探测器孔径相关的空间滤波特性。探测器可将地面目标的空域变化转化为电信号的时域变化。例如,小麦种植地或海面可视为低频信号,而高速公路或城市地区则表现为高频信号。当观测反射率突变区域,如陆地和水域的交界面时,探测器的瞬时响应特性是一个重要表征参数。电路的带宽也能影响图像的空间特性,一般信号的带宽应为有限的,以此避免混叠现象的发生。根据香农采样准则,最小采样频率应为频谱的 2 倍。探测器输出的连续电信号在对应空域的每一个瞬时几何视场被采样,采样间隔等于信号驻留时间。如果 τ 为电信号驻留时间,则满足香农采样准则的带限电路带宽 f 为

$$f = \frac{1}{2\tau} \tag{5.8}$$

因此,采用带限滤波器可避免信号混叠。滤波通常会降低系统 MTF,尤其是奈奎斯特频率处的 MTF。为了提高 MTF,可将截止频率移至高频区域,但会产生混叠,且增大了噪声的影响。带限滤波器的设计也是一个重要方面,滤波器在特定频率的急剧衰减可有效减少噪声和抑制混叠,但这种急剧的衰减在包含反射率突变的场景中易出现过冲(Norwood and Lansing,1983)。探测器通常采用过采样方式来提高 MTF,即采样间隔小于信号驻留时间,但过采样会相应增加数据率。采用合适的采样保持放大器对带限信号进行采样,用量化位数满足辐射分辨率要求的数模转换器进行量化。

5.7　系　统　设　计

在系统设计之前,根据用户最终数据应用确定一组参数要求。设计者应该以最有效的方式实现这个目标,通过优化重量、体积、功耗等,最终使设计符合经费和进度的约束。下面通过整理一个光机扫描仪多种参数之间的复杂关系从而筛选出一个最优的设计。设计性能参数大概包括:

(1) 空间分辨率 r;

(2) 幅宽对应的视场 Ω;

(3) 谱段通道的数量及中心波长;

(4) 光谱带宽 $\Delta\lambda$;

(5) 最小可探测辐亮度或温差;

(6) 卫星轨道高度为 h。

假设卫星轨道高度为 h,空间分辨率为 r(探元在地面的投影),则瞬时视场角表示为

$$\beta = \frac{r}{h} \tag{5.9}$$

扫描镜的扫描周期 t 是扫描完一行然后回到起始位置的时间,应该等于卫星星下点移动一个空间分辨率距离 r 的时间。假设 v 是卫星的速率,则

$$t = \frac{r}{v} = \frac{\beta h}{v} = \frac{\beta}{(v/h)} \tag{5.10}$$

假如在沿轨方向有 n 个探测器,那么扫描镜在一个积分时间内扫描 n 行数据,则

$$t = \frac{n\beta}{(v/h)} \tag{5.11}$$

时间 t 包括了前向运动时间 t_f，即扫过一个幅宽 Ω 弧度的时间，以及返回到起始位置的时间 t_r。其中只有 t_f 是真正有效的成像时间（Landsat MSS 只在前向扫描时成像）；t_f/t 称为扫描效率 S_e。在 t_f 时间段内，探测器扫过 (Ω/β) 个像元。因此驻留时间 τ 可以表示为

$$\tau = \frac{tS_e}{\Omega/\beta} = \frac{n\beta^2 S_e}{(v/h)\Omega} \tag{5.12}$$

接收到的信号与驻留时间是成正比的，相机设计时应该在满足工程可行性的情况下保证最大的驻留时间。β 和 Ω 是确定的参数，v/h 由卫星轨道决定，对设计来说唯一可变的有效参数是扫描效率 S_e 和沿轨方向的探测像元数。这就说明了为什么 Landsat MSS 每个谱段在沿轨方向都有 6 个探元。在 TM 中，由于高空间和光谱分辨率的需求，增加到了 16 个探元，并通过正反扫模式提高了扫描效率。

另一个重要的系统参数是数据率。假设有 m 个谱段，每个谱段输出信号有 b 位，一个积分时间内的总位数是 $n(m \times b)$。因此，数据率为

$$\frac{n(m \times b)}{\tau} = \frac{mb\left(\dfrac{v}{h}\right)}{\beta^2 S_e} \quad (\text{bit/s}) \tag{5.13}$$

该公式假定垂轨方向每个瞬时视场角内都进行了一次采样。为了得到更高的 MTF，通常会进行过采样。例如 Landsat MSS 过采样了 1.41 倍。此外，还有一些辅助数据等产生的其他数据量。上面公式中表示的数据率与瞬时视场角的平方成反比。当分辨率加倍时（瞬时视场角减半），数据率提升到 4 倍。高数据率是实现高分辨率成像系统的主要需要考虑的因素。

放大器的带宽为

$$\Delta f = \frac{1}{2\tau} = \frac{\left(\dfrac{v}{h}\right)}{2n\beta^2 S_e} \tag{5.14}$$

但是如果在垂轨方向进行了过采样，可以扩大带宽并且提升 MTF。

最后关心的可探测到的最小辐亮度取决于系统接收到的能量和各种来源的噪声。信噪比是影响图像质量的重要参数。信噪比取决于到达探测器的能量和探测器使用过程中的各种噪声参数。第 3 章中讲到探测器接收的能量为

$$\Phi_d = \frac{\pi}{4} O_e L_\lambda \lambda \beta^2 D^2 R (\text{watts})$$

信号电流 I_s 取决于探测器的响应度。

下一步是预估噪声贡献。噪声有多种来源，包括以下几方面。

暗电流：在无光条件下光电探测器产生的电流。由于产生暗电流的载频振荡器的统计特性，它的幅值是随机的。

热噪声：又称为约翰逊噪声或奈奎斯特噪声，是由导电体内部的电子热运动引

起的噪声。这一噪声与外界电压无关。如果导电体的带宽为 Δf，热噪声的均方差为

$$i_{\mathrm{th}}^2 = \frac{4kT\Delta f}{R} \tag{5.15}$$

式中：k 为玻耳兹曼常数（J/K）；T 为电阻温度（K）；R 为有效负载电阻。R 增大导致热噪声减小，但时间常数增大，为了减小带宽要求，谨慎选择负载电阻。

产生－复合（G－R）噪声：由电子—空穴对产生和结合速率的起伏引起。G－R 噪声是光电探测器特有的噪声。

$1/f$ 噪声：产生 $1/f$ 噪声的机制并不是很清楚。通常认为，电路带宽的最低截止频率低于几百赫时不需要考虑该噪声。

散弹噪声（光子噪声）：由被测景物和背景发出的辐射量到达探测器数的光子随机性产生。即使所有其他噪声都能去除，光子噪声也会最终限制探测性能。因此，对于一个理想的探测系统，光子噪声远大于其他所有的噪声，是一个光子噪声限受探测系统。

前置放大噪声：取决于前置放大器，前置放大器的噪声电流同样也会影响总噪声电流。

在一个光电二极管中，对于小信号，噪声的影响因素主要是约翰逊噪声和前置噪声（NASA，1973）。

所有的噪声产生机制都是相互独立的，总的噪声电流 I_n 的平方可以表示为所有单独噪声的平方和，即

$$I_n = \sqrt{(i_1^2 + i_2^2 + i_3^2 + \cdots)\Delta f} \tag{5.16}$$

$$I_n = i_n \Delta f^{\frac{1}{2}} \tag{5.17}$$

式中：i_n 为所有噪声项的平方和的平方根。

信噪比表示信号电流与噪声电流的比值。信号电流 I_s 可以从以下公式得到：
信号电流 I_s = 探测器接收到的功率 ϕ（W）× λ 波长下探测器平均响应率 R（A/W）
替换功率 ϕ 得到：

$$I_s = \frac{\pi}{4}O_e L_\lambda \Delta\lambda \beta^2 D^2 R \tag{5.18}$$

$$[\mathrm{SNR}]_{\mathrm{PD}} = \frac{I_s}{I_n} = \frac{\frac{\pi}{4}O_e L_\lambda \Delta\lambda \beta^2 D^2 R}{i_n \Delta f^{\frac{1}{2}}} \tag{5.19}$$

替换式（5.14）中的 Δf，则

$$[\mathrm{SNR}]_{\mathrm{PD}} = \frac{\left[\dfrac{\frac{\pi}{2\sqrt{2}}L_\lambda \Delta\lambda \sqrt{S_e O_e R}}{i_n\left(\frac{v}{h}\right)^{\frac{1}{2}}}\right](\beta^3 D^2 n^{\frac{1}{2}})}{\frac{1}{2}} \tag{5.20}$$

　　对于给定的卫星轨道、探测器和场景辐射而言,括号内是常量,光谱特性主要依赖于目标,对一个任务,无论空间分辨率是多少,$\Delta\lambda$ 是确定的。通常在工程约束下优化光学孔径和扫描效率来达到最佳成像性能。为了理解高空间分辨率的设计约束,式(5.20)可以用下式代替:

$$[\text{SNR}]_{\text{PD}} = K\beta^3 D^2 n^{\frac{1}{2}} \tag{5.21}$$

式中:K 为常数。式(5.21)给出了各种相机参数间的关系。当光电倍增管和光电探测器作为相机探测器时,NASA 也给出了类似的关系式(NASA,1973)。

　　为了估计分辨率变化对光学孔径 D 和探测器数量的影响,保持所有参数不变,等式右侧为 $\beta D^{\frac{2}{3}} n^{\frac{1}{6}}$,如果通过 β 减半同时探测器数量不变将分辨率提高 2 倍,并保持辐射质量(如信噪比),则光学孔径提高 2.8 倍。图 5.22 给出 TM 通过改变光学孔径提高分辨率的例子。利用式(5.21),Joseph(1996)已经得出结论,如果要实现 SPOT HRV 相机的分辨率,利用 TM 光机扫描仪的瞬时视场角和视场角作为参考,并保持探测器数量不变,光学孔径需要达到 69cm,而 SPOT 高分相机实际采用推扫成像方式对应的光学孔径只有 47cm。如果要保持光学孔径与 SPOT 一致,TM 要达到相同信噪比,需要使用 128 个探测器,而 TM 使用 16 个探测器。这体现出使用光机扫描仪实现高分辨率的复杂性。但是,光机扫描仪在宽刈幅探测中仍占主导地位。光机扫描仪的另一个优势是能够实现从紫光到远红外任意谱段成像,这些谱段的离散探测器已经很成熟,但长波波段的长探测器阵列仍处在发展阶段。

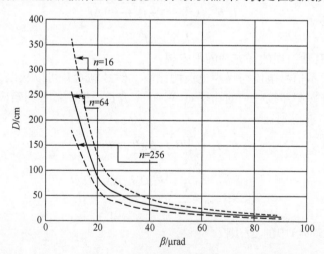

图 5.22　光电二极管探测器光机扫描仪 n 变化时光学孔径 D 与瞬时视场角 β 的关系

(对于 TM,$\beta D^{\frac{2}{3}} n^{\frac{1}{6}}$ 为常数)

　　Landsat ETM 是最高空间分辨率的摆扫式对地成像仪,将作为一个典型的光机扫描仪进行介绍。

5.8　增强型专题制图仪(ETM +)

　　光机扫描仪从 20 世纪 60 年代开始用于气象观测。在轨运行的 NASA 地球资源技术卫星 Landsat - 1 上的 MSS 是用于民用地球资源探测的第一台业务化星载多光谱扫描系统。TM 是一台先进的第二代多光谱光机扫描仪,首次由 Landsat - 4 卫星平台搭载。TM 包含覆盖可见、近红外、短波红外和热红外的 7 个谱段,可见、近红外和短波红外空间分辨率为 30m,热红外波段空间分辨率为 120m。除了空间和光谱分辨率上的改进,TM 在辐射灵敏度较 MSS 提升了 2 倍。随后的 Landsat - 5、Landsat - 7 都搭载了改进版的 TM,称为增强型专题热制图仪 ETM +,增加了一个 15m 分辨率的 0.5 ~ 0.9μm 的全色谱段,热红外谱段分辨率也提高至 60m。但其基本结构设计与 TM 相似。

　　光电设计重大创新是实现系统改进的必要条件(Blanchard and Weinstein, 1980)。TM/ETM + 使用 F 数为 6、口径为 40.6cm 的 RC 光学系统。可见近红外波段使用硅光电二极管阵列。中波红外波段使用制冷的锑化铟光电二极管,热红外波段使用碲镉汞复合半导体探测器。探测器放置在两个焦平面。用于 1 ~ 4 谱段以及全色的 5 个波段的单片硅阵列放置在主焦平面,波段 1 ~ 4 阵列包括 16 个探测器,分为奇偶行,全色波段包含 32 个探测器,也分为奇偶行,一个中继光学将辐射从主焦平面传递至制冷焦平面,在制冷焦平面放置波段 5、6、7 的探测器阵列,由标称 90K 左右的三挡温度点(90K、95K、105K)可调的辐射制冷器进行制冷。热红外波段包含 8 个碲镉汞复合半导体探测器组件。波段 5 和波段 7 包含 16 个锑化铟光电阵列。波段 5 和波段 7 的标称空间分辨率与波段 1 ~ 4 相同。波段 5 和波段 7 光伏探测器的输入级和反馈电阻前置放大器位置与辐射制冷器相邻。确定光谱带宽的光谱滤光片放置在每个探测器阵列前端。探测单元尺寸及有效焦距确定了近红外和短波红外波段瞬时视场角为 42.5μrad,星下点地面分辨率为 30m,全色分辨率为 15m,热红外分辨率为 60m。焦平面探测器的布局如图 5.23 所示。从图中看出,由于波段内和波段间探测器水平行间距,任何时刻每个波段探测器对应的实际地面位置都不同。在器件级上没有实现固有的谱段间配准,需要在产品生产数据处理过程中进行谱段配准。

　　实现 ETM + 的主要挑战之一是扫描机构装调。与 MSS 不同,为了提高扫描效率,摆镜的正向和反向扫描都用于成像。因此,TM 采用双向扫描镜获取 185km 刈幅的图像,在降轨过程交替进行自西向东(正扫)和自东向西(反扫)扫描。TM 扫描镜组件包含一个由挠性枢轴将两端固定在框架上的 406mm × 503mm 的铍平面镜,磁力矩器产生一个外加的电控制力矩,使扫描镜相对于底座摆动 ± 3.85°,产生一个往返 ± 7.70° 的条带,垂轨方向刈幅达到 185km。每个方向换向时,反射镜的

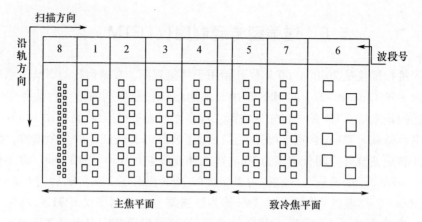

图 5.23　ETM + 焦平面探测器布局。波段 1~5 和波段 7 包含 16 个探测器,
波段 6 包含 8 个探测器,波段 8 有 32 个探测器。波段分布(μm)如下:
1—0.45~0.52;2—0.53~0.61;3—0.63~0.69;4—0.78~0.90;
5—1.55~1.75;6—2.09~2.35;7—10.4~12.5;8—0.52~0.90。

运动都通过片簧撞击橡胶制动器来停止,以此来减小挠性枢轴的冲击力。为了在数据采集过程中保持线性角运动,力矩只在转向过程中作用(Blanchard and Weinstein,1980)。为了控制扫描镜运动并减少数据量,需要了解扫描镜精确的安装角位置。一个扫描角检测器连接在扫描镜背后,提供精确的角度位置,同时在每次地球观测主动扫描开始、中间和结束时对扫描镜控制电子学形成时间脉冲(USGS,2006)。

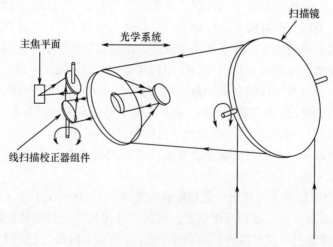

图 5.24　TM 光路线扫描校正器原理

(引自 NASA Landsat Handbook 3.2,2011,http://landsathandbook. gsfc. nasa.
gov/payload/prog_sect3_2. html, accessed on May 14,2014)

　　之前讨论过 MSS 对地观测模式(图5.5),由于轨道运动探测器阵列视线与星下点轨迹间夹角不是直角,TM 由垂轨方向双向扫描产生一个之字形,扫描线一端重叠,另一端漏扫(图5.25(a))。刈幅边缘最大的漏扫距离是两次主动扫描加上一个扫描镜转向周期对应的距离(USGS,2003)。考虑到连续扫描地面覆盖区重叠和漏扫,光路中引入一个扫描线校正器。扫描线校正器包含与扫描镜光轴呈一定夹角的两个锯齿形分布的平行镜(USGS,2003)。扫描线校正器放置在主光学系统后,补偿垂轨方向主动扫描期间沿轨方向的平台运动,消除了重叠和漏扫。

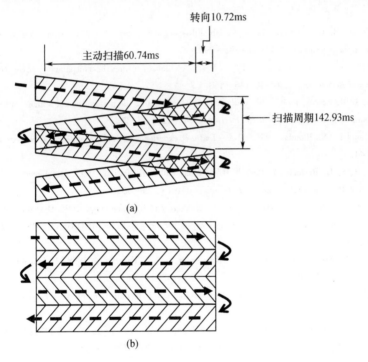

图 5.25　ETM + 扫描线地面投影(引自 NASA Landsat Handbook 3.3,2011,
http://landsathandbook. gsfc. nasa. gov/payload/prog_sect3_3. – html, Accessed May 14, 2014)
(a)无扫描线校正器;(b)扫描线校正器校正后。

　　为了监测相机的辐射稳定性,ETM + 携带了三个辐射定标设备:一个是内定标设备,包括两个钨灯、一个黑体和一个主焦平面前的遮光板;另外两个外定标设备将太阳光引入 ETM +(一个外定标装置是部分口径太阳定标器,用一个附加的光学罩遮盖部分口径后引入太阳光,在星下点夜间观测时用于监测反射波段的稳定性;另一个外部定标装置是相机前的漫反射板,在轨道上合适位置将太阳辐射反射至相机系统)。漫反射板的反射率和光照几何条件已知,则可以进行反射通道的辐射定标(Markham et al,1997)。

　　ETM + 有两挡增益,通过地面指令控制增益设置。当地物亮度高时采用低增益模式,当地物亮度低时采用高增益模式。在保证不饱和情况下获得全光谱分辨率的数据。数据量化位数9位,8位传输。

　　正如前面提到的,ETM + 是实现最高空间分辨率的摆扫模式星载对地成像仪。由这种扫描引起的固有驻留时间限制是其主要缺陷。推扫式相机是另一种能够实现高分辨率对地成像的方式,这将在第6章中讨论。

参 考 文 献

1. Abel, I. R. and B. R. Reynolds. 1974. Skylab Multispectral Scanner (S-192)—Optical design and operational imagery. *Optical Engineering* 13(4): 292-298.

2. Blanchard, L. E. and O. Weinstein. 1980. Design challenges of the Thematic Mapper. *IEEE Transactions on Geoscience and Remote Sensing GE* 18:146-160.

3. Feng, X., J. R. Schott, and T. W. Gallagher. 1994. Modeling the performance of a high-speed scan mirror for an airborne line scanner. *Optical Engineering* 33(4):1214-1222.

4. Fusco, L. and P. N. Blonda. 1986. ESA-Earthnet experience in high resolution sensor performance. *SPIE* 660: 35-44.

5. Gupta, P. P, S. C. Rastogi, M. Prasad, H. S. Dua, and A. Basavaraj. 1992. Development of passive cooler for Insat-2 VHRR. *Journal of Spacecraft Technology* II(1): 23-35.

6. Harnisch, B., A. Pradier, M. Deyerler, B. P. Kunkel, and U. Papenburg. 1994. Development of an ultra-lightweight scanning mirror for the optical imager of the second generation METEOSAT (MSG). *Proceedings of SPIE* 2210: 395-406.

7. Harnisch, B, B. Kunkel, M. Deyerler, S. Bauereisen, and U. Papenburg. 1998. Ultralightweight C/SiC mirrors and structures. ESA Bulletin 95.

8. Henini, M. and M. Razeghi. 2002. Handbook of Infrared Detection Technologies. Elsevier, Oxford, United Kingdom.

9. Hollier, P. A. 1991. Imager of METEOSAT second generation. *Proceedings of SPIE* 1490:74-81.

10. Jewell, C. I. 1996. Cryogenic cooling systems in space, 1996. *Proceedings of the 30th ESLAB Symposium*, Noordwijk, the Netherlands, ESA SP-388.

11. Jones, R. C. 1962. Immersed radiation detectors. *Applied Optics* 1(5): 607-613.

12. Joseph, G., Iyengar, V. S., Rattan, R. et al. 1994. Very-high resolution radiometers for INSAT-2. *Current Science* 66(1): 42-56.

13. Joseph, G. 1966. Imaging sensors for remote sensing, *Remote Sensing Reviews* 13(3-4):257-342.

14. Joseph, G. 2005. *Fundamentals of Remote Sensing*, 2nd edition, Universities Press (India) Pvt. Ltd, Hyderabad, India.

15. Krishna, M. P. and Kannan. 1996. Brushless DC limited angle torque motor, *Proceedings of the 1996 International Conference on Power Electronics, Drives and Energy Systems for Industrial Growth* 1: 511-516.

16. Lansing, J. C. and R. W. Cline. 1975. The four and five band multi-spectral scanners for Landsat. *Optical Engineering* 14(4): 312-322.

17. Markham B. L.,J. L. Barker, E. Kaita, and I. Gorin. 1997. Landsat-7 Enhanced Thematic Mapper Plus: Radiometric calibration and prelaunch performance. *Proceedings of SPIE* 3221: 170-178.

18. NASA. 1973. *Advanced Scanners and Imaging Systems for Earth Observation*, Working Group Report, NASA/

GSFC SP 335.

19. NASA. 2003. *Landsat 7 Science Data Users Handbook*. http://landsathandbook. gsfc. nasa. gov/pdfs/Landsat7 _Handbook. pdf (accessed on May 14, 2014).

20. NASA. 2009. http://goes. gsfc. nasa. gov/text/GOES – N_Databook_RevC/Section03. pdf (accessed on May 14, 2014).

21. NASA Landsat Handbook 3. 2. 2011. http://landsathandbook. gsfc. nasa. gov/ – payload/prog_sect3_ – 2. html (accessed on May 14, 2014).

22. NASA Landsat Handbook 3. 3. 2011. http://landsathandbook. gsfc. nasa. gov/payload/prog_sect3_ – 3. html (accessed May 14, 2014).

23. Norwood, V. T. and J. C. Lansing. 1983. Electro – optical imaging sensors. In Chapter 8 of *The Manual of Remote Sensing*, 2nd edition. American Society of Photogrammetry. Photonics Handbook. http://www. photon-ics. com/Article. aspx? AID = 25113 (accessed on May 14, 2014).

24. Ross, R. G. Jr. and R. F. Boyle. 2006. An overview of NASA space cryocooler programs—2006. http://trs – new. jpl. nasa. gov/dspace/bitstream/2014/40122/1/06 – 1561. pdf (accessed on May 14, 2014).

25. Starkus, C. J. 1984. Large scan mirror assembly of the new thematic mapper developed for LANDSAT 4 earth resources satellite. *Proceedings of SPIE* 0430: 85 – 92.

26. Suomi, V. E. and R. J. Krauss. 1978. The spin scan camera system: Geostationary meteorological satellite workhorse for a decade. *Optical Engineering* 17: 6 – 13.

27. USGS. 2003. Scan Line Corrector Theoretical Basis, version 1. 1. http://landsat. usgs. gov/documents/SLCOff _Processing_ATBD. pdf (accessed on May 14, 2014).

28. USGS. 2006. Bumper Mode Theoretical Basis Version. http://landsat. usgs. gov/documents/BumperModeAT-BD. pdf (accessed on May 14, 2014).

29. Westervelt, R. 2000. Imaging Infrared Detectors II. http://www. fas. org/irp/agency/dod/jason/iird. pdf (accessed on June 17, 2014).

第6章

推扫式成像仪

6.1 概　述

从前几章的内容可以看出,在空间平台上进行对地观测时,光机扫描成像系统进行太空对地观测时在实现高空间分辨率方面受到一定的限制。这个限制主要由于扫描相机采用对逐个瞬时几何视场(IGFOV)依次成像的方式,导致相机收集辐射能量的时间受到限制。如果在同一时刻能够接收一整条带的地物信息,那样所有像元的积分时间都与卫星扫过一个瞬时视场的时间保持一致,就能从根本上改善这种状况。这种成像模式的前提条件是长线阵器件的生产。

6.2 工作原理

光学系统(也称为镜头)将一个条带的区域信息投影到线阵器件上,在任意一个给定的积分时间内,只能对那些光学成像中心在探测器上的地面目标点进行成像(光学成像中心是指所有光线聚焦的一个点)。线阵方向上的这一成像条带可以认为是瞬时观测区域。线阵器件在每一积分时间内都会接收到一个条带区域的辐射信息,然后输出与相应地面目标辐射能量和曝光时间(也可以称为积分时间)成正比的电子数。一行图像信息中包含的像素数量依赖于探测器的像元数量。将这个成像系统安装在卫星平台上(通常要保证器件的阵列方向与卫星的飞行方向垂直),在推扫方向就会有持续不断的条带投影到CCD阵列上。正常情况下,每个探元的曝光时间相当于卫星相对地面移动一个瞬时视场的时间,也称为驻留时间。通过卫星平台的运动,连续多次曝光产生连续多个条带,即形成了二维图像——垂直轨道的探测器线阵方向(XT)和沿轨卫星运动方向(AT)(图6.1)。与光机扫描系统相比,探测阵列可以替代扫描镜产生一个扫描线方向的信息。这种成像方式称为推扫成像。在这种模式下,卫星在地面移动一个地面分辨率区域的时间作为所有线阵像元的一个积分时间。推扫式扫描仪的驻留时间按式(6.1)给出。

$$\tau_{\mathrm{p}} = \frac{\beta}{\dfrac{v}{h}} \tag{6.1}$$

式中:β 为瞬时视场角(IFOV);v 为卫星飞行速度;h 为卫星飞行高度。

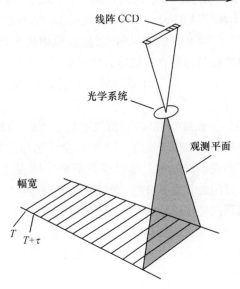

图 6.1 推扫成像示意图

τ —积分时间。

以上是电子式的扫描,扫描效率为 1。假如 τ_0 是光机扫描仪的停留时间,且 $n = 1$,引用式(5.12),得

$$\frac{\tau_{\mathrm{p}}}{\tau_0} = \frac{\beta\left(\dfrac{v}{h}\right)\Omega}{\dfrac{v}{h}\ \beta^2 S_{\mathrm{e}}} = \frac{\Omega}{\beta S_{\mathrm{e}}} \tag{6.2}$$

式中:$\dfrac{\Omega}{\beta}$ 为线阵方向的像元数。推扫相机的驻留时间较光机扫描系统而言有相当大的改观,从而也能提高信噪比。因此,具有相同孔径和信噪比的光机扫描系统,采用推扫技术能够实现较高的空间/光谱分辨率成像,且推扫系统无须机械运动装置,增加了可靠性并且使系统更加紧凑。值得一提的是,目前所有的高分辨率成像系统都是基于这种原理成像的。

6.3 线阵推扫器件

除了应用于空间相机,推扫技术还有很多的商业应用,如页式阅读机。推扫技术通过光敏线阵探测器实现。现在很多种固态线性阵列可用于可见光到红外谱段的探测中。下面将讨论空间推扫成像中常用的线阵器件。

6.3.1　电荷耦合器件

在 20 世纪 60 年代早期,固态成像传感器的概念就已通过了实验论证(Weimer et al, 1967)。直到 1969 年 Willard S. Boyle 和 George E. Smith 发明了电荷耦合器件(CCD),并因此获得了 2009 年的诺贝尔奖,固态照相机才真正应用到实际成像中。此项发明的关键特性是电荷在存储电容之间沿着半导体表面进行非常高效率的转移。除了成像,CCD 还应用于许多领域,如模拟延迟线、连续模拟信号的处理,以及功能存储器。

CCD 光敏探元类似于光敏二极管,它将光能(入射光子)转换成电子,并以电荷的形式存储在势垒电容中。CCD 光敏探元中掺杂了适量的硅,可用于对可见和近红外谱段感光。多个光敏探元通过紧密排列形成二维探测阵列(面阵器件)或线阵器件。光敏探元之间是相互独立的,通过非传导沟道和偏置栅电极进行隔离。当一幅图像信息聚焦到探测器上时,每个探测器电容搜集并存储与该探元接收光子数成正比的电子。一个像元能够存储的最大电子数称为势阱,以电子为单位来表征。势阱由探元的几何构成以及控制电路架构决定,是影响 CCD 器件成像动态范围的重要因素。

下面将描述线阵器件提取信号的过程。光敏区附近有一个转移栅,在每个积分周期结束时,转移栅上被施加一个合适的电压,每个像元势阱中存储的电荷包并行转移到各自的移位寄存器(或读出寄存器)中。然后在一系列触发电压的控制下,每个寄存器中的电荷顺序地逐个转移到下一个寄存器,最后进入到输出放大器中(图 6.2)。这样,每个像元的电荷信号逐一地进入位于读出寄存器一端的输出放大器中。放大器将电荷信号转换成电压信号,从而形成了一串有序的电压脉冲,每一个脉冲的振幅与入射到光敏元上的入射光能量成正比。输出信号的特征将在6.4 节中介绍。

移位寄存器中的电荷有序地从一个电容转移到下一个电容,原则上每个转移器搜集的所有电荷都必须毫无保留地转移。但实际上,转移过程中会残留一些电子(Brodersen et al, 1975)。电荷转移过程中的有效性称为电荷转移效率(CTE),理想情况下可以达到 100%。离输出放大器越远的像元产生的电荷转移次数越多,转移效率也越低。因此,每个像素电荷包的转移效率并不一致。CTE 的下降会降低线阵器件的 MTF,并且 MTF 与 CTE 在沿探测器线阵方向上成非线性关系。提升 CTE 的一种有效方法是减少时钟频率,保证电荷有充足的传递时间。当然,如果降低转移像元数也会提升 CTE。实际上,通过设置两组独立的移位寄存器可以同时达到这两种目的:一组连接所有的奇数像元;另一个连接偶数像元(图

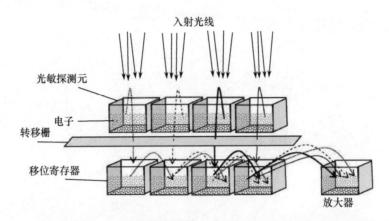

图 6.2　线阵 CCD 的工作示意图。光敏元中积累的电荷被转移到移位寄存器中。
电荷顺序地从一个移位寄存器转移到下一个,最后依次进入放大器中

6.3)。随着空间分辨率的提高,积分时间减少,输出时钟频率也将提升。随着频率的增加,仅设置两个转移栅已不能满足要求,在 Indian Remote Sensing (IRS) LISS – 4 的探测器件中,CCD 的频率为 12K,奇数组探元和偶数组探元各采用了 4 组移位寄存器。

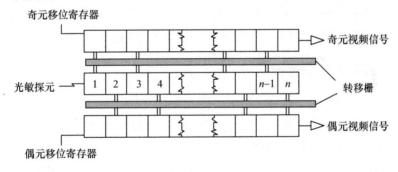

图 6.3　带两组转移栅的线阵 CCD 结构示意图

CCD 的 MTF 随着波长的增大而减小(图 6.4),波长越长,图像质量就越差。

另一个问题就是 CCD 的弥散性。每个 CCD 像元的存储容量是有限的,只能收集一定数量的电子,如果 CCD 对一个高亮目标曝光,产生的电荷超出了势阱容量,多余的电荷就会溢出到相邻的像元中,导致这些像元产生了错误的输出值。

电荷从饱和像元向相邻像元溢出的现象称为弥散,在图像上表现为白色条纹或者散开的水滴状。因此,弥散对图像的有效像元数和质量都有影响。有些 CCD 设置了抗弥散结构,通过一个沟道来导出饱和溢出的电荷,防止它们溢出到相邻的像元中,从而阻止了弥散现象的发生。抗弥散结构对于观测大动态范围的目标非

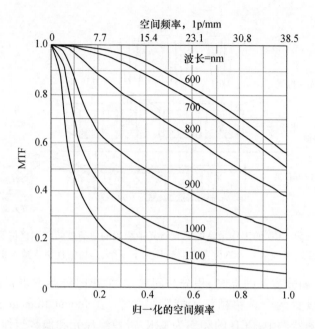

图 6.4　13μm 器件在窄带光源照射下的 MTF(引自仙童公司 CCD143A 数据)

常有用。但是它会降低有效量子效率并且产生器件的非线性,因此对于大多数科研级的 CCD 来说这种设计并不是首选的(Janesick,2001)。

6.3.2　CMOS 光子探测器阵列

　　1960 年,互补型的金属氧化物半导体光子探测器阵列就已经进入市场,而直到 1970 年才出现 CCD。在可见光应用方面,CCD 以其大动态范围、低模式噪声(FPN)和更高的光灵敏度等特性占据着市场主导地位。然而,从 CMOS 技术的发明开始,CMOS 成像器件就一直作为 CCD 的可替代产品,至少在某些成像领域。无论是 CCD 还是 CMOS,器件上的每个像元都能产生与入射光成正比的信号电荷。根本的区别就是电荷如何传输到外端进行处理。CCD 器件中每个像元产生的电荷包依次通过同一个输出放大器后转换成电压,因此所有像元产生的模拟信号可以在片外生成。而对于 CMOS 器件来说,在每个像元内部将电荷转换成电压,经过多路复用器依次输出到同一个输出放大器中(图 6.5)(因为每个像元都有一个自主电路,这也称为有源像素传感器或 APS)。采用 CMOS 器件可以在光子探测的同时集成其他更多的功能,包括时序和控制、时钟和偏置、自动曝光、自动增益控制、灰度校正、模数转换等,相当于在光子探测的同时增加了读出集成电路(ROIC)。因此,可以得到满足鲁棒性、抗噪声干扰的输出数字信号,以备后续进行片外处理。在输入端提供控制信号和供电,输出端得到数字图像数据,这样,一个完整的焦平面电路就诞生了。

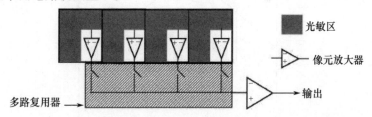

图 6.5　有源像素线阵器件的结构图。光敏区产生电荷。每个像元内部分别有一个将电荷
转换成电压的放大器。多路复用器将放大器连接到总线中从而顺序将数据转移到输出端

　　CMOS 器件每个像元的感光面都需要牺牲一部分空间来设置相应的放大和读出电路,因此从本质上它的填充因子比 CCD 要低(填充因子是有效感光面积在整个像元面积中所占的比例)。提高填充因子的一种方法是通过一个微镜头将进入的光线集中入射到光敏区。但是,使用微镜头又会增加系统的复杂度和成本(Gamal and Eltoukhy,2005)。集成化、小型化以及电子学简单化等特性赋予了 CMOS 系统低功耗、多功能灵活性和高系统可靠性的特点,这将会减少 CMOS 系统的体积和测试成本,此外,成熟的大批量生产技术使得 CMOS 器件具备低制造成本的优点。因此,基于 CMOS 的探测阵列已经广泛应用于商业领域。然而,在科学成像中,CCD 仍然是更优的选择,因为它有更高的信噪比、低光电响应非均匀性(PRNU)、低固定图形噪声(FPN)以及低暗电流(Kevin Ng)。

6.3.3　混合阵列

　　集成型探测器阵列,即集光电探测和读出于一体,通常是硅基的。但类似 CCD 和 CMOS 之类的硅基器件对波长 1μm 以上的信号没有响应(图 6.6),因此红外探测阵列的构建技术需要将光电感应功能和读出电路功能进行分隔,形成一个混合探测阵列。在这种方案中,探测器由适用于红外谱段探测的材料制造而成,并且通过导线连接到硅片上或整体黏合到硅片上。

　　很多探测器(如碲镉汞,锑化铟和铂硅化物等)可以对短波红外(SWIR)谱段进行探测,但需要将它们冷却到远低于室温下,有些甚至需要到冷冻状态,才能将暗电流控制在可接受范围内。铟镓砷(InGaAs)线性阵列可以在接近室温环境中工作。$In_xGa_{1-x}As$ 是一种半导体化合物,通过改变化合物成分中的 x,可改变铟镓砷的光、电和结构特性。因此,设计出一个在 $0.9 \sim 1.7\mu m$ 范围内响应的铟镓砷器件是可能的。通常情况下,最大可探测波长随着温度的下降而减小,典型值为平均温度每下降 10℃ 波长减小 8nm(Guntupalli and Allen,2006)。

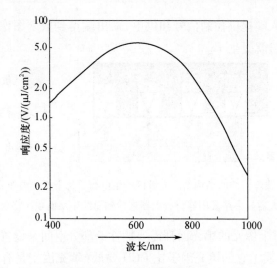

图 6.6 CCD 硅片的谱段响应特性(引自仙童公司 CCD143A 数据)

6.4 CCD 信号发生和处理

图 6.7 给出了单通道 CCD 器件电路的简化图。CCD 需要在多个偏置电压和一系列同步信号控制下才能工作。专门设计的时序控制逻辑器产生控制 CCD 的时钟信号以及片外信号处理(如模数转化器)所需的多个脉冲信号。为了维持一定的相位关系,同步时钟由一个主时钟和一个同步脉冲共同生成。CCD 所需的外部时钟通常包括传输时钟(φ_x)(施加于转移栅上,使积累电荷从光电传感像元传送到转移寄存器中)、转移时钟(φ_t)(加在转移寄存器上,用于将电荷传送到电荷探测放大器中),以及复位时钟(φ_R)(在所有像元读出后将放大器进行复位)。时钟特性参数(如上升沿和下降沿,电压电平和相对相位关系)必须与厂家指导数据手册保持一致。时钟和 CCD 之间的接口设备需满足速率、电压摆幅和电容负载驱动等要求。

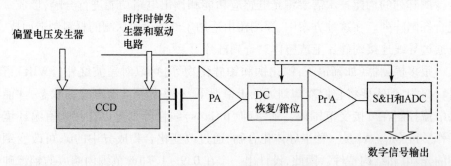

图 6.7 上图示出了单波段 CCD 系统的结构示意图。虚线框是片外信号处理功能模块
PA—前置放大器;PrA—可编程放大器。

像 IRS LISS - 1 之类的低分辨率相机时钟速率低(5.2MHz),定时逻辑采用 TTL/LSTTL 逻辑电路即可。而对于 IRSCartosat 系列的米级高分辨率相机,需要采用发射极耦合逻辑(ECL)器件才能在 105MHz 下工作。对于高速率的系统,寄生电容导致系统功耗随着速率的增加而增长。交流电功率的简单公式如下(Texas Instruments,1997):

$$W = CV^2 f \tag{6.3}$$

式中:C 为总电容;V 为峰值输出电压;f 为时钟频率。

从以上公式可以看出,功耗与电压摆幅之间紧密相关。采用低压差分信号驱动和现场可编程逻辑器件(FPGA)可以使设计小型化,FPGA 的核心逻辑部分可以在 2V 甚至更低的电压下运行,随之带来的功耗下降更为可观。对于 CCD 来说,工作电压大于逻辑器件的运行电压,因此,需要通过 CCD 接口上的时钟驱动器件将电压转换成几挡不同的电平信号。

偏置电压上的任何噪声都会影响输出的视频信号,所以它的噪声应该非常低。特别是空间相机系统,它采用直流变换器产生多个偏置电压。因此需要在电源线上进行大量的滤波并且进行巧妙的接地设计达到耦合噪声的最小化。

6.4.1　CCD 输出信号

这一节将要讨论 CCD 输出信号的特性。图 6.8 给出了 CCD 输出的概念示意图。从图中可以看出每个像元产生的电荷通过移位寄存器传送到位于寄存器末端的放大器中,这时电荷(用 Q 表示)被转换成电压。在电荷从光敏元进入到感应电容(C_s,位于转移寄存器的末端)的过程中完成电荷测量,根据公式 $V = Q/C_s$ 就能得到感应电容产生的电压 V,产生的电压通过源极跟随器后从 CCD 输出。放大器输出信号的电压振幅与每个像元的存储电荷成正比。

整个过程从关闭场效应晶体管开关 S 开始,复位时钟给感应电容预加压以达到参考电平 V_r。首先是由输出放大器开关的寄生电容耦合产生复位馈穿电压,接着是参考电压,然后才是从读出移位寄存器转移到 C_s 的信号电荷,电容的电压变化与到达的信号电荷量成线性关系。因为电子所带的电量是负的,光子产生的信号(后面指的是视频信号)相对于参考电平也是负的。通过这样产生的信号在 CCD 片外通过 MOSFET 源极跟随器处理后才有用。总的来说,CCD 的输出是每个像元产生的一系列阶梯直流电压,由复位馈穿电压、参考电压和像元视频信号电压组成。另一个关键特性就是像元周期,这决定了读出速率以及数据率。

当 CCD 中存在多路读出移位寄存器时,它们有可能在片内合成一个单独的信号输出或者是每个移位寄存器通过各自独立的输出放大器产生多个视频信号。

6.4.2　片外信号处理

信号处理电子学系统的目的是将在 CCD 输出端的视频信号转换成相应比特

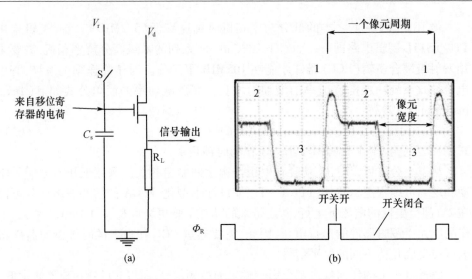

图 6.8 （a）CCD 输出电荷探测放大器。

V_r—参考电平；V_d—漏电平；C_s—感应电容；R_L—负载电阻；S—开关。（b）CCD 输出电平波形。

1—复位馈穿电压；2—参考电压 + V_r；3—像元电压。

2 和 3 之间的电压差由像元光敏区积累的电荷决定。3 的宽度给出了视频信号的驻留时间

位的数字信号。为了更好地重现 CCD 输出信号的质量，有必要考虑电路的设计和元器件的选择，包括模数转换之前的信号处理系统的物理布局和接地设计。为了更好地实现信号处理，电子学处理系统应该保持较好的线性并且不能引入更多的噪声。为便于讨论，假设线阵 CCD 的所有视频信号都是从一个输出端有效地输出。

CCD 输出信号的直流电压通常能达到几伏，而实际的视频信号是毫伏级的。为了避免参考电压造成后续电路的饱和，CCD 输出的信号通过电容器耦合到前置放大器。前置放大器必须将来自 CCD 的低电平信号进行放大，选择那些放大器自身噪声远小于信号噪声的放大器，并且放大器的第一阶应该有足够大的增益才能保证随后几阶的噪声可以忽略不计。但是，增益太大会导致输出电压幅值超出放大器的饱和值，同时在权衡增益带宽的条件下频率响应也不允许有太大增益。

在前面的讨论中，CCD 信号是以振幅调制脉冲的形式输出的。因此，除了具备低噪声，放大器还应该保持 CCD 输出信号脉冲的特性，这样带宽、转换速率、稳定时间等就能和模数转换的能力保持一致。视频信号的驻留时间（图 6.8（b））取决于读出时钟频率，而这时钟频率又取决于积分时间以及转移寄存器处理的像元数。例如，LISS - 1 的积分时间为 11.2 ms，每个转移寄存器对应 1024 个像元，它的驻留时间为 5.4 μs，大约是每个像元周期的 1/2。LISS - 4 的积分时间为 0.877 ms，每个转移寄存器对应 1500 个像元，它的驻留时间为 0.28 μs。前置放大器的建立时间应该能够保证在转换之前可以达到与视频信号满量程相差不超过一个模数转

换的最低有效位范围内。为减少 CCD 输出端的负载电容量,应该保持 CCD 和前置放大器之间的电缆最短。因此,前置放大器和所有与探测器相连的电路应位于一块电路板上,并接入一个稳固的接地层,集成在探测电子学箱中,接近 CCD 放置。

上面提到过,CCD 的输出是对应每个像元的一连串阶梯状的直流电压。参考电压和信号电压之间的差代表了每个像元上接收光子所产生的实际信号,即我们关心的有效信息。因为 CCD 是通过电容器耦合输出到前置放大器的,且前置放大器又没有确定的 DC 电平,因此需要建立一个参考电平,这种方法也称为 DC 重建的方法。步骤包括首先在一个 CCD 周期内进行两次采样:一次是参考电平;另一次是视频信号。然后将两个相减,得到参考信号和 CCD 输出视频信号的差。这个过程称为相关双采样(CDS)。相关双采样消除了与采样电平相关的噪声来源,同时还能减小不相关的缓变噪声。相关双采样的本质功能是作为时间差分放大器(differential-in-time amplifier),它分别对参考电平和信号电平进行采样后在放大器输出端生成两者的差值。因此,相关双采样建立了一个直流参考电压,同时减少 CCD 信号中的一些噪声分量。相关双采样是 CCD 信号处理中的关键一步,有许多种算法都能够实现相关双采样(Wey and Guggenbuhl,1990)。我们将会讨论一些相关双采样的方法。

在钳位采样方法中,前置放大器输出端连接一个钳位电容 C_c,该钳位电容又与“钳位开关”相连(图 6.9(a))。在参考电平期间关上钳位开关,电容器一端接地。在这个时间段内,电容充电至参考电平。在参考电平过后,打开钳位开关,视频信号通过电容 C_c 进入到缓冲放大器中。在通过 C_c 的同时,之前电容器接地时存储的电荷电压减去视频信号电平。该电路功能如下:

(1) 采样并保持(S&H)参考电平;

(2) 将交流耦合参考电平转换为 0V,降低模数转换器一端的电平(输入相当于 0);

(3) 产生视频信号和参考信号的差值信号。

为更好地实现电路的功能,钳位开关的选择非常重要。开关必须有快速开关速率、低开启阻抗、低寄生电容和高关闭阻抗。当信号周期大于 500ns 时实现分立元件(如运算放大器和开关)的 CDS 技术就很关键。

相关双采样的另一个布局是采用两个 S&H 电路。CCD 输出信号同时加在这两个 S&H 电路上,而输出则连接一个差分放大器(图 6.9(b))。在 T_1 时间内,采样保持电路 S&H1 进入保持状态,采样到包含噪声的参考电平。该电压连接到差分信号放大器的输入端。在 T_2 时间内,S&H2 采样视频信号,该输出连接到差分放大器的倒相输入端。在去除相关噪声后,差分放大器的输出电平就代表了与像元输入量成比例的电压量。

还有一个可供选择的数字双采样结构(DDS)特别适合于高分辨率系统(Mehta et al,2006),DDS 信号处理器的示意框图如图 6.9(c)所示。DDS 结构在参考信号和视频信号有效期间内都将信号进行数字量化来提取实际的视频信号。数字转换器通常采用一个闪跃型模数转换器或者在量化器前配置一个高速跟踪保持器。一个 12bit 量化的数字转换器用于减小由两次采样造成的数字量化误差,同时它也更能够与交流耦合后出现的信号大幅值范围相匹配(最高可达 150%),这个信号幅值范围由地面场景决定。

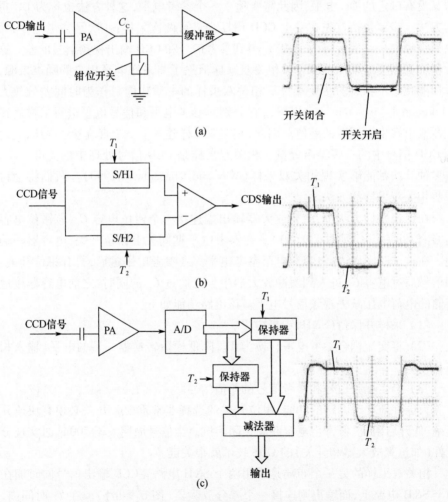

图 6.9　实现 CDS 的几种不同方式
(a)钳位采样方法;(b)采用两组 S&H 和放大器的方法;(c)数字采样方法。

相关双采样输出的模拟信号必须转换成数字信号后,才能下行到数据线中,然后被传输到接收站。这个过程通过 S&H 和模数转换器完成。CDS 后面设置一个依据景物辐亮度可调的放大器,CCD 的信号幅度范围与模数转换器的满量程电压匹配。S&H 和模数转换器的性能需求根据辐射分辨率、信号处理的可用时间以及数据传输能力等进行设置。S&H 的主要参数是采样时间、保持时间、采样精度、下降速率和控制信号的接口兼容性。而模数转换器关注的主要参数是分辨率、转换时间、线性度(差分非线性和取整非线性)、误码率、噪声、功耗等。综合信号处理功能可以通过一个专用集成电路(ASIC)来实现。ASIC 的优点是减小了相机的尺寸和功率,提高了可靠性。由多家半导体制造商专门研制的 ASIC(模拟前段(AFE)设备)可以用来实现片外信号处理,同时还具备一些适应用户需求的灵活性(Patel et al,2012)。

6.5　星载推扫式遥感相机

第一个用 CCD 对地成像的星载遥感相机搭载于第二颗 KH – 11 卫星("锁眼"),这是一颗于 1978 年 6 月 14 日发射的侦察卫星,搭载的这台相机装配了一个 800×800 像元的面阵 CCD 探测器。而第一个使用卫星推扫成像技术的民用相机是模块化光电多光谱扫描仪(MOMS),它是德国宇航局研制的,是 1983 年发射的 STS – 7 航天飞机载荷的一部分。MOMS 相机有两个谱段($0.575 \sim 0.625\,\mu m$ 和 $0.825 \sim 0.975\,\mu m$),可从航天飞机轨道上生成 20m 空间分辨率影像。搭载第一台 CCD 推扫相机的无人控对地观测飞行器是法国 1986 年发射的 SPOT – 1 卫星,随后是 1988 年印度空间研究组织发射的 IRS – 1A 卫星。下面将以 IRS LISS 相机为例讨论星载对地观测推扫式相机系统的设计。

6.6　IRS 相机：LISS – 1 和 LISS – 2

设计师依据用户对相机的特定指标参数需求来设计一套相机系统。这些指标参数包括瞬时视场、瞬时地面分辨率、幅宽、谱段数、中心波长、频域带宽等,还包括饱和度、辐射分辨率、数字量化位数以及全系统性能参数 MTF、信噪比、谱段间配准(BBR)。当然,相机要在一定的预算下完成,而且要在规定时间内交付给卫星项目总体。相机设计时应优化重量、体积、功耗,设计出的相机性能应满足各种特定环境条件。

ISRO 的地球观测系统采用两套成像系统,一套系统的分辨率类似于 Landsat MSS,而另一套系统接近于 Landsat Thematic Mapper(TM)。这样综合就是为了保持 MSS 和 TM 用户数据使用的连续性。这两台相机具备同样的光谱特性。在同样的平台上,具备同样的谱段设置使得用户可研究关于空间分辨率影响的课题。因此基于工程方面的考虑设计了两台相机,一台空间分辨率为 75m(LISS – 1),另一台为 30m(LISS－2)。幅宽不小于 120km,时间分辨率少于 25 天。

另外一个重要方面是如何决定光谱空间的参数指标。为了便于了解各种目标的光谱特性,ISRO 设计师研究了各种目标的光谱特征。使用 ISRO MSS 和 Bendix 多光谱扫描仪,采集了很多测试点的航拍数据。经过统计分析后,一组谱段被最终推荐出来(Majumder et al,1983；Tamilarasan et al,1983)。另一个关键因素是谱段不应包括在大气强吸收谱段之内。表 6.1 给出 IRS、Landsat MSS/TM、SPOT 中关于光谱带宽与中心波长参数的比较。值得注意的是,所有的 IRS 相机都将设计成指定谱段 B1、B2 等。这样做的好处是具有相同的中心波长和带宽以满足适应滤光片的加工误差。这就使得来自不同相机或者不同任务之间的数据比较或融合显得更容易。

表 6.1　IRS、Landsat MSS/TM、SPOT 上载荷中心谱段 λc
谱段宽度 Δλ(单位:μm)

MSS		TM		SPOT HRV(XS)		IRS	
λ_c	$\Delta\lambda$	λ_c	$\Delta\lambda$	λ_c	$\Delta\lambda$	λ_c	$\Delta\lambda$
—	—	485	70	—	—	485(B1)	70
550	100	560	80	545	90	555(B2)	70
650	100	660	60	645	70	650(B3)	60
750	100	—	—	—	—	—	—
950	300	830	140	840	100	815(B4)	90
—	—	1650	200	—	—	—	—
—	—	11,450	2100	—	—	—	—
—	—	2215	270	—	—	—	—

为了满足上述要求,应考虑如何对相机各分系统进行优化设计。在设计 IRS－1A 相机时,线阵 CCD 已广泛应用于商业相机中。IRS－1A 并没有采用特殊定制的 CCD,而是选用市场上可购置的 CCD,当然,它的性能满足我们的需求,且具有空间应用条件。在经过广泛的市场调研后,选择具有 2048 个光敏元的"仙童"143A CCD。与第一代器件相比,这是一款经过全面改进后的第二代器件,具有高灵敏度、增强的蓝谱段响应、更低的暗噪声,器件的工作频率可达 20MHz。像元尺寸为 13μm×13μm。光学系统焦距 f 依赖于探测器单元尺寸 a、飞行高度 h 和空间分辨率 x,如图 2.15 可给出焦距公式为

$$f = \frac{ah}{x}$$

作为例子,考虑与 LISS－1 相似的成像系统的焦距设计。CCD 像元尺寸为 13μm,卫星高度为 900km,空间分辨率为 75m,焦距为 156mm(注:这里是参考值,并非真实 LISS－1 值,后面会具体给出)。下一个设计指标是视场角 FOV,这与相

机成像幅宽、卫星高度相关。而在项目设计之初,成熟的 CCD 阵列的像元数不超过 2048,因此相机幅宽按 2048 像元设计。

视场角 θ 可以由简单的三角关系计算得到,如图 6.10 所示

$$\theta = 2\arctan\frac{77}{900} = 9.8(°)$$

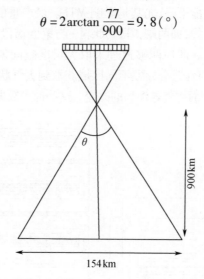

图 6.10　相机为线阵探测器视场为 θ,卫星高度为 900km、幅宽为 154km

IRS – 1A LISS – 1 的实际焦距为 162.2mm、视场角为 9.4°。第 3 章我们讨论过各种光学系统及其优点,虽然可以选用如 3.2.2 节所述的 TMA 反射式系统,但作为设计 162.2mm 焦距的成像系统,折射式的光学系统会更加紧凑。

6.6.1　探测器焦平面

一旦选定了成像光学系统的类型,接下来的任务就是如何将 CCD 集成到焦平面上。到达焦平面的景物能量具有很宽的谱段范围,这取决于景物的光谱曲线特征和光学系统的传输特性。需将到达焦面的能量分到四个谱段,进而转给合适的探测器上。常规光谱仪使用棱镜、光栅等色散型元件(参考第 8 章)。这种系统已经在一些多光谱扫描仪(MMSs)上使用。但是,绝大多数现代的天基系统都采用集成带限型滤光片的探测器。下面将会讨论生成四个谱段的多光谱相机的各种焦平面设计方案。

6.6.1.1　单镜头方案

可以采用可容纳所有四个谱段的单镜头方案么? 如果可行,应该如何选择呢? 最简单的选择就是设想将四个 CCD 并排放入焦平面。在 IRS 开发阶段,仅有单线阵 CCD 可用。图 6.11(a)显示了"仙童"143A CCD 包的外形。虽然 CCD 像元尺寸为 13μm,但封装后变为 15.49mm,也就是大约 1200 个像元。因此如果 CCD 沿着

垂轨方向并排放置,第一和第四个 CCD 之间将间隔 3600 个像元(图 6.11(b))。
LISS - 1 就采用这种简单的几何排列方式,在沿轨方向需要将视场校正 ±8.5°,而且
每片 CCD 将具有不同视场角。此外,镜头可透过谱段从可见到近红外范围。这种宽
谱段覆盖将会引起镜头性能下降,尤其是影响 MTF。最严重的问题是条带成像时各
谱段之间响应时间上的差异,如两端谱段(即第一与第四谱段)之间 42s 的时间延迟
对应的地面距离为 270km。即使能够通过采取大尺度空间偏移校正达到指标中对
BBR 的要求,但是这么大的延迟会导致不同区域获取到大气状况的改变,甚至是地表
条件的改变,如风引起地表面空气悬浮物的改变。这些都是数据解译完全不能接受的。

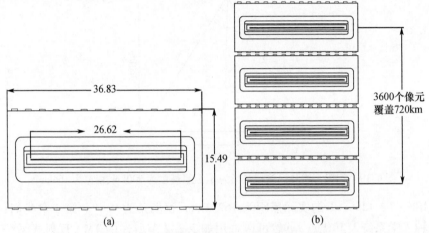

图 6.11 (a)CCD 143A 的外形,单位为 mm,CCD 敏感面宽 26.62mm;
(b)单个镜头下四个并排 CCD 的结构

另一种用于多光谱成像中的单镜头方案就是在焦平面处采用分光装置,如棱
镜。这种棱镜系统是由一些分色镜组成的,在第 5 章已经讨论过。图 6.12 展示了
分光的结构。

SPOT 相机已经采用这种结构。但由于需要在宽谱段范围内对镜头进行校正,
所以 IRS 放弃这种结构设计。因为分光装置处于光线会聚处,透镜组的设计变得
更复杂,图像质量也会比给每个谱段单独配置镜头差很多。一种值得推荐的先进
技术是可以将多个阵列排列集成到同一基底并覆盖上光谱滤光片。虽然光学系统
要全谱段范围校正,但这种探测器阵列可以很好地放置在焦平面处使用,而不用考
虑再进一步布置。

6.6.1.2 多镜头方案

可能最直接的方法就是使用分离的光学系统收集每个谱段信息。当前这种方
案对于口径不太大的系统是较实用的。由于在光线会聚处没有分光模块,因此这
种方案设计的镜头结构更简单。每路透镜组也仅是在很窄的谱段范围校正。因

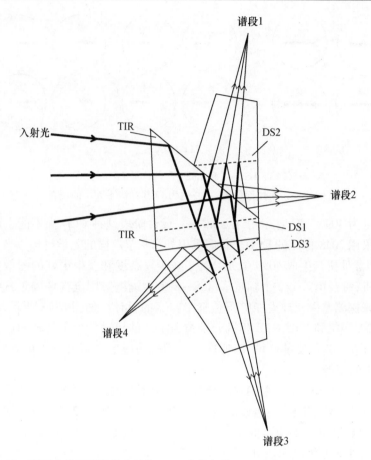

图 6.12　到四个焦平面的分光结构。DS 为分色镜；TIR 为内反射面；DS1 透过波长
大于 0.62μm，反射小于 0.62μm 的光线；DS2 和 DS3 进一步分光到四个焦平面

此，可以达到所有谱段的最佳光学性能。采用单镜头方案如果在发射阶段镜头发
生损坏或性能下降会影响到所有谱段，而采用多镜头方案即使某一通道透镜组被
损坏，其他路透镜组也不会受影响。每路谱段的研制工作，包括焦平面的装配，均
可以并行开展，从而实现更好的研制进度管理。然而，在透镜设计与加工过程要求
所有谱段的光学焦距严格满足限制之内，保证所有透镜都能保持一致的畸变，以确
保 BBR 的指标设计。另外，相机光轴方向应该在工作期间的温度和其他环境条件
下都保持稳定，诸如冲击与振动下都能满足特定容差限制，这些内容已在第 3 章讨
论过了。鉴于系统各方面考虑，如图像质量、校正精度、研制进度安排的要求，
LISS-1 和 LISS-2 都采用了多路透镜组的设计方案。在 LISS-1 例子中，一个线
阵 CCD 有 2048 像元，可以满足幅宽要求。如图 6.13 所示，LISS-1 有四路相匹配
的透镜组，将装有光谱滤光片的 CCD 放置焦平面处。

　　在 LISS-2 例子中，要求其分辨率是 LISS-1 的 2 倍，并覆盖相同幅宽，因此

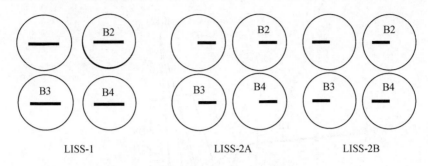

图6.13　LSS－1和LSS－2焦平面排列形式。
圆圈代表镜头焦面位置,中心线为CCD在焦平面中的位置

其像元数量为4096。但是,由于在LISS－2设计阶段这种CCD尚不能生产,因此还是决定采用2048像元的CCD。我们采用如6.9节那样的光学拼接方案,采用两个143A型器件拼接生成4096像元。为了减少复杂度和获得更好的图像质量,采用两台相机,每台覆盖1/2个幅宽。LISS－2中透镜组采用全视场校正,这也是为了满足将来探测器探元规模能够覆盖整个幅宽的设计。如图6.13所示,LISS－2中LISS－2A相机和LISS－2B相机分别覆盖1/2的幅宽。投影到地面后,每台相机的视场存在一定的交叠区域,以便这两台相机的图像之间可以拼接成幅宽接近于LISS－1的图像。

　　LISS－1和LISS－2均采用双高斯型的光学系统设计。滤光片置于系统前端,在镜头设计范围内兼顾其他谱段的设计。LISS－1和LISS－2镜头 F 数均为4.5。考虑到饱和度和CCD响应度的要求, F 数为8的系统足够LISS－1的需求,但光学系统衍射限性能退化得无法满足要求。综合设计、加工复杂度、尺寸等各方面考虑, F 数为4.5的光学系统还是较优的,镜头入口处放置中性密度滤光片,这样设计会减少后面元件的热梯度,调整滤光片透过率来避免最大辐亮度入射时CCD器件饱和。为了满足四组透镜组的稳定度要求,谱段之间的配准精度在设计、加工、测试透镜的阶段是最主要的挑战。这方面的内容在第3章已经介绍了。

6.6.2　结构设计

　　每台相机有三个模块:
　　(1)光电模块。该模块包括光线收集、集成化探测器,DE模块中包括前置放大器和CCD时钟驱动。
　　(2)电路模块。该模块包括视频处理器、时钟发生器、校准逻辑电路。
　　(3)电源模块。该模块把从卫星总线传递来的电源转换成相机工作要求的各种电压。
　　机械设计必须考虑载荷可能遇到的多种环境条件,如卫星存放、发射阶段和在轨工作阶段。结构分析要确保基频在卫星系统要求值以上。每个谱段都相对独

立,以方便谱段性能测试。每个透镜组都装载在有三个法兰的殷钢筒上。前面的法兰用于固定镜头,后端法兰连接探测器,这样,一个单独的光谱通道就形成了,这种设计难点在于确保 CCD 位置固定而不受法兰的影响,当直接焊接在 PCB 板上的 CCD 安装在法兰上时,PCB 的形变会导致 CCD 面的变化。因此,CCD 器件采用两面是金属的"三明治"结构安装固定在探测器法兰上。这种结构还有利于 CCD 温控。筒中心法兰(在重心位置处)用于将单谱段组件固定在四谱段托架上,如图 6.14 所示。托架安装在用于与卫星结构固定的基板上。在最初测试时,发现基板上安装应力会造成多谱段装配平面的形变,影响谱段间的校准。考虑到这点,在前后端的法兰处安装了连接板限制变形。即使这样,上述结构在卫星上安装位置处的平面度还需严格控制在误差容限范围之内。

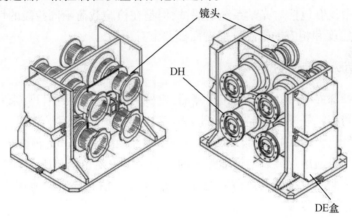

图 6.14　LISS – 1 的 IRS – 1A/B 和 LISS – 2 的相机光电模块结构外形。DH 为带有
CCD 的探头部分,DE 盒包括 CCD 驱动电路和前置放大电路(引自 Joseph, G.,
Fundamentals of Remote Sensing, 2nd edition, Universities Press (India) Pvt Ltd,
192, 2005. With permission)

6.6.3　电子学

除了满足系统要求,电子学设计还要保证最大可靠性,保证单点失效不会影响到多光谱成像能力。同样的设计用在 LISS – 1、LISS – 2 A/B 上,以便功能模块测试变得容易。IRS 设计时一般选择列入元器件优选目录中的元器件,必要时还可以从未在清单中提供的满足使用要求的元器件中选择。一条通用的指导原则是:当处理速度并不是最关键考虑因素时,优选 CMOS 器件;但是要求高速器件时,选用 LSTTL/ECL 器件。

为了获得高质量的图像,恰当设计的电路与 PCB 板的元件布局都是必要的。主要的问题就是如何隔离电源产生的噪声。CCD 输出信号首先被低噪声放大器适当放大,然后采用 DC 箝位将信号箝到参考电平上。每片 CCD 的视频信号被

ADC 数字量化。每个谱段都有独立的 ADC。数据采用 7 位量化以便提供足够的辐射分辨率,也能适应数据传输能力。由相应的时钟逻辑电路产生 CCD 工作所必需的时钟信号。时钟逻辑电路与 CCD 间的接口电路(时钟驱动器)不仅应具有足够的频率响应特性,而且应能够具备必要的负载驱动能力。为了尽可能靠近 CCD 探测器,前置放大器、时钟驱动器、电源滤波器都被封装在独立的 DE 盒并集成到光电模块中,可提供四种增益。

在轨定标系统(IFC)用以评估相机在轨整体性能稳定度。为了实现最大的可靠性,相机未采用任何活动机械装置,因为任何活动装置的失效均会导致型号任务的失败。在轨定标系统在每个谱段均配置两个 LED 灯,可以在 CCD 两侧照射。通过改变 LED 灯的电流和两个 LED 灯的开关可以产生 12 种非零亮度级。虽然在轨定标方案中没有包括对光学系统的测试,但是在检验载荷不同阶段的性能、评估 CCD 在轨稳定度和相应的电路性能方面都非常有用。

6.6.4 装调与特性分析

一旦各种部件/分系统如镜头、探测器、机械结构能够按照项目要求完成设计,那么生产空间相机任务就已经开始了。为了这个目标,许多用于装调与性能测试的设备被开发出来,其中部分设备专为研制中的相机而设计。应该提出一种可以适用于所有相机通用化装调与性能测试的方法。这主要包括焦平面调整(即将探测器置于焦平面处)、探测器谱段间配准安装、MTF 评估和辐射性能评估。这些通常要用到景物模拟器。

景物模拟器本质上就是平行光管,其焦平面上摆放靶标模拟无穷远景物。景物模拟器通常采用离轴抛物面镜。离轴抛物面镜由大抛物面母镜切割而成,理论上凹形抛物面镜可以将放置在焦点处的点源形成平行度很高的光线。不像传统的 RC 系统那样次镜阻挡入射光或者会反射来自主镜的光线,离轴镜口径无遮拦。因为平行光管是全反射系统,完全消色差,所以不用重新校准或调焦,就可以适用任何谱段。许多制造商都将标准的离轴抛物面镜平行光管作为成熟产品,客户也可以定制反射镜满足某种特定需要。反射镜制造商也能提供不会产生任何应力的装配镜架。

一旦具备了离轴镜,接下来就是要准确定焦,保证让点源放在焦点处从而产生平行光线。许多方法可以实现定焦,一种简单的方法是采用水平剪切干涉仪(Grindel)。这种测试设备包括高质量的光学玻璃,其具备相当平整的光学表面,在两个面之间有很小的角度,当平面波沿着 45° 入射剪切板时,被前、后表面反射。由于剪切板具有一定厚度和楔角,光线经过两次反射后分开,如图 6.15 所示。分离是水平剪切造成的,被平移的波振面产生条纹在两个波振面边缘形成交叠区互相干涉。楔形板楔角放置在切向方向。对于平行光束,条纹方向平行于剪切方向

（通常需考虑水平方向剪切）。瞄准有缺陷时，干涉条纹会随着剪切的方向发生倾斜。景物模拟器应具备可将不同靶标放置在准直器焦平面处且在 x、y、z 方向准确地移动它们的能力。

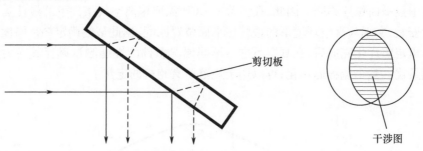

图 6.15　侧向切面干涉仪的干涉图结构

6.6.4.1　相机定焦

第一项工作是将探测器放置在镜头的焦平面处。调焦阶段使用景物模拟器，将靶标放在其焦平面处模拟无穷远物体。

焦平面处的条形靶标包含明暗相间的条纹，采用均匀白光照明，条间间隔对应相机的奈奎斯特频率（奈奎斯特频率就是指像元中心间距倒数的 1/2）。测试阶段靶标被相机光学系统成像到探测器阵列上。经过适当的对准后，明暗条纹交替投射在探测器像元上。也就是说，如果黑色条纹投在奇像元上，白色条纹则投在偶像元上。用交替探测器像元获取的最小、最大值计算系统方波响应（SWR），即

$$\mathrm{SWR}(\%) = \frac{最大值 - 最小值}{最大值 + 最小值} \times 100\%$$

连接镜头与探测器组件之间殷钢筒的长度要略小于理论上要求的距离。为了将探测器放在镜头的焦平面上，可以用一定厚度的垫片放置在镜头与殷钢筒的连接界面处，也可以放置在探测器组件与殷钢筒的连接界面上。

定焦的过程就是要确定垫片的适当厚度，保证在真空环境下 CCD 放于镜头焦点处。平行光管焦平面处的靶标沿着光轴逐渐移动进行调焦。通过每一步调整，系统 SWR 通过被交替像元记录下的最大最小值计算获得。如果探测器不在准确的焦点处，那么最大的 SWR 就不出现在图 6.16 中被标为 0 的初始位置上。最大 SWR 处平行光管一端的靶标位置与相机的最佳焦平面位置有对应关系。镜头变化 Δf_{L}，靶标变化 Δf_{C}，即

$$\Delta f_{\mathrm{L}} = \left(\frac{f_{\mathrm{L}}}{f_{\mathrm{C}}}\right)^2 \Delta f_{\mathrm{C}} \tag{6.4}$$

式中：f_{L} 为镜头焦距；f_{C} 为平行光管焦距。这种关系可以用来确定探测器位于镜头焦平面位置以及确定实际垫片的厚度。计算 SWR 既要测量视场中心处的值，又要

计算最边缘视场的值,以便覆盖整个视场范围,确定垫片厚度也要考虑到全视场。测量要覆盖整个系统的视场才能确保相机性能最优,即在各个视场角下的图像对比度均很好。第3章讨论过,空气与真空环境折射率的改变,造成真空中与实验室环境中焦平面位置不同。因此,在实验室 CCD 需要偏离空气条件下的最佳焦平面位置安装,实现与真空环境下的最佳焦平面位置匹配,据此最终确定垫片厚度。一旦相机定焦优化完成后,在真空下进行不同温况条件的性能测试确保其在太空中性能最优。整个流程通用化,可以用于规范所有相机的定焦。

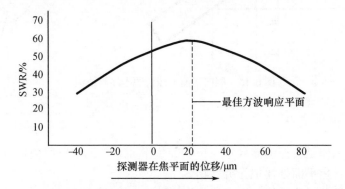

图 6.16   探测器在焦平面位置 MTF 变化图。0 代表探测器初始位置,
一般探测器都放在 SWR 值最大的相应位置上

当相机安装到卫星基板上时,CCD 阵列方向要与卫星飞行速度矢量方向垂直。CCD 阵列的方位通过安装在光电模块上的立方镜进行标定引出。相机在滚动(速度矢量方向)、俯仰(CCD 阵列方向)、偏航(光轴)方向上都在外部装有标定引出装置。同样,卫星平台也具有标定装置,称作主参考立方镜(MRC),代表卫星滚动、俯仰、偏航坐标轴。卫星装配时测量载荷(相机)立方镜与卫星主参考立方镜之间的关系,就获得了相机视轴在卫星坐标系下的方位。

6.6.4.2   影像位置校准与波段间配准

为了通过多光谱数据分析提取信息,理想条件下所有谱段的同名像素都应该在同一时刻对准同一区域(或者具有固定已知的偏差量,这个偏差量在数据产品生成过程中被校正)。多光谱相机谱段间配准称为 BBR。为了实现谱段间配准,第一步就是统一所有谱段图像规格,所有谱段对应地面幅宽都应该是一致的。造成不同谱段幅宽差异的原因包括焦距的不同、四个谱段镜头的相对畸变差异以及 CCD 有效像元长度的不同。像第3章讨论的那样,首先一个相机对应不同谱段的镜头焦距要在镜头研制层面上通过设计、加工、装调达到严格匹配。整个 CCD 长度变化只有几微米。不过,长的 CCD 器件可以与焦距长一些的镜头相配套。接下来需要调整 CCD 位置使之始终处于焦深内。

　　评价 BBR 的基本方法就是对所有谱段的靶标照明,然后找出每个谱段下成像位置。评估 BBR 可以采用不同类型的靶标。这里使用 M 形靶标来评测 BBR。图 6.17(a)显示的是典型的多光谱相机图像测试与 BBR 调整的构置图。装置包括 M 形靶标、具有竖直和倾斜的狭缝,将其放置于离轴抛物面镜的焦点处,采用均匀的白光作为光源照明。通过可控转台旋转相机,使得 M 形靶标在 CCD 三处不同的位置成像,范围覆盖中心及边缘视场。

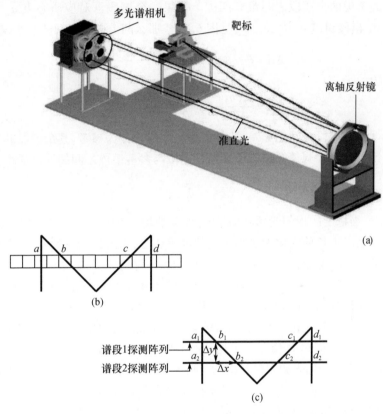

图 6.17　(a)规格匹配与谱段间配准测试台;(b)焦面靶标图;
(c)BBR 测试。Δx 和 Δy 分别代表垂轨和沿轨偏移量

　　准直光束口径的选择需满足覆盖所有谱段,且能够对 M 形靶标同时成像。每个谱段下对应 M 形靶标的垂直和倾斜狭缝图像质心都要计算。通过不同视场下点对应质心位置确定图像规格。值得一提的是对于多光谱相机,调焦与调整图像位置有时可能需要折中考虑。例如,对两个给定谱段进行高精度的匹配,其中一个谱段可以略微离焦(在焦深范围内)。这种折中的影响对于一个设计完好、加工正确和集成精确的相机系统来说是无足轻重的。

　　一旦所有谱段的图像位置匹配完成,就可以进行 BBR。这里,匹配所有谱段的探测器从而所有谱段对应投影到地面同一区域的误差最小。因此,谱段间配准即保证不同谱段对同一景物成像的图像之间的交叠最大(沿垂轨、沿轨方向)。BBR 的确定需要比较所有谱段对同一靶标同时成像后图像质心位置。

前面提到的匹配图像位置的测试装置也可以用来评估 BBR。M 形靶标在所有谱段下同时成像。M 形靶标的图像上出现四个质心点 a、b、c、d,对应每个谱段(图 6.17(b))。若所有谱段都精确标定,那么所有谱段的中心应该对应同一个像素点。下面考虑两个谱段之间没有匹配。如果一个谱段下对应质心点 a_1、b_1、c_1、d_1,而另一个谱段对应 a_2、b_2、c_2、d_2,见图 6.17。那么两个谱段之间的水平偏差为

$$\Delta H = \frac{\left[(a_2 - a_1) + (d_2 - d_1) \right]}{2}$$

竖直偏差为

$$\Delta V = \frac{\left[(b_2 - b_1) + (c_2 - c_1) \right]}{2}$$

为了计算各谱段之间的偏差,选择其中一个谱段作为参考,其余谱段的质心要与之进行比较。通过调整探测器位置使各谱段与参考谱段之间的偏差最小。

6.6.4.3 平场校正

理论上,当稳定的均匀光落在线阵或面阵 CCD 上时,每个像元应输出同样的电压值。但是出于各种变化因素很难达到理想状态,均匀光入射到 CCD 像元上都会产生略微不同的电压值,如图 6.18 所示。CCD 对均匀光源的响应不一致性称为 PRNU。这种不一致性还会在均匀图像区产生条带。最好的 CCD 的 PRNU 在 1% ~3% 之间,中挡的可到 6% ~15% (Weaver,2013)。除了 PRNU,焦平面上的照度也会受到镜头响应变化、渐晕等因素的影响。因此,均匀化处理就是将相机对准稳定均匀光源后所有 CCD 像元输出相同的 DN 值。

这些操作都以均匀光源入射到相机入瞳为前提。很明显,接下来就是如何产生均匀光源。经过均匀化校正之后,入射光在探测器上响应不一致性应远少于像元间的可容忍失配。测试中,光源应能够覆盖相机整个视场。测试通常采用均匀光源,如积分球。因为积分球的性能决定最终辐射精度,所以简要介绍积分球的工作原理。

积分球就是一个具有漫反射内表面的空球体,留有一个小开口作为输出口,如图 6.19 所示。理想情况下,积分球内表面膜层应是具备很高反射率、与波长无关的漫反射体。入射到内表面的光线经多次散射和反射,从小孔输出漫射光,它不会按照原始照明方向,而是给出均匀光源,称作朗伯体。积分球中通常采用钨灯作为光源。这种灯能够提供连续光谱,不受发射谱线影响。出口处不能看到光源影像。为了达到这个目的,恰当地安装镀有与积分球壁同样材料的挡光板。输出的辐射量需严格可控。一般不能通过调节光源电源来控制输出辐射量,以避免谱线偏移。最简单的方式是通过打开或关闭照明灯以便改变输出辐亮度。然而,光源的亮度

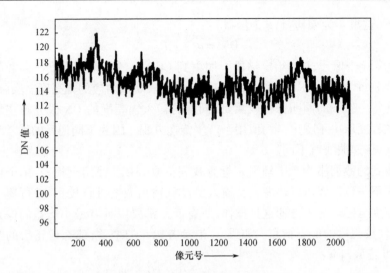

图6.18　LISS-2上 IRS 相机 B4 谱段的相应变化情况图(引自 Joseph, G. , Fundamentals of Remote Sensing, 2nd edition, Universities Press (India) Pvt Ltd, 288, 2005)

级很有限。为了获得具有所需挡位的受控输出,在测试时可以将 ND 滤波片放在镜头前端。

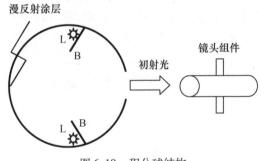

图6.19　积分球结构

L—钨灯; B—挡光板。

更大尺寸的积分球会产生更多的光,相应地也更均匀。但是,当其他参数不变时,信号大小随着球体直径的平方而减少,且大球体的成本更加高。一条通用的原则是积分球的直径应大于其出光口直径的 3 倍(McKee,2007)。出光口尺寸取决于相机的口径和视场。目前积分球是很成熟的商业产品。

为了校正 PRNU 和其他不一致性,采用积分球均匀光照射不同谱段,测试所有像元的 DN 值。如前所述,光源要充满整个相机视场。积分球的辐射量也要能够逐级变化,满足覆盖整个动态范围,即从近饱和到 0 级。这样所有像元的光转换特性(即像元输出比光线输入)都可测到。因为 CCD 的输出与入射光呈线性关系,数字计数值与相应的入射能量之间呈线性关系,即每个像元的响应量与输入量的

关系如下(这里 d 为偏移量,g 为增益):

$$DN_i = d_i + g_i L \tag{6.5}$$

式中:i 为第 i 个像元;L 为给定谱段下照射到 CCD 上的光谱辐亮度。函数的斜率和截距代表每个像元的增益和偏置,偏移量 d 代表 0 级对应的辐亮度。实际上,每个谱段在每一级下的照明都被收集到,同样的输入辐亮度的 DN 值分布在均值周围。扩散程度取决于噪声。均值用于产生传递方程。因为不同像元的增益和偏置略有不同,传递曲线就不同。

收集到的数据用于产生辐射定标查找表 RADLUT。使用查找表,单个像元量级的响应不一致性就可以逐像元从输入灰度到输出灰度进行校正,并可覆盖所有的输入灰度范围。为了方便这种操作,所有像元都要以具有最小增益的像元做归一化,以便校正后的值不饱和。如果 g_r 是参考像元的增益,那么校正后的数字量 $DN_{(corr)i}$ 可表示如下:

$$DN_{(corr)i} = \frac{DN_{(raw)i} - d_i}{g_i} g_r \tag{6.6}$$

这种均匀化处理也就是将 0 级数据 $DN_{(raw)}$ 与校正后的数据 $DN_{(corr)}$ 之间的比对应成探测器平均响应与均匀场景之比。这样做的结果就是在均匀辐照度下,同一谱段下的所有像元具有相同的输出值。均匀化精度主要依赖于用于估计增益和偏置系数的输入照明级数、相机信噪比和光源稳定度。精度可以由校正前与校正后的 DN 值分布对比来判断,如图 6.20 所示。

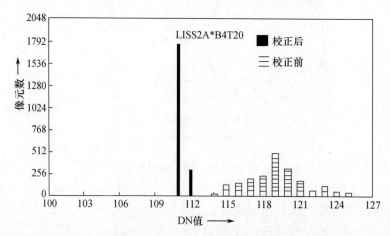

图 6.20　CCD 相机在均匀化校正之前与之后输出辐射度直方图比较(注:均匀化校正之后的像素计数应为 111,而显示的 112 次计数是处于量化方便)(引自 Joseph, G., Fundamentals of Remote Sensing, 2nd edition, Universities Press (India) Pvt Ltd, 289, 2005)

图 6.21 展示了 0 级图像与辐射校正之后的图。同样的操作可得到绝对辐亮度(单位为 $mW/(cm^2 \cdot sr \cdot \mu m)$)与 DN 值之间的关系。出于这种考虑,采用定标辐

射计用于测量从积分球出口的辐射量。这种操作也能用于计算相机总体信噪比，也就是可通过计算固定输入辐射量的均方差求得。

图 6.21　校正前后图像质量改善效果比较

(a)原始图像；(b)校正之后图像。

6.6.5　性能鉴定

相机的光电、电性能特性测试完全后，卫星项目组要进行各种环境测试。这就包括在不同温度下的热真空、冲击、振动等试验（详见第 10 章）。每次试验完，均测试一些关键指标参数用来监测系统性能。在各个阶段均设计专业试验和评价试验台来对载荷进行综合测试。

可靠性试验和评估系统与载荷一样重要，因为用这些系统实施的测试决定载荷的最终性能质量。自 IRS－1A 项目之后就开发了检出系统。目前，检出系统组成如图 6.22 所示。

模拟卫星接口：模拟卫星总线提供所有载荷工作所需的各种指令。

载荷数据获取系统：获取载荷数据并发送到主计算机上。

载荷状态显示器：通过显示诸如电压值等各种参数的方式监视载荷的健康状态。

电源分配系统：当相机工作在没有外携电源组时给相机提供能量。

这些嵌入式微控系统都采用 FPGA 的数字逻辑模块。以上各系统都由计算机控制，进行各种类型的测试。计算机处理 0 级图、显示结果、记录数据，将载荷操作变成日志。在载荷测试阶段评估载荷参数，如 SNR、SWR、BBR、LTC、辐射定标等。

一旦相机成功地通过这些例行测试，就要与卫星集成。IRS－1A 卫星携带 LISS－1 和两台 LISS－2 相机，于 1988 年 3 月 17 日发射，由俄罗斯火箭从 Kazakhstan 的 Baikonur Cosmodrome 发射。IRS－1A/B 运行在近极轨的太阳同步轨道上，倾角为 99°，轨道高度为 904km。围绕地球一轨用时 103min，一天 14 圈，重访周期 22 天。载有相同载荷的 IRS－1B 于 1991 年 8 月 29 日发射。IRS－1A/B 降交点地方时为上午 9:40。与所有对地观测空间相机的情况一样，RAW 数据中包括一

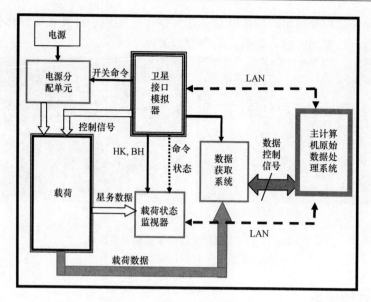

图 6.22　载荷评估系统结构模块

HK—星务数据。

些相机、卫星平台、数传系统生成的辅助数据。数据经过必要的校正、数据格式规范化且根据地理参考坐标进行适当的校正后提供给用户。数据质量要定期进行评估以确保系统功能正常稳定。IRS－1A 和 IRS－1B 都已超出 3 年的设计寿命,仍广泛应用于各种应用领域。

6.7　IRS－1C/D 相机

印度遥感相机 IRS－1C 的参数设计结合应用需求,并基于 IRS－1A/B 和其他遥感卫星的数据应用情况。其中三类成像系统保持一致:

(1) 多光谱相机 LISS－3,工作谱段包括绿谱段(B2,0.52～0.59μm)、红谱段(B3,0.62～0.68μm)、近红外谱段(B4,0.77～0.86μm)、短波红外谱段(B5,1.55～1.75μm),空间分辨率为 20m。

(2) 宽视场相机(WiFS),工作谱段为红谱段和近红外谱段,空间分辨率为160m,幅宽为 700km。

(3) 全色谱段相机(PAN),空间分辨率为 5m,具备偏离星下点成像能力。

为了简化相机光学系统,卫星选择低于 IRS－1A/B 的轨道高度(904km)。卫星最初设计轨道高度是 700km 的太阳同步轨道,但考虑到轨道保持和地面站的覆盖范围,最终轨道选择 817km。由于相机设计时按照最初轨道高度设计,因此轨道高度的变化导致在轨时的实际分辨率比设计分辨率高。

6.7.1　LISS-3 设计

LISS-3 的基本设计思路与 LISS-1 相似,但具有短波红外成像能力。可见近红外谱段的探测器为 6000 像元的线阵硅 CCD,像元尺寸为 $10\mu m$(平行线阵方向)$\times 7\mu m$(垂直线阵方向),中心距为 $10\mu m$。硅 CCD 响应扩展不超过 $1\mu m$,不适合用作短波红外探测器。工业界正在研发的铟镓砷线阵 CCD 能够在接近室温下工作成像(Moy,1986)。法国的 Thomson-CSF 已经成功研发了铟镓砷光电二极管,光谱响应为 $0.9\sim1.70\mu m$,采用多路复用器读出 CCD 信号。在研发 IRS-1C 卫星时,技术上的成熟使最小探元尺寸可达 $30\mu m$,每个抽头上 300 个像元奇偶交错排列在间隔 $52\mu m$ 的两行 CCD 线阵上。为了得到满足像元数量要求的探测器,探测器抽头一端与另一端对接。这些抽头对接的几何精度很高,焦平面方向可达 $\pm3\mu m$,垂直方向 $\pm6\mu m$(Hugon et al,1995)。由于 SWIR 谱段探测器像元尺寸是 VNIR 谱段像元尺寸的 3 倍,为了保持两谱段分辨率一致,SWIR 谱段的焦距必须为 VNIR 谱段焦距的 3 倍。这要求相机光学口径超过 100cm,增大了设计和制造难度。因此,SWIR 谱段的空间分辨率设计为 VNIR 谱段的 3 倍,此时两谱段的焦距相近。于是,LISS-3 相机在 817km 高度 B2、B3、B4 谱段空间分辨率是 23.5m,B5 谱段空间分辨率是 70.5m。

LISS-3 的光学构型与 LISS-1/2 相似,每个谱段均有相应的镜头。基本的电子学设计与 LISS-1/2 相似,通过微调可满足器件的电子学要求。四个谱段均采用 7bits 量化。短波探测器需制冷以降低暗噪声,制冷机制是通过铜线将探测器区域的热量传导到被动辐射冷源。探测器温度通过温度计监测,温度由一个闭环加热器控制在 $\pm0.1℃$。对于 IRS-1C,有两种温度设置,$-10℃$ 和 $-12℃$,通过指令进行选择。为了避免在实验室测试期间出现低温冷凝,SWIR 谱段探测器必须完全密封。

根据 LISS-1 和 LISS-2 的经验,重新设计了 LISS-3 光电模块的机械结构,保证探测器和镜头的同轴性不受由安装应力及热环境造成超过容差极限的影响。经研究不同的结构配置之后,选择了立方体型结构(图 6.23)。光电模块通过 6 根螺栓固定在卫星平台上。通过保持光电模块与卫星连接面优于 $20\mu m$ 的平面度时可以减少装配应力。光电模块也装载一些探测器电子学模块。LISS-3 的配准、测量和定标方法与之前讨论的 LISS-1 和 LISS-2 类似。

6.7.2　宽视场传感器

IRS 系列卫星上的宽视场传感器是根据用户需要特殊设计的传感器。相机高时间分辨率的需求来自农业科学家预估全国小麦产量的需要(Navalgund and Singh,2010)。IRS LISS-1/2 区分作物的方法采用了单日分类法。考虑到小麦非

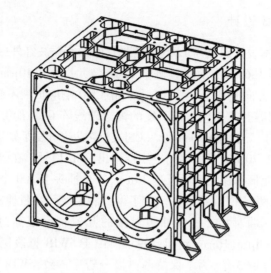

图 6.23 LISS – 3 光电模块的机械结构

最佳生长期获取的单日分类数据的不足,决定采用相对低分辨率相机来提高重访。为此,设计红谱段和近红外谱段,分辨率 188m,幅宽 750km。

为了获得 750km 幅宽,宽视场传感器的视场角需达到 ±26°。根据第 4 章中对干涉滤波器的介绍,入射角的增加意味着中心波长 λ。向短波长方向偏移。因此,宽视场传感器如果采用单镜头来获得全视场,则在视场边缘成像时的光谱响应与星下点将显著不同。采用第 3 章中介绍的远心镜头可解决上述难题。基于多种考虑,采用了双镜头覆盖全幅宽的简单方案,两个镜头安装在相同机械结构上,可偏离星下点 ±13°斜视成像(图 6.24)。因此,成像角度对带通滤波器的影响显著降低了。

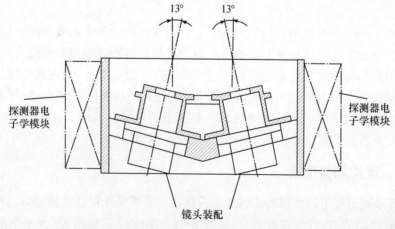

图 6.24 宽视场传感器的结构布局,每个谱段的两个镜头均相对星下点倾斜 13°。

宽视场传感器相机包括 B3 和 B4 两个谱段,与 LISS-1/2/3 的 B3 和 B4 谱段相似,采用折射式光学系统,包括 8 个透镜、1 个干涉滤光片和 1 个前置的 ND 滤光片。宽视场传感器采用 2048 像元的线阵 CCD,其像元尺寸为 $13\mu m \times 13\mu m$,与 LISS-1/2 相似。需要指出的是,由于具有长积分时间采用了 4 倍超采样来提高沿轨 MTF 性能。每个谱段均有 4 个独立的可选增益。电子学、测量和定标等与 LISS-1 类似,不再赘述。

6.7.3　PAN 相机

PAN 相机可提供星下点 5m 分辨率(仅为 LISS-3 的 1/4),在全色($0.5 \sim 0.75\mu m$)谱段成像。相机幅宽设计要求为 70km,在垂轨方向视场可偏离星下点达 26°。这种偏离行星下点成像提供了异轨立体成像能力,且最大重访周期不超过 5 天。

满足要求的角分辨率可以通过探测器像元尺寸和光学系统焦距的组合来实现。对于紧凑系统,通过减小像元尺寸可缩短光学系统焦距,但是减小像元尺寸会有其他问题,我们将在第 7 章讨论。目前在研的 4K CCD 最小像元尺寸为 $7\mu m \times 7\mu m$。为了满足在 817km 轨道的空间分辨率要求,要求光学系统有效焦距为 980mm、视场角 2.5°。长焦距意味着长镜筒,980mm 焦距的折射式光学系统在空间应用中显得很笨重。通过研究不同光学系统,最终选择了 3.2.2 节中讨论的无遮拦 TMA 光学系统。主镜是离轴双曲面镜,有效口径为 223mm。光线从主镜反射后会聚到次镜。由于沿轨方向视场只有垂轨方向的 1/10,矩形的次镜便可满足全视场覆盖。PAN 相机次镜采用凸球面镜。次境反射的光线落到三镜,三镜是一个矩形状的离轴椭球体,最终三镜反射的光线汇聚到镜头的焦面(Joseph et al, 1996)。

为了覆盖全部 70km 幅宽,要求 CCD 有 12000 个像元。而可用的全色 CCD 只有 4096 个像元,有必要拼接 3 片 CCD 器件。如第 3 章讨论,通过光学拼接 CCD,可以在焦平面虚拟成为一个线阵。为了获得最大的辐射能量,PAN 相机采用不同的设计方案。通过等腰棱镜分割焦平面,并将光线指向两个区域,如图 6.25(b)所示。CCD1 和 CCD3 放在同一个焦平面,CCD2 放在另一个焦平面,每片 CCD 幅宽均为 23.9km。CCD2 相对 CCD1 和 CCD3 的位置错位在沿轨方向上产生 8.6km 的偏移。因此对卫星地面轨迹而言,3 片 CCD 在沿轨和垂轨方向均有错位。但是,由于 CCD2 与 CCD1 和 CCD3 覆盖区域有重叠,因此可以拼接出无缝的连续图像,3 片 CCD 的合成图像幅宽为 70km。每个探测器有独立的干涉滤光片。这 3 片滤光片是同一批出产,具有完全相同的性能参数,以避免光谱响应的变化。如第 3 章讨论,任何反射镜的安装都是一项严格的工作。首先要用黏合剂黏接柔性支撑片将反射镜固定到镜框中(图 6.26)(相机固定时采用不同的方法以提高反射镜与结

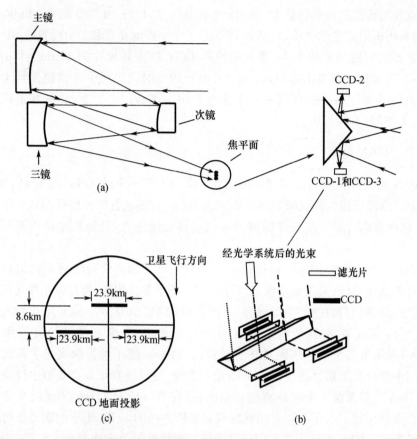

图 6.25　（a）全色谱段光学系统光路图；（b）焦面布局；（c）CCD 的地面投影（图片经许
可引自 Joseph, G., *Fundamentals of Remote Sensing*, 2nd edition, Universities
Press(India) Pvt Ltd, 195, 2005)

构之间的隔离度）。当黏合剂由于硬化而体积收缩时,会给反射镜产生应力。因此,反射镜黏合柔性支撑片的位置以及黏合剂的厚度（取决于柔性支撑片与反射镜面之间的间隙）需仔细选择,前期采用具有相同结构参数的平面镜来进行试验。镜筒采用低热膨胀率的殷钢材料,从而在相机工作温度范围内保持良好的形稳性。镜筒为内径 630mm 的圆柱筒结构,通过延展托座来支撑主镜,托座径向采用肋结构来增加其刚度（图 6.27）。次镜和三镜依次装配在镜筒两侧,根据光线追迹设计来设计安装光阑,消除任何可能入射到探测器的杂光辐射,同时避免产生渐晕现象。结构按反射镜间距和倾斜设计值焊接而成,满足公差要求,最终的镜间距与倾斜量的实现是采用 3.4.4 节中的波前评价测量,通过合适的垫片来实现。

6.7.3.1　载荷转向机构

法国 SPOT - 1 是第一颗具有偏离星下点成像能力的民用卫星,卫星可获取立

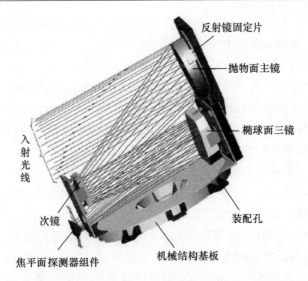

图 6.26　全色相机反射镜和焦平面组件的结构布局(图片经许可引自 Joseph, G.,
Fundamentals of Remote Sensing, 2nd edition, Universities Press(India) Pvt Ltd, 195, 2005)

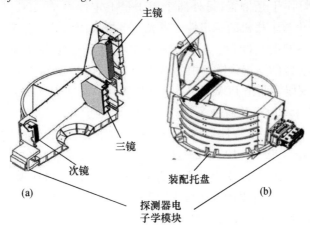

图 6.27　PAN 相机的光电模块示意图
(a)剖面图;(b)最终图。

体影像,并且具有更短的重访周期。缩短卫星重访周期对于灾害监测(如洪水、风暴等)具有重要价值。SPOT 卫星的偏离星下点成像能力通过安装与光轴夹角为45°的椭圆平面转镜实现。转镜的光学性能对镜面的温度梯度变化很敏感,当温度梯度变化时,转镜光学性能发生退化,镜面前后表面发生不同程度的膨胀,最终导致反射镜曲率变化。此时,平面镜变成了一个带曲率的光学件,改变了系统的光学性能,光学系统焦平面组件(FPA)需重新调整到最佳焦平面位置,即星上调焦,星上调焦机构增加了相机的复杂性。SPOT 卫星具有星上调焦功能(Leger et al,2003)。印度 IRS-1C 卫星采用了不同的偏离星下点成像技术,其 PAN 相机安装在载荷转向机构(PSM)上,通过旋转整个光学系统可将光轴倾斜±26°,相对于星下点成像模式,偏离星下点成像模式可覆盖±398km的幅宽,提高了卫星重访能力。PSM旋转步距角为0.09°,在任意位置的位置精度为0.1°,稳定度为0.1″,完成全角度±26°旋转所需的时间为15min(Krishnaswamy et al,1995)。PSM包含一对测角仪,其中一个作为相机相对航天器滚动轴的位置的粗测角仪,另一个则作为精测角仪。PSM在航天器发射期间通过一套锁定结构锁紧,入轨后在地面指令控制下激活火工装置进行释放。

相机的电子学系统与前文介绍的LISS-1/2相似,但针对特殊的器件和处理速度进行了专门的设计。所选的CCD探测器在每一次电荷转移过程中均会损失部分与信号电荷总数无关的固定数量电荷。因此产生一个与信号幅度无关的固定电荷量是必要的,这称作"胖零"。通过电荷偏置或光偏置可进行"胖零"操作,此时,与探测器表面态有关的电荷损失的固定部分以及其他原因产生的固定电荷损失都被消除了。在IRS-1C的PAN相机中就采用光偏置的方法进行"胖零"操作,每个CCD探测器均通过一个柱面透镜被四个发光二极管(LED)照亮,其中两个发光二极管灯用于光偏置,另外两个用于星上定标系统(IFC)。在LISS-1/2中,IFC用于评价整个相机的稳定性。发光二极管采用脉冲工作模式,通过发光时间的变化得到不同的光能量。发光二极管具有六种非零曝光级数,能量可覆盖CCD的整个动态范围。视频链路中的增益分为四挡,数据量化为6bit。PAN相机的并行数据被编码为两组PCM流,分别为PAN-I和PAN-Q,每一组数据流的传输速率均为42.45Mb/s,并通过X波段下传。

IRS-1C卫星的星上存储器内存为62GB,在无地面站区域可暂时存储数据。卫星总重1250kg,1995年12月28日从哈萨克斯坦拜科努尔发射场发射进入817km的太阳同步轨道,降交点地方时为10:30AM。IRS-1D为IRS-1C的后继星,于1997年9月27日由印度运载火箭PSLV从斯里哈里科塔(SHAR)发射场发射成功。目前两颗卫星均服役超过10年。

6.8 印度资源卫星系列

为满足遥感用户的其他需求,下一代IRS——资源卫星(RESOURSESAT)系列设计了一组相机,提高了遥感卫星的空间、光谱和辐射性能。具体如下:

(1)引入高分辨率多光谱相机(5.8m)。这将有利于详查农田的边界和轮廓,以及对小型行政单位的作物进行清查,如村庄等(LISS-4)。

(2)改进的线阵自扫描相机三号(LISS-3),其短波红外谱段分辨率和近红外谱段分辨率均为23.5m。这种分辨率的短波红外图像数据可用于植被探测。

(3)改进的宽视场遥感相机,即高级宽视场相机(AW-iFS)增加了绿谱段

（B2）和短波红外谱段（B5），此外，星下点分辨率可达56m。这些改进提高了遥感卫星在众多领域的应用，尤其是农作物清查。

因此，印度RESOURCESAT可提供独特的具有同等光谱性能的三种分辨率图像成像能力（图6.28）。改进的相机结构与IRS-1C/D相似，本书中只对载荷改进部分进行描述。

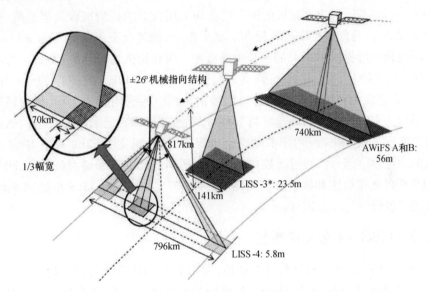

图6.28 RESOURCESAT三种分辨率图像成像性能示意图。AWiFS相机分辨率为56m，幅宽740km；LISS-3分辨率为23.5m，幅宽为141km；LISS-4分辨率为5.8m，幅宽为23km。三台相机成像时重叠区域的图像可呈现三种不同分辨率

6.8.1 资源卫星线阵自扫描相机三号

相机的四个谱段成像时采用独立的折射光学器件和线阵探测器。VNIR谱段即，B2、B3、B4谱段的探测器与光学部分与IRS-1C/D一致。LISS-3相机的主要改进是重新设计短波红外谱段的探测器，使其空间分辨率和近红外谱段一致，达到23.5m。该探测器由6000个像元的铟镓砷光电二极管阵列构成，每个像元尺寸为13μm×13μm。6000个像元分为10个抽头，每个抽头含600个像元，奇数和偶数像元沿阵列错位26μm排布（沿轨方向）。这种有源像素探测器可提供双通道视频输出。短波红外探测器温控范围为±0.1℃，具体的工作温度（两种温值）通过遥控指令控制。和以前的遥感相机相同，VNIR谱段设置四挡增益，可覆盖整个动态范围，探测器的电信号量化为7bit数字信号输出。短波红外谱段仅设置一挡增益即可实现全反射率的覆盖，10bit量化，但输出为7bit数字信号。同早期的遥感相机一样使用发光二极管（LED）进行星上不一致性校正（Dewan et al，2006）。

6.8.2　高级宽视场相机

AWiFS 的设计与 WiFS 相似,但具有更高的分辨率(分别是 56m 与 188m)、动态范围(分别是 10bit 与 7bit),更多的谱段(B2、B3、B4 和 B5),以及集成了星上定标系统(IFC)。为了实现宽视场成像,AWiFS 采用两台完全相同的相机,即 AWiFS - A和AWiFS - B。相机的四个谱段均采用独立的折射成像光学系统,视场角为 ±12.5°。两台相机集成装配在卫星平台上,偏离星下点的角度为 ±11.84°,因此两台相机可提供 47.94°的组合视场覆盖。两台相机之间存在 150 ±20 像素的重叠区,通过拼接两台相机的数据,可得到幅宽为 740km 的图像(Dave et al,2006)。固定镜头和焦平面的组件是由殷钢板组成的密闭盒式结构,折射镜和焦平面组件分别装配在盒的两端。与 LISS - 3 相似,AWiFS 也采用 6K 器件,通过一挡增益实现最大 100% 反射率的动态范围覆盖,信号量化为 12bit 并以 10bit 有效位数输出为数字信号。通过遥控指令来选择不同谱段的饱和辐射(NRSA,2003),AWiFS 相机在接近饱和辐射时信噪比可达近 700。和以往的 LISS 相似,AWiFS 采用发光二极管进行星上定标。

6.8.3　LISS -4 多光谱相机

LISS -4 多光谱相机具有三个谱段,分别为 B2、B3 和 B4,地面瞬时视场(IG-FOV)为 5.8m,天底幅宽为 23km。相机的光学系统结构保留了 IRS - 1C/D PAN 相机的设计,采用三反离轴结构,由一个离轴凹双曲面主镜、凸球面次镜和凹扁椭球三镜组成(Paul et al,2006)。LISS - 4 焦平面有三片 CCD 探测器(对应三个谱段),使用等腰棱柱分光镜的光学结构,将光束分解成为三个不同成像谱段,并在沿轨方向由不同 CCD 成像。B2 和 B4 谱段的地面投影间距为 14.2km。沿速度矢量方向,B3 谱段于星下点成像,B2 谱段在前,而 B4 谱段则在后,如图 6.29 所示。三个谱段的焦距因为观测几何角度关系稍微不同。此外,当三个谱段均对同一条带成像时,存在一定的时间延迟,而卫星的动力学变化也能够影响谱段到谱段间的配准。地面数据处理期间应考虑这些问题的影响。

每个谱段探测器均是 12000 像素的线性 CCD,像元尺寸为 $7\mu m \times 7\mu m$(型号为 THX31543A),奇偶行像素交错 5 行扫描线($35\mu m$)。地球自转时这种奇偶行的分离能造成图像出现缝隙,解决途径是航天器沿偏航轴偏转一定角度(NRSA,2003)。为了提高整体电子学运行速度,采用八个视频处理器同时工作来实现高速处理。每一个独立的信号处理通道由放大器、直流恢复以及数模转换器组成,CCD 输出的模拟信号经信号处理通道进行处理。CCD 输出量化为 10bit,但选择特定 7bit 进行传输(Paul et al,2006),调整后的动态范围可 100% 覆盖不同反射率的目标。

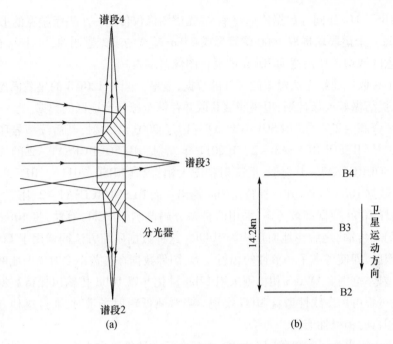

图 6.29　（a）LISS – 4 焦平面光束分隔器示意图；（b）探测器地面投影示意图
（引自 Joseph, G., *Fundamentals of Remote Sensing*, 2nd edition,
Universities Press（India）Pvt Ltd, 195, 2005）

　　探测器设计时需重点考虑一点,即 CCD 的工作温度始终保持在特定温度范围。假定每片 CCD 及电路组件的损耗均为 1.8W,则需要设计相应的散热器和热管将热量传导出去。CCD 开机工作时,其温度逐渐升高,需要经过至少 10min 才能达到温度稳定状态。解决这种温度逐渐变化的影响的方法是采用主动加热器。当 CCD 未开启时,CCD 探测器附近的加热器开机工作,保持温度与 CCD 稳定工作时的温度一致。当 CCD 开机后,关闭加热器。CCD 的温度由热敏电阻进行测量,通过开/关温度控制器来主动调节其温度,使 CCD 工作温度维持在（20 ± 2）℃（Rao et al,2006）。

　　与之前的 LISS 相机中一样,为了监测探测器和信号处理电路的长期性能,星上定标系统采用光电二极管。八个恒定电流驱动的光电二极管从 CCD 前方进行照明,通过积分时间的变化获取 16 个挡位,以覆盖整个动态范围。

　　LISS – 4 相机采用与 IRS – 1C/D 全色相机相似的载荷转向机构（PSM）,在垂轨方向相机倾斜视角可达 ±26°,借此实现 5 天的卫星重访周期。

　　LISS – 4 传感器有全色和多光谱两种工作模式,星下点地面分辨率均为 5.8m。全色成像时,12000 像素的 CCD 探测器可提供 70km 的幅宽。只能根据地面指令选择某一个谱段成像数据传输,一般选择最接近星下点的 B3 谱段。为了达到与 IRS – 1C/D 同等数据传输速率,多光谱图像仅传输一个条带幅宽的 1/3,即 23km。每一个谱段均提取 4000 像素形成 23km 幅宽的多光谱图像,可让多光谱图像的任意区域均落在幅宽为 70km 的全色图像范围内。

为了获取地面站无法覆盖的区域的数据,卫星上配有 120GB 的星载固态存储器,通过提前做好成像计划,卫星能够获取并存储全球任意地区的数据。

印度资源卫星一号(RESOURCESAT – 1)于 2003 年发射,其后续型号印度资源卫星二号(RESOURCESAT – 2)于 2011 年发射。RESOURCESAT – 2 的三个载荷与 RESOURCESAT – 1 类似,但辐射精度大幅提高(NRSC,2011)。RESOURCE-SAT – 1 数据 10bit 量化,并选择特定 7bit 输出。而 RESOURCESAT – 2 则进行数据压缩,这样 10bit 数据都被传输,采用的是差分码调制(DPCM)算法,将 10bit 数据映射成 7bit 传输,之后在地面重构为 10bit。这种数据压缩方法同样用于 LISS – 3 相机。因此,即使考虑了季节性的辐射差异,图像数据在增益不变时依旧能够覆盖 100% 反射率范围。AWiFS 相机则采用 12bit 量化并以 10bit 传输以保持数据传输速率,该过程可由多线性增益 MLG 实现。当观测低辐射场景时,通过这种方法能够增强相机的辐射性能。

除了大幅提高了相机的辐射性能,相机电子学硬件采用小型化设计,极大地降低了尺寸、重量及功耗。表 6.2 是 RESOURCESAT – 2 相机的主要性能参数。

表 6.2　RESOURCESAT – 2 相机的主要性能参数

参数		LISS – 3		AWiFS		LISS – 4
		VNIR	SWIR	VNIR	SWIR	VNIR
光学系统	类型	双镜折射系统	双镜折射系统	双镜折射系统	双镜折射系统	三反离轴系统
探测器	有效焦距/mm	347.5	451.75	139.5	181.35	980.0
	F 数	4.5	4.7	5	5	4
	探测器材料	Si	InGaAs	Si	InGaAs	Si
	读出结构	Si CCD	Si CCD	Si CCD	Si CCD	Si CCD
	像元数/像元尺寸/μm	6K/10×7	6K/13×13	6K/10×7	6K/13×13	12K/7×7
谱段宽度/μm		B2:69 B3:58 B4:95.1	B5:149.3	B2:69.5 B3:58.6 B4:101.6	B5:151.6	B2:72.2 B3:63.5 B4:87.9
瞬时地面视场/m		23.5	23.5	56 (星下点) 70(偏离星下点)	56 (星下点) 70(偏离星下点)	5.8

（续）

参数	LISS – 3		AWiFS		LISS – 4
	VNIR	SWIR	VNIR	SWIR	VNIR
幅宽/km	141	141	740	740	70（全色） 23.5 （多光谱）
天底外观测角	nil	nil	nil	nil	±26°
平均饱和辐亮度 /（mW/（cm²· sr·μm））	B2:54.4 B3:50.0 B4:32.7	B5:6.3	B2:52.4 B3:48.6 B4:30.5	B5:7.0	B2:50.4 B3:53.8 B4:34.6
饱和辐亮度信噪比	B2:>600 B3:>600 B4:>600	>500	B2:>600 B3:>600 B4:>600	>800	B2:>275 B3:>300 B4:>225
方波响应	B2:>60 B3:>60 B4:>50	>35	B2:>50 B3:>50 B4:>40	>30	B2:>25 B3:>25 B4:>30
量化位数/ 传输位数/bit	10/7	12/10	10/7	12/10	10/7
压缩比/类型	1.42/DPCM	1.42/DPCM	1.2/MLG	1.2/MLG	1.42/DPCM

数据来源：Pandya, M. R., K. R. Murali, A. S. Kirankumar. 2013. Romote Sensing Letters,4（3）：306 – 314.
注：谱段宽度采用矩量法得到

　　印度资源卫星的数据被国际科学界广泛使用。AWiFS 的空间分辨率（56m）和幅宽（740km）比美国 Landsat 卫星多光谱相机更高，可应用于多个领域。实际上，AWiFS 的数据被美国农业部国家农业数据服务部门采用来统计 2006 年美国农田状况（Bailey and Boryan,2010）。

　　近年来,许多地球观测卫星均采用推扫模式获取图像,本书中不再对这些卫星和相机一一赘述。下文将介绍比印度遥感卫星具有更复杂的工程结构的 SPOT 卫星和 Landsat 卫星的推扫相机。

6.9　法国 SPOT 对地观测相机

　　首颗推扫式空间图像获取系统是由法国国家空间中心主导并联合比利时和瑞典开发的 SPOT 对地观测卫星。首颗 SPOT – 1 于 1986 年 2 月 22 日发射。SPOT –1、2 和 3 均载有两个相同的高分辨率可见光相机 HRV,可提供包含三个谱段的 20m 多光谱信息和 10m 全色图像。其中多光谱谱段 B1 为 0.5 ~ 0.59μm（绿）,B2

为 $0.61 \sim 0.68\mu m$（红），B3 为 $0.79 \sim 0.89\mu m$（近红外），全色谱段为 $0.51 \sim 0.73\mu m$，幅宽均为 60km。SPOT 是首颗具备侧视观测能力的民用对地观测卫星。相机观测视轴可以在垂轨方向指向以星下点为中心的 ±27° 范围。侧视能力使得该星具备对同一区域的 5 天重访，且可实现异轨立体成像，以便获取高程信息。下面探讨这些 SPOT 相机系统的重要设计细节。

HRV 相机 F 数为 3.5，其球面主镜焦距为 1.082m。

为了扩大视场，并未采用传统施密特系统中的单一校正片，而是用一对透镜放在主镜曲面中心处。入射光被椭圆形平面镜折转 90°，椭圆形平面镜由步进电机驱动转动以实现侧视（Midan，1986）。使用折叠反射镜以减少相机整体尺寸，从折叠反射镜反射后，光线落在主镜，然后反射光透过折叠反射镜上的小孔形成图像，如图 6.30(a) 所示。焦平面前附加的一对透镜可进一步进行平场校正。因此其光学系统视场角可达 4.3°，且图像质量良好。

光谱分光和探测通过焦平面组件实现，该焦平面组件包括集成分光系统和集成了 CCD 的光学拼接单元，分光系统如图 6.30(b) 所示。分光系统包括一套在适当的面上镀上二向色膜的棱镜。B1 绿谱段由二向色镜 1 反射，红谱段 B2 和红外 B3 由二向色镜 2 实现分光。全色谱段则直接透过棱镜。每个谱段的光谱响应由输出端滤波片滤波实现。在每个通道内分光器相当于平行平板玻璃。为了减少由介质镜引起的偏振敏感性，多波长石英平板被放置在分光器前。

焦平面探测器系统由四个 Thomsin - CSF Th7811CCD 组成，每个探测器含 1728 像元，单个像元尺寸为 $13\mu m \times 13\mu m$。为了形成连续的直线，四片 CCD 被胶黏在 Divoli 的分光器面上进行光学拼接。每个 CCD 有 1500 个有效像元，共形成 6000 个像元。全色谱段的 6000 个像元被全部读出，多光谱通道将两个探测器像元 Binning 后形成一个 3000 元的探测器阵列，实现多光谱 20m 地面分辨率。

对于 SPOT - 1/2/3 卫星来讲，由于全色与多光谱 CCD 焦平面位置不同，因此图像获取时间不同，其中 HRV 全色获取卫星前向 + 7.5km 处的影像，而多光谱则获取卫星后向 - 7.5km 处的影像（Spotimage，2002）。

为了增加仪器的辐射精度，校正可能由在轨光学膜层老化、光学表面污染或 CCD 探测器退化等因素引起的响应不一致，HRV 上装有一套可由地面控制的定标系统。相对定标由一台可提供覆盖整个 CCD 阵列的准均匀照明的定标灯组成。绝对定标则采用光纤光学系统将太阳辐射光投影到每个谱段探测器上（Begni，1986）。SPOT 相机还配有调焦机构用于处理在轨离焦。而在地面阶段，这个机构放在真空环境下确定的最佳焦平面处（Meygret and Leyer，1996）。

CCD 信号处理也分为全色和多光谱通道。每片 CCD 的放大增益可由指令调整。数据位数为 8 位。由于全色分辨率更高，全色数据率比多光谱多 1/3。为了减少全色处理数据量采用数据压缩确保全色与多光谱输出的比特率一致。根据全

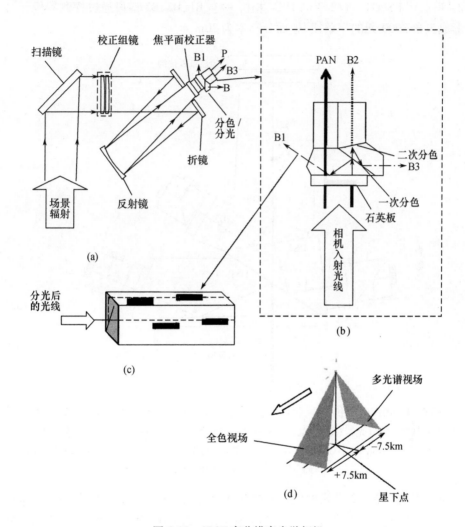

图 6.30　SPOT 高分辨率光学相机

((a) 和(c) 引自 Westin (1992)；(b) 引自 Henry, C., et al.,

Acta Astronautica, 17(5), 545–551, 1998)

(a) 光路图；(b) HRV 分光结构；(c) 光学拼接结构；(d) 全色、多光谱到地面的投影。

色与多光谱模式，每个 HRV 以两个 25Mb/s 数据流输出。

第二代 SPOT 卫星，SPOT – 4/5 附加额外的短波红外谱段用来多光谱成像（HRVIR），同时增加一个新的 5 谱段成像系统，称作"植被测量仪"，其分辨率为 1km。HRVIR 的焦平面分布调整后适于短波红外。修改后的焦平面布置如图 6.31 所示。与 HRV 相机中相同，每个可见近红外谱段由四个 Thomson – CSF Th7811CCD 组成，通过一个线性光学分光器（Divoli）形成一个 6000 元的连续的探测器阵列。与 SPOT – 1/2/3 的 HRV 相机一样,B1、B2、B3 谱段通过探测器像元合并形成包含 3000 元的一条线,地面分辨率为 20m。

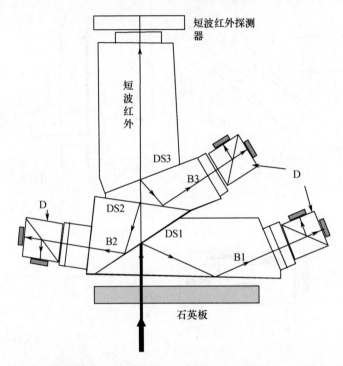

图 6.31　HRVIR 相机结构,包括焦平面摆放位置、四个谱段 CCD 和分光光路结构图。DS 为二向色分光器;DS1 为 0.6μm 辐射传输光路;DS3 为 separates 近红外与短波红外分光光路。D, Divoli 四片 CCD 光学拼接结构图(引自 Herve, D., et al., Proc. SPIE, 2552, 833 – 842,1995. 经 SPIE 授权)。

而全色谱段被 B2 谱段取代,当 6000 元全部读出时,分辨率达到 10m(Fratter, 1991)。短波红外探测器由 InGaAs 材料组成,探测器由 10 个小模块组成,每块包含 300 元,像元尺寸为 30μm × 30μm,间距为 26μm,奇偶像元间距 52μm 平行分布。短波红外谱段中奇像元视线方向与多光谱一致,偶像元视线方向在地面与奇像元相差 40m。这种差别将在地面处理阶段进行校正。

在 SPOT – 4/5 卫星上的植被探测仪是一个独立载荷(Arnaud and Leroy,1991)包括相机、固态记录仪(可记录 97min 的成像)、X 波段和 L 波段遥测系统、一台计算机。仪器包括四个谱段,其中三个谱段分别是红(0.61 ~ 0.68μm)、近红外(0.78 ~ 0.89μm)和短波红外(1.58 ~ 1.75μm)与 HRVIR 的谱段相似。第四个谱段是蓝(0.43 ~ 0.47μm)用于海洋探测。与 HRVIR 不同的是,植被探测仪每个谱段都有覆盖整个视场的单独光学系统,就像 LISS – 1/2/3 一样。由于植被探测仪视场达到了 101°,镜头采用远心设计,名义分辨率为 1.165km ×

1.165km,幅宽为2200km,采用10位量化位数。在轨有专用定标装置用于监测相机辐射性能。

SPOT-5卫星于2002年发射,由两台HRG相机组成,可提供5m分辨率的全色数据,采用超分辨模式后可达2.5m。可见近红外相机分辨率为10m,短波红外相机为20m。卫星搭载一台新型立体成像相机。在下面章节将进一步介绍这些方面。

随后的SPOT-6/7于2012/2014年由印度运载火箭PSLV发射,无论是相机还是卫星平台都均与以前的SPOT系统卫星不同。相机基于EADS-Astrium欧洲宇航防务集团阿斯特里姆公司的全碳化硅相机技术制造。相机的光学系统口径为200mm,采用TMA设计,包括三个非球面镜和两个折镜。卫星同时获取五个谱段数据,四个多光谱(蓝:0.450~0.520μm,绿:0.530~0.590μm,红:0.625~0.695μm、近红:0.760~0.890μm)星下点分辨率为6m,全色谱段(0.450~0.745μm)分辨率为1.5m,幅宽为60km,由两台一样的仪器组成。焦平面探测器阵列由CCD组成,采用时间延迟积分模式。与SPOT-5的8位字节数据相比,SPOT-6/7数据采用12位数据。卫星可以实现三轴姿态机动调整。采用控制力矩陀螺,使卫星具备更高的敏捷性,可获取60km×60km宽幅的立体或三视角数据用于生成DEM。高敏捷性也使卫星可在一轨中获取各种各样的场景。

6.10 陆地卫星数据连续性任务 Landsat-8

陆地卫星项目起始于1972年,是对地观测系列卫星中持续最长的任务。Landsat-8(以前称为陆地卫星数据后续星或称为LDCM),简称L8,于2013年2月11日发射,是NASA的第八颗陆地资源卫星。L1~7上的相机MSS/TM均为光机扫描形式,而L8是第一次采用推扫式成像的相机,它有两个对地观测传感器:可编程陆地成像仪(OLI)和红外热像仪(TIRS)。OLI和TIRS是在对地观测中分辨率卫星中最先进的相机,其基本改进是由于焦平面探测器系统的进步。基本工作方法类似于LISS/HRVIR成像仪,我们只列出L8相机的特别之处。OLI和TIRS的数据存在容量3.14 Tbit的固态存储器上,可传回地面接收站。

6.10.1 陆地成像仪 OLI

OLI具备九个谱段,包括八个30m分辨率的多光谱谱段和一个15m分辨率的全色谱段。六个多光谱段类似于L7上的ETM+(增强型热红外仪),因此可以提供给ETM+用户连续性的数据。另外,OLI有两个新谱段:一个蓝谱段主要用以提供海洋水色海岸带数据;另一个短波红外探测卷云。表6.3给出了ETM+与OLI之间的不同及其应用。

表 6.3　ETM + OLI 谱段比较及其潜在应用表

（其中 Landsat – 8 热谱段由一个独立的仪器生成）

Landsat – 8 – OLI		谱段名	应用	Landsat – 7 – ETM +	
谱段号	光谱范围/μm			谱段号	光谱范围/μm
1	0.433 ~ 0.453	深蓝	气溶胶/海岸带	—	
2	0.450 ~ 0.515	蓝	色素、散射、海岸线	1	0.45 ~ 0.52
3	0.525 ~ 0.600	绿	色素、海岸线	2	0.53 ~ 0.61
4	0.630 ~ 0.680	红	色素、海岸线	3	0.63 ~ 0.69
5	0.845 ~ 0.885	近红外	叶面、海岸线	4	0.78 ~ 0.90
6	1.560 ~ 1.660	短波红外 2	叶面	5	1.55 ~ 1.75
7	2.100 ~ 2.300	短波红外 3	矿产、落叶层、无散射	7	2.09 ~ 2.35
8	0.500 ~ 0.680	全色	图像锐化	8	0.52 ~ 0.90
9	1.360 ~ 1.390	短波红外 1	卷云探测	—	
		热红外	温度	6	10.40 ~ 12.50

注：数据源自 L8 EO Portal, https://directory.eoportal.org/web/eoportal/satellite – missions/l/landsat – 8 – ld-cm

　　OLI 采用离轴远心四镜系统，口径为 13.5cm，在前端放置孔径光栏（图 6.32 (a)）。系统垂轨方向视场超过 15°，具备良好的抑制杂光能力。在沿轨方向的有效焦距为 862mm，在垂轨方向平均有效焦距为 887mm（Dittman，2010）。镜子被装在碳纤维复合材料的光具座内。焦平面阵列包括 14 个焦平面模块，安装在 1 个平板上（图 6.32(c)）。每个焦平面模块由安装在母板上的传感器芯片阵列（SCA）组成。每个 SCA 包括 3 个短波碲镉汞的探测器阵列、6 个可见到近红外硅制 PIN 探测器阵列和 1 个 CMOS 型的硅制读出电路（ROIC）。因此，每个焦平面模块包括 9 个探测器阵列，用于沿轨方向 9 个谱段成像（图 6.32(b)）。每个多光谱焦平面阵列有 494 个像元，尺寸为 36μm。全色有 988 个像元，尺寸为 18μm（Lindahl，2011）。除此之外，还有第 10 个被遮盖了的短波红外探测器（称作"盲"谱段），用来探测在轨成像时探测器偏置的变化。这些谱段都有干涉滤光片，它们都被严格地排列在焦平面前以便保证每个滤光片都能直接覆盖对应的探测器。考虑到在轨期间探测器可能失效，每个像素都有冗余的探测像元，每个可见—近红外谱段像素有 2 个探测像元，每个短波红外谱段像素有 3 个探测像元。

　　探测器设计成每个像元可由 ROIC 选择性读出数据。14 个焦平面模块分成 2

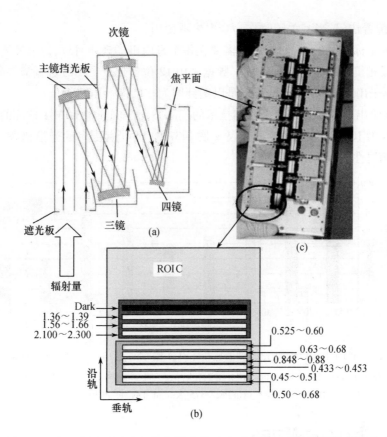

图6.32　(a) 陆地卫星（OLI）相机光路；(b) 焦平面上的探测器摆放位置，
数字是波长单位为 μm 波长单位为 μm；

(c) OLI 焦面集成图（(a)和(b) 引自 L8 EO Portal, directory. eoportal. org/web/eoportal/
satellite – missions /l/landsat – 8 – ldcm.（c）引自 Ball Aerospace 技术手册）

排，互相有交叠以便形成紧连的探测器阵列，可覆盖幅宽185km。为了优化短波红
外性能，焦平面阵列采用被动制冷到210K。沿轨方向多光谱谱段分离导致从第一
个到最后一个谱段之间约有0.96s的时间延迟。由于探测器在沿轨方向是错开
的，通过偏航轴调整步长因地球自转引起的垂轨图像运动。卫星也具备对高优先
级目标的侧视能力。

　　下面详细介绍能够监测辐射性能的定标系统(Markham et al,2008)：

　　• 钨灯光线经过整个光学系统后照到 OLI 探测器。灯要在恒定电流下工作，
同时被硅光电二极管监测。

　　• 太阳漫反射板定标。卫星机动使 OLI 太阳定标入光口指向太阳，让太阳光
进入到 OLI 太阳漫反射板，经漫反射板反射后的光线进入相机入光口里，提供全口径

定标。

● 配置快门,当其关闭时作为全黑参考使用。

作为定标方案的一部分,卫星需要在每个月内机动观测月球,以便监测在整个任务阶段相机辐射性能的稳定性。数据采用 12 位量化,与 TIRS 数据流一起下传。OLI 数据采用无损压缩,这种压缩是以图到图为基础进行压缩的。

OLI 给出了推扫技术优于摆扫技术的实际案例。例如像 ETM + 这样的摆扫式系统口径为 $1020cm^2$,而 OLI 口径仅仅是 $143cm^2$,还配有更多的光谱谱段,且具备更优的辐射性能(图 6.33)。

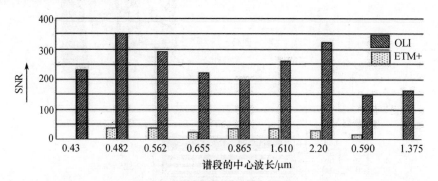

图 6.33 ETM + 和 OLI 信噪比典型值比较(引自 Knight, E. J. , et al. , The Operational Land Imager:Overview and Performance. http://calval. cr. usgs. gov/JACIE_files/ JACIE11/Presentations – /TuePM/ 325_Knight_JACIE_11. 070. pdf, 2011)

6.10.2 热红外相机 TIRS

TIRS 设计了两个热红外成像谱段,其中心波长分别为 $10.8\mu m$ 和 $12\mu m$。相机有 100m 分辨率,轨道为 705km,185km 幅宽。这是首台采用推扫式红外成像的空间相机。

相机光学系统是由四个元件组成的折射系统,分别是三片锗和一片硒化锌元件。镜头焦距为 178mm,F 数为 1.64。相机镜头将 15°视场范围内入射的红外热信号聚焦在焦平面上。为了减少背景热辐射,采用制冷器将光学系统温度降至 185K,且稳定到大约 0.1K 变化范围。如果需要可以通过设计巧妙的非机械运动方式来调整焦平面。由于锗的折射率强依赖温度,所以可以通过对锗镜的温度改变 ±5°K 来调整焦平面(Reuter,2009)。

焦平面包括三个 640 ×512 量子阱红外探测阵列,由砷化镓材料制成。每个像元尺寸为 $25\mu m \times 25\mu m$,瞬时视场为 142 μrad,卫星空间分辨率为 100m。

垂轨方向每行的像元数为 640,采用交错排列方式(图 6.34)。三个阵列分别精确地排列在水平和竖直方向。虽然三个探测器组成的总像元数为 1920,但由于每个探测器阵列其中一端大约有 8 列不能成像,且搭接区有大约 27 列重叠像元,所以每个谱段只有 1850 个可用于垂轨方向成像。因为每个像元空间分辨率为 100m,所以 1850 个像元对应地面为 185km。通过装在每个量子阱探测器上的两个干涉滤光片来实现光谱选择。每个谱段有 32 行可用间隔,76 行像元用于估计暗电流。正常成像时,两个谱段和黑条带输出的每一条图像数据都包括了两行数据,实际只需要每个谱段有一行数据就可以用来重建地面场景。为了满足任务指标要求中的像元要 100% 满足指标要求,通过结合单个谱段输出的两行数据来重构成一行有效数据(Jhabvala et al,2011;Arvidson et al,2013)。焦平面制冷采用机械制冷到 43K,控制精度在 0.01K。

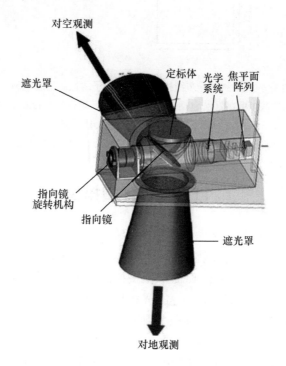

图 6.34 红外相机光电模块结构分布(引自 L8 EO Portal, directory. eoportal. org/web/eoportal /satellite – missions/l/landsat – 8 – ldcm)

为了在轨辐射定标,在入瞳处安置了一个机械可翻转的平面镜,通过其切换视角可以从星下点(对地成像)转换到指向黑体定标器或深空(图 6.35)。该黑体是一个全口径定标器,它的温度范围为 270 ~ 330K,它的结构是一个曲面板,表面刻有 V 形槽以便于增加整体板面辐射,其温度控制在优于 0.1K,满足 2% 的绝对辐射精度要求(Thome et al,2011)。

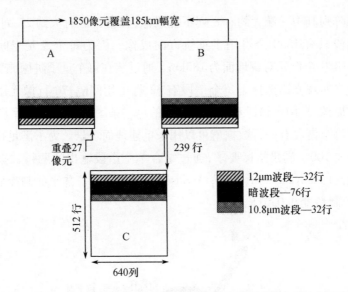

图 6.35　热红外焦平面探测器分布结构图。三个量子阱探测器在垂轨方向交错排列，
而在沿轨方向总共 1920 像元，包括重叠部分和首行、尾行的 8 行及沿轨的 1850 行
（引自 Arvidson，T.，et al.，Landsat and Thermal Infrared Imaging. ntrs. nasa. gov/archive/
nasa/casi. ntrs. nasa. gov/ 20120015404_2012015279. pdf，2012；Jhabvala（个人交流））

6.11　混合型扫描仪

在低轨卫星上的摆扫式和推扫式成像系统，都通过卫星运动而在沿轨方向上
成像。在第 5 章中介绍了静止轨道卫星上的相机系统必须在两个方向上（东西向
和南北向）扫描来成像。将线性 CCD 和机械扫描这两种方式分别在两个方向结合
起来就可能在静轨进行二维成像。这是光机扫描和推扫的混合。

尽管静止轨道卫星最初是用于气象观测，但由帕金·埃尔默（Perkin - Elmer）
公司完成了几个 NASA 资助的项目，设计了一套从静止轨道进行地球资源勘测的
系统——"地球同步观测卫星"（Oberheuser，1975；Young，1975）。项目中要求相
机具备 13 个谱段，从 0.6 ~ 13μm，分辨率从可见—近红外的 100m 到长波红外的
800m。基于光学和扫描技术上的各种优化研究，0.6°×12°视场的光学系统最能
满足项目指标要求。构想的系统用推扫型探测器阵列，一个方向具备 1.2°视场，
而另一个方向通过卫星扫描实现。然而，这一想法并未付诸于实际。现在又有重
新产生兴趣来建立地球静止轨道对地观测卫星，而且其空间和光谱分辨率可媲美
低轨卫星（Puschell et al，2008）。

首颗基于 CCD 成像的静止轨道卫星——ISRO 卫星 INSAT - 2E，于 1999 年发
射。相机有三个谱段（0.62 ~ 0.68μm，0.77 ~ 0.86μm，1.55 ~ 1.69μm），每个谱段

星下点的瞬时几何视场为 1km。相机基本的光学结构集成了 RC 系统、扫描机构以及用于分离光谱的分色镜(图 6.36)。为了与相机视场相适应,一片 CCD 阵列用于覆盖星下点 300km。可见光和可见—近红外谱段采用硅线阵探测器,而短波红外采用 InGaAs 探测器。相机在三个谱段的星下点分辨率为 1km(Iyengar et al, 1999)。CCD 放置在南北方向,每个谱段都产生一个扫描行。通过扫描镜进行东西方向的运动。在 1min 的扫描时间内可产生 3 谱段的 300km 宽(在南北方向上通过电子扫描方式实现)、6300km 长(在东西方向上通过机械扫描方式实现)的影像带。这样,机械扫描和电子扫描都用以生成图像。卫星自西向东完成一次扫描后向南偏转步进扫描镜 0.4°产生下一个图像条带。可以定位在可视成像圆盘的任意区域进行成像。因为南北方向一次成像仅能覆盖 300km,相机仍然需要两轴向的扫描。

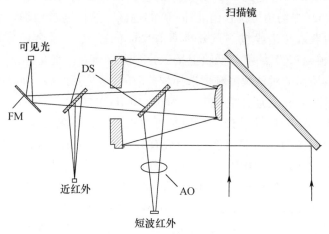

图 6.36　INSAT CCD 相机光路图分光后谱段分离对应各自焦平面(其中短波红外包括辅助光学用来满足可见/近红外通道视场,折镜(FM)用于减小系统尺寸)

　　现在焦平面探测器技术的进步已经可以实现在南北方向上覆盖整个地球圆盘,这样相机仅需在东西一个方向上进行扫描。

　　虽然 NASA 自 1974 年就开始研究基于静止轨道的对地资源调查任务,但是并未有进一步的研究,静止轨道卫星平台依旧主要用于气象观测。这可能是由于技术不足。目前又有了从静止轨道获取多光谱影像的兴趣,其空间分辨率接近于低轨卫星获取的空间分辨率。当然,地球静止轨道成像的主要优势就在于快速响应、分钟级的短重访时间,这对于低轨卫星是不可能实现的。地球静止轨道卫星系统可以迅速观测目标区域,而低轨卫星需要数小时到数天的时间,这取决于卫星当前位置。较高的时间分辨率大大提高了存在散云时图像数据的可用性。地球静止轨道卫星的这些特点提高了对地球动态特性的监测能力,也能有效地用于各种灾害监测和提供必要的减灾措施,这均要求卫星成像系统对目标区域具备连续不间断的监测能力。另外一种独特的能力是快速对热点区域成像,同时产生视频数据,以便对快速运动的目标进行探测和特征识别。这种特性也大量地用于海洋安全方面。静止轨道成像系统应具备宽视场角以便能够在整个服务区域实现高时间分辨率,同时应具备高空间分辨率以识别地物细节。理想的基线设计要满足陆、海观测的应用。首颗用于海洋水色监测的是韩国 2010 年发射的 GOCI(Cho and Youn,2006)。ESA 开展了研究旨在确定静止轨道高分辨率成像技术的相关应用和主要技术概念。ISRO 有一个已获批准的地球静止轨道卫星项目,这颗卫星具备多类型数据的收集能力,如从多光谱到高光谱、波长覆盖从可见到热红外。在我们介绍这些系统之前,看看将现有低轨系统放到静止轨道平台上都具备什么能力。

我们做一种假设试验,例如 L8 上的 OLI 运行在地球静止轨道上会是怎样呢?首先,来自 705km 轨道上的 30m 分辨率的多光谱数据就会变成地球静止轨道的1.5km。相机 15° 视场角可覆盖南北纬 60° 的地区。这样通过增加一个扫描镜,单次扫描就可以获取 9 谱段星下点分辨率 1.5km 的影像,以及全色分辨率为 750m 的影像,能够覆盖 ±60° 纬度。低轨卫星积分时间依赖卫星速度,相对固定,而静止卫星可以根据所需的对地观测频率选择积分时间,这是其优势。如果设定 L8 上的 OLI 积分时间为 4.5ms,那么覆盖 15°(约 6×10^3 IFOV)则不到 30s。由于地球静止轨道上仅需 17° 即可,因此设计一套视场可覆盖整个地球的光学系统并通过焦平面设计实现分辨率为 1km 是可能的,与现有分辨率为 1km 的成像系统如 SPOT 植被成像仪和 NOAA 的 AVHRR 相比,它将具备完全不同的优势。

当前最高分辨率的地球观测相机就是 WorldView-2(WV-2),全色分辨率为0.46m,9 谱段多光谱为 1.84m,幅宽为 16.4km,轨道为 770km。若该卫星运行于地球静止轨道,则全色分辨率为 21.5m,多光谱为 86m,相应幅宽为 760km。多光谱通道平均每一度内包含的瞬时视场角数为 $7.27 \times 10^3 (0.175/2.4 \times 10^{-6})$。如果视轴从星下点倾斜 1°,就可以覆盖一个 625km 长、760km 宽的多光谱图像条带区域。

WV-2 中全色谱段每个像元的积分时间为 0.07ms,而多光谱为 0.286ms(WV-2 最大 TDI 级数为 64 级,可根据指令调整,因此总的积分时间就会变成像元积分时间乘以级数)。而在静止轨道由于卫星星下点是静止的,因此扫描速度可以根据需要的辐亮度调整,不必采用 TDI 模式。WV-2 的常规设定为 32 级,有效积分时间 9.2ms(0.286×32)。要实现这个目的,视轴扫描速率需要为 67s/(°)($(7.27 \times 10^3) \times (9.2 \times 10^{-3})$),这在卫星机动能力在 2.5(°)/s 的条件下是完全可以满足的。卫星可以在微小的时间延迟下观测感兴趣的区域。目前卫星的机动能力仅仅是用于调整相机指向到需要观测的区域,这时颤振并不重要。但是如果同样的机动机制用于成像,颤振就需要控制到部分瞬时视场之内了。除此之外,WV-2 可以用于 GEO 成像来获取中等分辨率的图像,而从应用角度考量,缺少短波红外对于植被研究是一种缺陷。如果用短波红外谱段取代全色谱段,那么应用效果会有质的提高。

当前,IRS 星的 AWiFS 广泛用于农田估产。因此,如果可以重新设计 WV-2,焦距增加 70% 则让多光谱图像分辨率可达到 50m,此时多光谱数据对于农田估产将具有不可估量的价值。另外,云的出现时而发生,静止轨道成像的一大优势是可以根据气象图选择无云区域。

6.11.1　地球静止轨道高分成像系统技术挑战

在讨论采用静止轨道取代低轨地球观测轨道并达到相同的性能之前,需要看看有哪些技术性挑战。

光学系统:光学系统的口径尺寸由要被收集的能量和基本衍射极限决定。基于瑞利分辨率标准,考虑一下地球静止轨道分辨率达到 1m 时反射镜的尺寸,其需要的 IFOV 为 2.79×10^{-8} rad。瑞利分辨率标准通常是分辨出两个点目标的测量标准。正如第3章所讨论的,两个点可分辨的角度由瑞利准则计算得到,也就是瑞利斑为 $1.22 \frac{\lambda}{D}$,D 为口径。根据此原则,在 $0.5 \mu m$ 谱段下分辨率达到 1m 的光学口径要 22m。现有火箭无法运载如此大口径的单片镜子,这就必须像詹姆斯·韦伯天文望远镜(JWST)那样把反射镜分块。JWST 是用于空间红外观测的天文望远镜,其主镜由 18 块六边形分块镜拼接而成,每个分块镜口径 1.32m,主镜有效尺寸为 6.5m(Lightsey et al,2004)。若把 JWST 放在静止轨道上,在 $0.5 \mu m$ 的谱段下分辨率为 3.4m。目前空间应用中最大的单主镜系统是哈勃天文望远镜,其主镜为 2.4m,在静止轨道最大衍射极限分辨率可达 9m。这些分辨率数据都是假设系统没有任何其他误差的情况下得到的,但这根本不现实。

卫星飘移及颤振:图像运动必然导致 MTF 下降,这将在第7章详细讨论。MTF 的退化与飘移和相机瞬时视场角内的颤振幅度有关。由于对应在相同地面空间分辨率下 GEO 的瞬时视场角远小于 LEO 的瞬时视场角,因此卫星应该有与瞬时视场相对应的姿态稳定度,这是一项相当具有挑战性的工作。

焦平面:焦平面的复杂度取决于成像系统期望的性能要求。静止轨道成像具备一些特殊的优势。低轨 AWiFS 覆盖 750km,采用两个探测器以减小光线进入到干涉滤光片的角度。而对于 GEO,750km 的幅宽要求覆盖角度为 ±0.6°,因此像 LISS 相机那样仅用一个在入光口带滤光片的光学镜头就是可行的。静止轨道成像系统可以采用线阵扫描方式或者是面阵方式来成像。当然,面阵要求更多像元数,因为相机与景物之间相对静止,MTF 不会下降,而像线阵在扫描方向会有图像退化。静止轨道高分辨率成像应能够快速探测、识别运动目标以满足各种安全需求。这就要求相机对同一区域具备快速而连续的成像能力,形成视频数据。对于线阵扫描成像模式,覆盖 n 行需要在 n 倍的积分时间,而对于 $n \times n$ 的面阵在一次积分时间内就可获得整个区域的图像。因此,用面阵帧转移模式可以对特定区域实现快速而连续的成像,但是帧转移成像模式也容易受到线性漂移(一种低频现象)的影响。另外,多光谱面阵成像更加复杂。采用线阵探测器实现多个谱段,可以在多线阵探测器前端配置合适的滤光片,需要制冷的探测器也可以采用常规技术在焦平面隔离开。而面阵多光谱阵列则需要更复杂的设置,这会在后续章节讨论。下面介绍在轨或计划的 GEO 资源监测任务。

6.11.2 地球静止轨道资源调查卫星系统

6.11.2.1 ESA 静轨高分系统

由于 ESA 进行了较为详细的与用户群体的沟通,ESA 分析出一套潜在应用需求,就包括快速响应、高重访率、近实时、高分辨的观测需求。这些都仅可能在 GEO 上实现。Astrium GmbH 公司主导一项非常可行的研究项目,该项目主要用于地球静止轨道的多用途成像(Geo – Oculus),诸如提供相对高的空间分辨率(10 ~ 300m)、快的获取时间(分钟级)和对欧盟指定区域的快速重访。虽然系统的主要目的是在两种重要应用领域,如海洋安全监测、灾害监测,但凭借其多谱段、高分辨率和高光谱分辨率,以及其重访能力完全可以用于许多其他的应用。我们将主要讨论 GEO – Oculus 成像能力及其相机的一些情况。

相机具备对地实时成像能力,拥有四个多光谱谱段(分别是紫外—蓝、红—近红外、中波红外和长波红外),地面覆盖 300km $\times$ 300km(0.48° $\times$ 0.48°)。另外,全色谱段能够提供 157km $\times$ 157km(0.25° $\times$ 0.25°)幅宽,具备较高分辨率(星下点 10m,欧洲区域 21m)。表 6.4 给出了 Geo – Oculus 的谱段设置。可见—近红外谱段的地面分辨率为 40m(位于 52.5°N,如欧洲区域)。作为海洋应用,要提高信噪比,采用 2 $\times$ 2 像元合并的方法,地面分辨率就变成了 80m。短波红外和中波红外分辨率为 300m,长波红外为 750m。

望远镜系统是口径为 1.5m、全碳化硅整体结构设计的系统,全色通道焦距需要几乎是多光谱的 2 倍。这个通过采用独特设计方法来实现,即在 Korsch 结构上加一个三镜,而经过主卡塞格林望远镜系统的光线分光到四个焦平面处形成多光谱谱段,如图 6.37 所示。采用二向分光镜进行焦平面分光。

信噪比的指标要求和快速成像的模式限制了采用推扫式积分成像模式。如果采用推扫成像,则其扫描速度需降至 1h/1 张图才能满足信噪比的指标要求。若使用 TDI 模式,可缩短成像时间,但同时受到平台稳定度的限制。因此,采用带有滤光轮的面阵探测器是较为合适的。

表 6.4 Geo – Oculus 谱段配置

紫外—蓝 $\lambda_c(\Delta\lambda)/nm$	红—近红外 $\lambda_c(\Delta\lambda)/nm$	短波—中波 $\lambda_c(\Delta\lambda)/nm$	热红外 $\lambda_c(\Delta\lambda)/nm$	全色 $\lambda_c(\Delta\lambda)/nm$
318(10)[①]	620(10)	1375(50)[①]	10,850(900)	655(155)
350(10)[①]	665(10)	3700(390)	1200(1000)	
412(10)	681(8)			
443(10)	709(10)			
490(10)	753(8)			
510(10)	779(15)			
555(10)	865(20)			
	885(10)			
	900(10)			
	1040(40)[①]			

注：引自 ESA, Contract No. 21096/07/NL/HE, Geo – Oculus：A Mission for Real – Time Monitoringthrough High – Resolution Imaging from Geostationary Orbit. http://emits. sso. esa. int/emits – doc/ESTEC/AO6598 – RD2 – Geo – Oculus – FinalReport. pdf, 2009.
① 可选择谱段

在紫外和可见—近红外谱段,采用整块的 CMOS 面阵探测器比采用 CCD 更有优势,因其具备更好的大面阵的稳定度、更好的抗静止轨道空间恶劣辐照环境的能力。为了优化探测灵敏度,需要使用两种探测器:一种用于紫外—蓝谱段;另一个用于红—近红外谱段。短波红外和中波红外则使用碲镉汞材料的探测器,响应谱段为 $1.3 \sim 3.7\mu m$,读出电路采用 CMOS 工艺。长波红外则采用量子阱探测器。当前探测器技术还不满足如此多像元数要求,因此需要拼接满足规模要求。为了减少暗电流的影响,短波和中波红外探测器、热红外探测器都要采用机械制冷(ESA,2009)。

视轴指向稳定性也是获取高质量图像的重要因素。平台要满足全色成像的指标需求。这个需求就是高频颤振(大于 10Hz)引起的相对指向误差峰峰值在 $0.15 \sim 0.2\mu rad$,在 5s 的图像获取时间内相对最大测量误差为 $0.1\mu rad$,指向漂移误差(积分时间内的指向漂移)为 $5\mu rad/s$。因此,这是一项很具有挑战性的任务。

毋庸置疑,地面系统必须保障快速将图像信息传给终端用户。

6.11.2.2 静轨海洋水色成像仪

首颗韩国多功能的静止轨道卫星——通信、海洋、气象卫星,于 2010 年发射,载有海洋水色监测仪(GOCI),是在轨三个载荷之一。GOCI 有 8 个谱段,范围为 $400 \sim 900nm$,分辨率为 500m,幅宽为 $2500km \times 2500km$,中心坐标位置在 130E,36N。GOCI 光学采用 TMA 设计,口径为 140mm,焦距为 1171mm。反射镜和结构

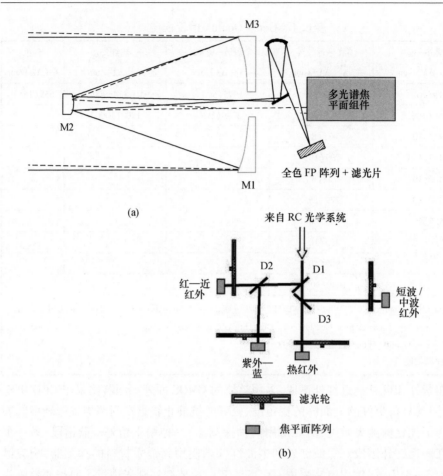

图 6.37 (a) Geo – Oculus 相机光路图。M1 和 M2 反射镜组成 RC 望元系统三镜为凹透镜。M1、M2 和 M3 构成全色 Korsch 系统(b) 多光谱焦平面分布图 Ds, 二向色分光器。其中未显示中继光学系统(引自 Vaillon, L., Geo – Oculus: High Resolution Multi – spectral Earth Imaging Mission from Geostationary Orbit. *Presented at ICSO* 2010 8*th International Conference on Space Optics Rhodes.* http://www. congrexprojects. com/custom/icso/ Presentations% 20Done/Session% 209b/04_ICSO2010_GeoOculus. pdf, 2010)

件均采用碳化硅材料。

图像由 CMOS/APD 探测器阵列获取,像元采用矩形设计用来补偿地面投影的损失。探测器采用被动制冷,温度保持在 10℃。探测器一次产生 1415 × 1432 像元的一帧图像,需要 16 帧图像(4X4 矩阵)覆盖 2500km × 2500km 区域。指向镜放置在相机入瞳前进行双向扫描以产生连续帧图像。这样通过连续 16 次移动视轴指向方向,使得探测器在视场里移动实现对监视区域的全覆盖。光谱的选择通过 9 位置的滤光轮实现,其中前 8 个位置的滤光轮干涉滤光片获取对应的 8 个谱段,第 9 个位置滤光轮则用于探测器暗电流测试(Faure et al)。使用滤光轮的优点在于其能够根据信噪比的需要在每个谱段内独立的调整积分时间。获取一帧包括8 个谱段信息和暗电流信号的图像耗时 100s,而整幅 16 帧图像要用到约少于30min,包括积分、读出和滤光轮运动的时间。根据输入信号是来自陆地还是海洋,信号被双线性增益放大器放大,数字量化位数为 12bit,通过 L 波段下传至地面站。

GOCI-2 是 GOCI-1 的后续星,期望具有更高的分辨率、地球全圆盘覆盖及比 GOCI 多 5 个谱段。

6.11.2.3　ISRO 静轨成像卫星(GISAT)

ISRO 开展了静止轨道高分成像系统项目,该卫星成像谱段范围从可见到热红外,不同谱段的光谱分辨率和空间分辨率都不相同,同时它具有全盘覆盖或者指向用户指定区域的能力。GISAT 可提供四种类型数据,分别是可见光近红外多光谱数据(MX-VNIR)、可见光近红外高光谱数据(HySI-VNIR)、短波红外高光谱数据(HySI-SWIR)和长波红外多光谱数据(MX-LWIR)。

可见光近红外多光谱数据空间分辨率为 50m,提供 6 个谱段:$0.45 \sim 0.52 \mu m$、$0.52 \sim 0.59 \mu m$、$0.62 \sim 0.68 \mu m$、$0.77 \sim 0.86 \mu m$、$0.71 \sim 0.74 \mu m$、$0.845 \sim 0.875 \mu m$,前四个谱段与 LISS 相机的 B1~B4 谱段一致,因此给 LISS 数据用户带来使用连续性。AWiFS 数据可广泛用于植被研究,虽然不具备短波红外谱段,但可见近红外谱段可以替代这些数据并且有多次重访的优势。

可见光近红外高光谱仪包括 60 个谱段($0.4 \sim 1.0 \mu m$),光谱分辨率小于10nm,星下点分辨率 500m。这些数据在海洋水色观测中具有巨大价值。短波红外高光谱仪提供超过 150 个谱段的信息,光谱分辨率小于 10nm,光谱范围为 $0.9 \sim 2.5 \mu m$,星下点分辨率为 500m。这两台高光谱成像仪都是首台地球静止轨道超光谱成像仪,将获取地球上农业、林业、矿业和海洋信息。而长波红外多光谱仪具备6 个谱段($7 \sim 14 \mu m$),星下点瞬时几何视场为 $1.5km \times 1.5km$。该系统覆盖了VNIR/SWIR 谱段的 100% 反照率,以及 LWIR 谱段 $100 \sim 340K$ 的场景温度。

GISAT 的光学设计类似于在第 7 章介绍的 CARTOSAT2 卫星。带有合适场校正光学的 700mm 口径 RC 系统构型达到所需的视场。而该系统主要的困难在于如何进行焦平面布局以容纳四种类型的探测器,这可以通过采用二次成像分离视场的方法来实现。可见光近红外谱段和热红外多光谱谱段采用附有滤光片的线阵探测器成像;高光谱成像仪则使用光栅作为分光元件,然后使用面阵探测器阵列成像。扫描是通过卫星运动实现的,扫描频率可根据信噪比要求来调整。数据获取可以有不同模式,如全盘模式($18° \times 18°$)、陆地模式($10° \times 12°$)和用户指定区域模式(Kumai,2013)。

6.11.2.4　美国 NASA 静轨高光谱成像辐射计

为了探测和研究海洋生物及地球生物化学的演化过程,NASA 的海洋生物和地球生物化学研究工作组（OBBWG）提出一项系统观测策略、研究、分析与建模的长期综合计划。

为了更好地评估、理解、预测海岸带的自然和人为活动引起的变化，OBBWG建议除了利用极轨卫星，有必要采用静止轨道平台获取区域和海岸带的高时间分辨率图像。

该工作组对地球静止轨道高光谱成像辐射计提出了如下要求（NASA，2006）：

（1）光谱范围为350～1050nm（目标到1300nm），光谱分辨率为2～4nm；

（2）星下点分辨率为50～200m，像元规模超过1000像元；

（3）最小信噪比为500～1500，图像叠加后可超过3000，且具有14bit量化的高动态范围；

（4）为了正确地解译数据，辐射计的偏振度敏感度变化量小于0.2%。

地球静止轨道系统的主要优点在于其高时间分辨率。项目要求全区域的海岸带（如CONUS，美国海岸带）覆盖最少每天4次、区域重访度超过10次/6h、事件覆盖间隔可达到15min一次。

最终用户对高空间分辨率、高光谱分辨率、高辐射分辨率和不同时间分辨率的要求都使得完成地球静止轨道上的对地观测相机极具挑战性。

参 考 文 献

1. Arnaud, M. and M. Leroy. 1991. SPOT 4: A new generation of SPOT satellites. *ISPRS Journal of Photogrammetry and Remote Sensing* 46(4): 205 – 215.

2. Arvidson, T., J. Barsi, M. Jhabvala, and D. Reuter. 2012. Landsat and Thermal Infrared Imaging. ntrs. nasa. gov/archive /nasa/ casi. ntrs. nasa. gov /20120015404 _ 2012015 279. pdf (accessed on July 12, 2013).

3. Arvidson, T., J. Barsi, M. Jhabvala, and D. Reuter. 2013. Landsat and thermal infrared imaging. *Thermal Infrared Remote Sensing: Sensors, Methods, Applications, Remote Sensing and Digital Processing.* ed. Kuenzer C. and Dech S. Springer.

4. Bailey, J. T. and C. G. Boryan. 2010. Remote Sensing Applications in Agriculture at the USDA National Agricultural Statistics Service. http: //www. fao. org/fileadmin /templates/ ess/ documents/ meetings _and_ workshops /ICAS5/ PDF/ ICASV_ 2. 1 _048_Paper_Bailey. pdf (accessed on May 14, 2014).

5. Begni, G., M. C. Dinguirard, R. D. Jackson, and P. N. Slater. 1986. Absolute calibration of the SPOT – 1 HRV cameras. *Proceedings of SPIE* 660: 66 – 76.

6. Brodersen, R. W., D. D. Buss, and A. F. Tasch Jr. 1975. Experimental characterization of transfer efficiency in charge – coupled devices. *IEEE Transactions on Electron Devices* 22(2): 40 – 46.

7. Cho, Y. and H. Youn. 2006. Characteristics of COMS meteorological imager. *Proceedings of SPIE* 6361: 63611G1 – 63611G8.

8. Dave, H., C. Dewan, S. Paul, et al. 2006. AWiFS camera for Resourcesat. *Proceedings of SPIE* 6405: 6405X. 1 – 6405X. 11.

9. Dewan, C., S. Paul, H. Dave, et al. 2006. LISS – 3 ∗ camera for Resourcesat. *Proceedings of SPIE*. 6405:

64050Y. 1 – 64050Y. 7.

10. Dittman, B. , G. Michael, and O. Firth. 2010. OLI telescope post – alignment optical performance. *Proceedings of SPIE* 7807: 780705. 1 – 780705. 5.

11. ESA. 2009. Contract No. 21096/07/NL/HE, Geo – Oculus: A Mission for Real – Time Monitoring through High – Resolution Imaging from Geostationary Orbit. http://emits. sso. esa. int/ emits – doc/ ESTEC/ AO6598 – RD2 – Geo – Oculus – Final Report. pdf, (accessed on May 14, 2014).

12. Faure, F. , P. Coste, and G. Kang. The GOCI instrument on COMS mission – the first, Geostationary Ocean Color Imager. http://www. ioccg. org/sensors/GOCI – Faure,pdf (accessed on April 24, 2014).

13. Fratter, C. , J. – F. Reulet, and J. Jouan. 1991. SPOT 4 HRVIR instrument and future high – resolution stereo instruments. *Proceedings of SPIE* 1490: 59 – 73.

14. Gamal, El A. and H. Eltoukhy. 2005. CMOS image sensors. *IEEE Circuits and Devices Magazine* 21(3): 6 – 20.

15. Grindel, M. W. Collimation testers: Testing collimation using shearing interferometry. http://www. oceanoptics. com/Products/ctcollimationtesterarticle. asp (accessed on June 18, 2014).

16. Guntupalli, R. and R. Allen. 2006. Evaluation of InGaAs camera for scientific near infrared imaging applications. *Proceedings of SPIE* 6294:629401. 1 – 629401. 7.

17. Henry, C. , A. Juvigny, and R. Serradeil. 1998. High resolution detectionsub – assembly of the SPOT camera: On – orbit results and future developments. *Acta Astronautica* 17(5): 545 – 551.

18. Herve, D. , G. Coste, G. Corlay, et al. 1995. SPOT 4's HRVIR and vegetation SWIR cameras. *Proceedings of SPIE* 2552: 833 – 842.

19. Hugon, X. , O. Amore, S. Cortial, C. Lenoble, and M. Villard. 1995. Near – room operating temperature SWIR InGaAs detectors. Proceedings of SPIE 2552:738 – 747.

20. Iyengar, V. S. , C. M. Nagrani, R. K Dave, B. V. Aradhye, K. Nagachenchaiah, and A. S. K. Kumar. 1999. Meteorological imaging instruments on – board INSAT – 2E. *Current Science* 76: 1436 – 1443.

21. Janesick, R. J. 2001. Scientific Charge – Coupled Devices. ebooks. Spiedigitallibrary. org(accessed on May 12, 2014).

22. Jhabvala, M. , K. Choi, A. Waczynski, et al. 2011. Performance of the QWIP focal plane arrays for NASA's Landsat Data Continuity Mission. *Proceedings of SPIE* 8012:80120Q. 1 – 80120Q14.

23. Joseph, G. 2005. Fundamentals of Remote Sensing, 2nd edition, Universities Press (India) Pvt Ltd, Hyderabad, India.

24. Joseph, G. , V. S. Iyengar, R. Rattan, et al. 1996. Cameras for Indian Remote Sensing satellite IRS 1C. *Current Science* 70(7): 510 – 515.

25. Kevin Ng. Technology review of charge – coupled device and CMOS based electronic imagers. http://educypedia. karadimov. info/library/ng_CCD. pdf (accessed on April 24, 2014).

26. Knight, E. J. , B. Canova, E. Donley, G. Kvaran, and K. Lee. 2011. The Operational Land Imager: Overview and Performance. http://calval. cr. usgs. gov/ JACIE_files/JACIE11/ Presentations / TuePM/ 325 _ Knight _JACIE_11. 070. pdf (accessed on May 14, 2014).

27. Krishnaswamy, M. , P. M. Varghese, M. Y. S. Prasad, S. K. Sam, and P. Pandian. 1995.

28. Payload steering mechanism for IRS – IC. *Journal of Spacecraft Technology* 5(2): 142 – 145.

29. Kumar, K. 2013. Indian payload capabilities for space missions. Proceedings of the International ASTROD Symposium, July 11 – 13, Bangalore, India. http:// www . rri. res. in/ASTROD/ASTROD5 – Wed/Kirankumar_Indian – payload. pdf (accessed on June 22, 2014).

30. L8 EO Portal. directory. eoportal. org/web/eoportal/satellite – missions/l/landsat – 8 – ld cm (accessed on A-pril 8, 2014).

31. Leger, D. , F. Viallefont, E. Hillairet, and A. Meygret. 2003. In – flight refocusing and MTF assessment of SPOT – 5 HRG and HRS cameras. *Proceedings of SPIE* 4881：224 – 231.

32. Lightsey, P. A. , A. A. Barto, and J. Contreras. 2004. Optical performance for the James Webb Space Tele-scope. Proceedings of SPIE 5487：825 – 832.

33. Lindahl, A. , W. Burmester, K. Malone, et al. 2011. Summary of the operational land imager focal plane array for the Landsat data continuity mission. *Proceedings of SPIE* 8155：81550Y. 1 – 81550Y. 14.

34. Majumder, K. L. , R. Ramakrishnan, I. C. Matieda, G. Sharma, A. K. S. Gopalan, and D. S. Kamat. 1983. Selection of spectral bands for Indian remote sensing satellite (IRS). *Advances in Space Research* 3(2)：283 – 286.

35. Markham, B. L. , P. W. Dabney, J. C. Storey, et al. 2008. Landsat data continuity mission calibration and validation. www. asprs. org/a/publications/proceedings/pecora17/0023. pdf (accessed on May 14, 2014).

36. McKee, G. , S. Pal, H. Seth, A. Bhardwaj, and H. S. Sahoo. 2007. Design and characterization of a large area uniform radiance source for calibration of a remote sensing imaging system. *Proceedings of SPIE* 6677：667706. 1 – 667706. 9.

37. Mehta S. , K. Bera, V. D. Patel, A. R. Chowdhury, and D. R. M. Samudraiah. 2006. Low noise high speed camera electronics for Cartosat – 1 imaging system. *Journal of Spacecraft Technology* 16(2)：35 – 46.

38. Meygret, A. and D. Leger. 1996. In – flight refocusing of the SPOT1 HRV cameras. *Proceedings of SPIE* 2758：298 – 307.

39. Midan, J. P. 1986. The SPOT – HRV instrument：An overview of design and performance. *Earth – Oriented Applications of Space Technology* 6(2)：163 – 172.

40. Moy, J. P. , J. J. Chabbal, S. Chaussat, J. Veyrier, and M. Villard. 1986. Buttable arrays of 300 multi-plexed InGaAs photodiodes for SWIR imaging. *Proceedings of SPIE* 686：93 – 95.

41. NASA. 2006. Earth's Living Ocean：The Unseen World. An advanced plan for NASA's Ocean Biology and Biogeochemistry Research. http://oceancolor. gsfc. nasa. gov /DOCS /OBB _ Report _ 5. 12. 2008. pdf (ac-cessed on May 14, 2014).

42. Navalgund, R. R. and R. P. Singh. 2010. The evolution of the Earth observation system in India. *Journal of the Indian Institute of Science* 90(4)：471 – 488.

43. NRSA. 2003. IRS – P6 Data User's Handbook. IRS – P6/NRSA/NDC/HB – 10/03.

44. NRSC. 2011. Resourcesat – 2 Data Users'Handbook. [46]NRSC：SDAPSA：NDC：DEC11 – 364. Oberheuser, J. H. 1975. Optical concept generation for the synchronous Earth Observatory satellite. *Optical Engineering* 14 (4)：295 – 304.

45. Pandya, M. R. , K. R. Murali, A. S. Kirankumar. 2013. Quantification and comparison of spectral character-istics of sensors on board Resourcesat – 1 and Resourcesat – 2 satellites. *Remote Sensing Letters* 4 (3)：306 – 314.

46. Patel, V. D. , S. Bhati, S. Paul, et al. 2012. 3D packaged camera head for space use, *Proceedings of the IEEE First International Symposium on Physics and Technology of Sensors (ISPTS)*：63 – 66.

47. Paul, S. , H. Dave, C. Dewan, et al. 2006. LISS – 4 camera for Resourcesat. Proceedings of SPIE 6405：640510. 1 – 645010. 8.

48. Puschell, J. J. , L. Cook, Y. J. Shaham, M. D. Makowski, J. F. Silny. 2008. System engineering studies for advanced geosynchronous remote sensors：Some initial thoughts on the 4th generation. *Proceedings of SPIE*

7087: 70870G1 – 70870G18.

49. Rao, V. M., J. P. Gupta, R. Rattan, and K. Thyagarajan. 2006. RESOURCESAT – 2: A mission for Earth resources management. *Proceedings of SPIE* 6407: 64070L. 1 – 64070L. 8.

50. Reuter, D. 2009. Thermal Infrared Sensor: TIRS: Design and Status. Landsat Science, Team Meeting. June 22 – 24, 2009, http://landsat. usgs. gov/documents/ 7 _ Reuter _ TIRS _ Status. pdf (accessed on May 14, 2014). Spotimage. 2002. Spot Satellite Geometry Handbook. Spotimage document. S – NT – 73 – 12 – SI. Edition 1, Revision 0.

51. Tamilarasan, V., S. K. Sharma, and S. R. Nagabhushana. 1983. Optimum spectral bands for land cover discrimination. *Advances in Space Research* 3(2): 287 – 290.

52. Texas Instruments. 1997. CMOS Power Consumption and CPD Calculation. www. ti. com/lit/an/scaa035b/ scaa035b. pdf (accessed on May 14, 2014).

53. Thome, K., A. Lunsfordb, M. Montanaroc, et al. 2011. Calibration plan for the thermal infrared sensor on the landsat data continuity mission. *Proceedings of SPIE* 8048: 804813. 1 – 804813. 9.

54. Vaillon, L. 2010. Geo – Oculus: High Resolution Multi – spectral Earth Imaging. Mission from Geostationary Orbit. Presented at ICSO 2010 8th International Conference on Space Optics Rhodes http: // www. congrex-projects. com/ custom/ icso/ Presentations% 20Done/ Session% 209b /04_ ICSO2010 _ GeoOculus. Pdf (accessed on April, 24, 2014).

55. Weaver, W. L. 2013. A decade of innovation. Technology from the first decade of the 21st century. ISBN: 978 – 1 – 4689 – 2200 – 4 (eBook).

56. Weimer, P. K., G. Sadasiv, J. E. Meyer, Jr., L. Meray – Horvath, and W. S. Pike. 1967. A self – scanned solid – state image sensor. *Proceedings of the IEEE* 55(9): 1599 – 1602.

57. Westin, T. 1992. Interior orientation of spot imagery. http://www. isprs. org/ proceedings / xxix/ congress/ part1/ 193 _ XXIX – part1. pdf (accessed on April 25, 2014).

   Wey, H. M. and W. Guggenbuhl. 1990. An improved correlated double sampling circuit for low noise charge – coupled devices. *IEEE Transactions on Circuits and Systems* 37(12): 1559 – 1565.

58. Young, P. J. 1975. Scanning system tradeoffs for remote optical sensing from Geosynchronous orbit. *Optical Engineering* 14(4): 289 – 294.

第7章

亚米级成像

7.1 概 述

第一个地球资源探测卫星是 Landsat – 1,它携带了一个 40m 分辨率回波波束摄像管(RBV)相机和一个 80m 分辨率的多光谱光机扫描系统(MSS),得到了第一幅多光谱地球影像。其后,为了满足日益增加的用户需求,对地观测相机的研制一直朝着性能更优的方向努力,其中一个方向就是提高空间分辨率。30m 分辨率的专题制图仪(TM)在 1982 年发射;SPOT 在 1986 年发射,得到了 10m 分辨率的全色(PAN)影像;印度遥感卫星(IRS)1C 在 1995 年发射,得到了 6m 分辨率的全色图像。然而,在这段时间,十几厘米分辨率的空间监视卫星已经运行了。这些对地观

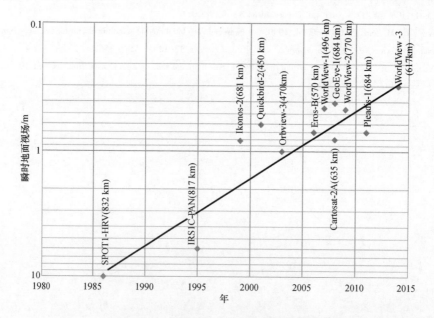

图 7.1 从 SPOT – 1 发射以来的全色谱段空间分辨率的提升

(括号内给出卫星高度。名单并不全面)

测卫星都是由各自的政府提供资金支持的。美国允许私人公司发射和生产 1m 分辨率卫星的政策在对地观测领域开辟了一个新纪元,第一个这样的卫星是 1999 年发射的 IKONOS。IKONOS 可提供 1m 分辨率的全色影像和 4m 分辨率的多光谱影像(蓝、绿、红、近红外)。因此,民用和军用遥感能力之间的距离开始缩短了,主要是在全色谱段的提升。从图 7.1 可以看到从 SPOT - 1 发射以来全色相机的空间分辨率的提高。这一章将讨论实现 1m 及 1m 以下分辨率空间相机(称为高分系统)的设计考虑和挑战。

7.2　高分辨率成像系统的实现

实现高分系统的基本问题是:在提高分辨率的同时,如何能收集到足够的辐射能量来满足信噪比要求? 接下来,我们回顾一下 2.8 节中讨论的内容。如果观测一个目标 τ 秒(积分时间/驻留时间),探测器收集到的轴上能量为

$$Q_d = \frac{\pi}{4} O_e \Delta\lambda L_\lambda \beta^2 D^2 \tau \ (\text{J}) \tag{7.1}$$

式中:L_λ 为目标的辐射亮度($W/(\text{m}^2 \cdot \text{sr} \cdot \mu\text{m})$);$\Delta\lambda$ 为测量到的辐射谱段宽度(μm);O_e 为光学系统(包括大气)的光学传输效率(<1)。如果 β(弧度)是瞬时视场角(IFOV),由探测器所限的立体角——β^2 球面度——可以表示为 $\frac{A_d}{f^2}$,A_d 是探测器面积,f 是光学成像系统的有效焦距;D 是收集光学系统的有效孔径。

如果用焦距来代替 β^2,那么式(7.1)可以表示为

$$Q_d = \frac{\pi}{4} O_e \Delta\lambda L_\lambda \frac{A_d}{f^2} D^2 \tau \ (\text{J})$$

$$Q_d = \frac{\pi}{4} O_e \Delta\lambda L_\lambda A_d \frac{D^2}{f^2} \tau \ (\text{J})$$

在 2.2 节中提到过,$\frac{f}{D}$ 是 F 数($F/\#$)。式(7.1)可以表示为

$$Q_d = \frac{\pi}{4} O_e \Delta\lambda L_\lambda A_d \frac{1}{\left(\dfrac{F}{\#}\right)^2} \tau \ (\text{J}) \tag{7.2}$$

要增加探测器收集到的能量,可以在设计中采用小一些的 F 数或是增加积分时间 τ。确切地说,使用一个小 F 数或是增加望远镜对目标成像的时间,可以提升望远镜的聚光能力。

7.3　增加积分时间

亚米级成像系统通常工作在大约 650km 的轨道高度。在这个高度,人造卫星相对地面的飞行速度约为 7km/s,这样,1m 像素分辨率的驻留时间约为 0.14ms。就算能合理增大光学系统的尺寸,这么短的积分时间也很难收集到足够的辐射量来生成信号。所以,必须采用增加驻留时间的技术。目前有两种方法:一种是对一个像素观测若干次,然后将这若干次观测的信号累加起来作为最终的信号,这种技术叫时间延迟积分(TDI),这种技术已经用于 IKONOS。第二种方法是通过适当倾斜相机的光轴来强制相机长时间凝视同一像素,这种成像系统减小了相对地面的速度。这种技术用于 IRS 技术试验卫星(TES)。另外还有一种不太常用的技术,在沿轨和垂轨方向分别使用错开 0.5 像素的两个电荷耦合器件。通过这样的排列,使用插值可以在每一排积分时间不变的情况下得到 2 倍分辨率的图像(瞬时几何视场(IGFOV)减半)。我们将简单的讨论这些技术的优缺点。

7.3.1　时间延迟积分

在前面提到过,对高分成像一种有效地增加驻留时间的技术是 TDI(Barbe,1976)。TDI 模式使用了二维阵列而不是一般推扫式相机使用的单线阵。考虑到二维阵列的器件是由垂轨 M 个像素和沿轨 N 行组成,每一行电荷转移的速度是正好可以补偿图像运动,因此有效驻留时间增加到 N 倍。TDI 技术通过在沿轨方向排布多个线列对同一目标成像可以进行电荷积分(图 7.2)。信号强度线性增加了,而噪声却不是,因此信噪比提升了 $N^{\frac{1}{2}}$ 倍。IKONOS 是第一颗使用 TDI 技术来生成高分影像的民用遥感卫星。CCD 的级数依赖于 CCD 的势阱能力,即在不溢出的情况下一个感光区可以存储多少电子。QuickBird、OrbView – 3 和 Formosat – 2 也都使用了这些技术(Jacobsen,2005)。TDI 模式有效地增加了驻留时间,但是需要电荷移动的速度和图像运动的速度严格一致,即每一级 TDI 的像元在这一级工作时要观测同一地物。但实际上由于航天器姿态的扰动、漂移等因素,不是每一级 TDI 都能观测同一地物,这样会降低图像的 MTF。TDI 级数越多,这种影响越严重。因此,如果姿态稳定度达不到要求,通过增加 TDI 的级数来提高信噪比是达不到预期效果的。

7.3.2　异步成像

在常规的推扫技术中,当沿轨获取图像时,光轴是沿着卫星轨道的径向方向的

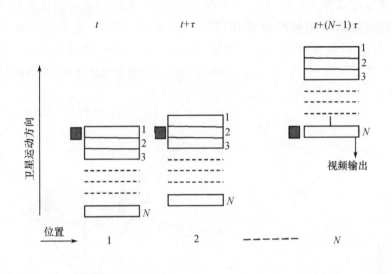

图 7.2　时间延迟积分的概念。在时间 t（位置 1），第一行可见目标 T。当传感器
移动一个距离与积分时间 τ 匹配时，在位置 2 可见目标被第二行可见，同时第一行的信息
转移到第二行。过程持续到第（$N-1$）行转移到第 N 行，然后从第 N 行读出数据
（经授权引自 Joseph, G. , Fundamentals of Remote Sensing, 2005, Universities Press（India）
Pvt. Ltd. , Hyderabad, Telangana, India）

（图 7.3（a））。信号的积分时间等于卫星星下点移动一个分辨单元的时间，即驻留时间。可以将这种模式称为同步模式，因为数据的采集和卫星的运动是同步的（或者光轴的运动与卫星速度同步）。如果可以降低光轴和地面的相对速度，就可以增加驻留时间。实际上，可以通过不断倾斜光轴来实现，这样，光轴投影在地面的运动方向是卫星速度方向的反方向，相机凝视一个像素的时间可以增加，确切地说，地面扫描的时间和卫星的地面速度不同了。因为这种模式与卫星速度是异步的，所以称之为异步模式或是步进凝视模式。图 7.3（b）中，卫星原本星下点是 A 点，由于视轴是倾斜的，因此相机指向了地球上的 C 点。现在，当卫星从 A 点移动到 B 点时，视轴连续移动并与卫星速度方向相反，卫星的指向运动轨迹为弧长 AB，而相机光轴的运动轨迹为 CD。因此，相对速度减少量达到 CD/AB。这样，增加了驻留时间，不仅得到了较好的信噪比，而且产生数据的速率也降低了。然而这种操作模式也有其局限性，相比传统的推扫模式，它收集的数据是更短的条带数据。由于在成像过程中相机的观测角持续变化，因此这种模式还产生了额外的几何畸变。在成像的开始阶段，IGFOV 是最大的，当卫星和地面的距离最

小时(通常是在成像区域的中心)IGFOV 变得最小,然后随成像结束而增大。在那些示例中,扫描开始和结束都在同一个扫描角,IGFOV 大小在垂轨方向随 $x \sec \Phi$ 变化,在沿轨方向随 $x \sec^2 \Phi$ 变化(Purdue University,2014),其中 x 是星下点 IGFOV,Φ 是观测角(图 7.3)。2000 年 12 月发射的 EROSA1 成功地说明了这个概念。

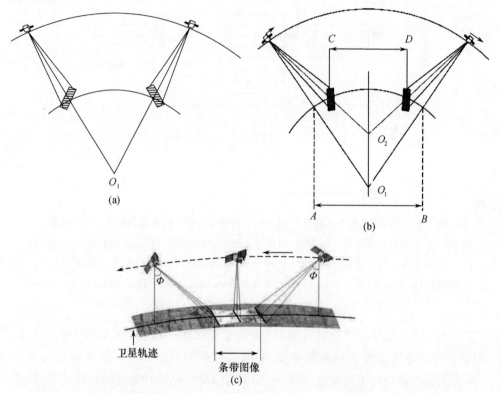

(a)

(b)

(c)

图 7.3 推扫式传感器的同步(a)和异步(b)成像模式。在同步操作中,光轴持续指向地心。在异步操作中,光轴持续倾斜地指向同一个点。当卫星指向移动了距离 AB 时,光轴指向只移动了距离 CD。AB/CD 就是提高的滞留时间。(c)由异步扫描产生的几何畸变(引自 https://engineering. purdue. edu/ ~ bethel/eros_orbit3. pdf, Purdue University, accessed on May 15, 2014)

7.3.3 错排阵列结构

错排线阵由两个同样的 CCD 线阵组成,在沿轨和垂轨方向错开 0.5 像元。原则上,使用这两排 CCD 得到的数据通过插值和处理产生的影像与一半非错排 CCD 线阵产生的图像一样好(Jahn and Reulke,2000)。因此,这种技术有效地减小了像素尺寸,而不受小尺寸像元阵列限制的影响。隐藏在这种技术背后的基本假设是:推扫相机的数据不是使用满足香农定理的频率来进行采样的。根据香农采样定理,为了从采样信号中恢复信息,采样频率至少是信号中最高频率的 2 倍。由于衍射的原因,所有的光学系统就像低通滤波器。一个衍射极限系统的最高频率为

$$\frac{1}{\lambda\left(\dfrac{F}{\#}\right)}(\text{周期/mm})$$

式中:λ 为波长(mm);$\dfrac{F}{\#}$ 为光学系统的 F 数。我们以首先使用错排技术的 SPOT 5 (Latry and Rougé,2003)为例来解释。SPOT 望远镜 F 数为 3.5,相应 0.6μm 波长的截止频率约等于 500 周期/mm。也就是说,如果假设光学系统是衍射限的,焦平面处信号的频率可达到 500 周/mm(实际上这个值会低一些,这依赖于像差)。图像是由焦平面的探测器阵列采样得到,而采样是每隔一定间隔测量连续函数值的过程。如果一个 CCD 像元是 $x$mm,那么每毫米采样 $1/x$ 次,或者可以说采样频率是 $1/2x$ 线对每毫米。SPOT HRG 使用的 6.5μm 大小的像元,那么就是 77 线对每毫米。因此,焦平面的信息内容是不能全部提取出来的。在推扫系统中,沿轨方向的数据可以以与传感器敏感度一致的任意频率进行采样,以满足所需要的信噪比。然而,CCD 是一个离散的采样装置,在垂轨方向采样频率是由传感器的尺寸决定的,不能通过单个设备来提高。为了提高分辨率,两个线阵分别在沿轨和垂轨方向错排 0.5 像元,数据在插值后比任一个 CCD 线阵数据分辨率都好。理论上,分辨率可以和原 CCD 一半像素尺寸的线阵一样好,然而每一个线阵的观测角有略微的不同,平台的运动、姿态的晃动以及地形的起伏会导致图像变差(Reulke et al,2004)。

　　SPOT 5 上使用了一个叫超模式的新概念,其专利权属于法国空间局法国国家空间研究中心(CNES)。两个同样的 CCD 线阵,在垂轨方向错位 0.5 像素,在沿轨方向错位 3.5 像素(在地面处理中修正成 0.5 像素)(图 7.4)。两个线阵生成的两幅 5m 图像由星上系统分别处理并传输到地面。处理这些移位图像最终得到 2.5m 分辨率的图像,需要专业的地面图像处理。对两个线阵 CCD 移位图像进行插值,产生一个五点梅花形网格(梅花形是一种几何图案,由五个共面的点组成,其中四个点组成正方形或长方形,第五个点在中心位置)。这样产生了 2.5m 采样网格的新图像。使用这种新的采样方案,可以得到更高的频率。然而,在这些频率下遥感器的 MTF 是低的。下一步操作叫反卷积,使用一个代表遥感器反传递函数的滤波器。反卷积会在图像的高频处放大噪声,所以在最后一步要使用去噪算法(Latry and Rouge,2003)。需要指出的是,两幅错位的图像之间的位移必须是半个

采样间隔。就如之前提到的,由于两个线阵之间的物理分离而产生了时间延迟,所以位移不仅取决于 CCD 本身,而且依赖于飞行器的姿态扰动。所以,要使用适合的配准方法,使得图像位移近似 0.5 个采样间隔。

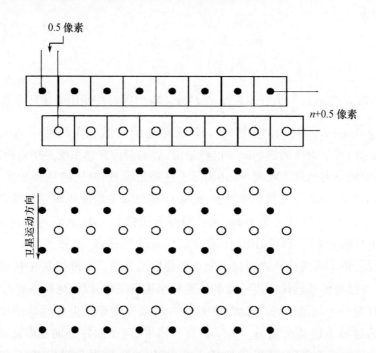

图 7.4　图中标示了超模式是如何提高空间分辨率的。两个电荷耦合器件(CCDs)
A 和 B 在垂轨方向错位 0.5 像素,沿轨方向错位 $n+0.5$ 像素。当卫星移动时,每片 CCD 独立地产生图像(经 SPIE 授权引自 Latry, C. and B. Rougé, Super resolution: quincunx sampling and fusion processing, Proceedings of SPIE, 4881, 189 – 199)

这个技术首先用在 2002 年发射的 SPOT5 上,然后用于 2003 年发射的 OrbView – 3,其设计固有分辨率为 2m,通过两个错排的线阵产生 1m 的采样数据(Topan et al,2007)。在所有这些案例中,实际的图像质量会略微差于理论值。其根本优势在于相比于一个遥感器特有设计,用 1/2 的焦距长度即可得到更高的分辨率,这样可以减少遥感器的复杂度和成本。传输数据(如果不压缩)也同样减半了。然而,使用超模式得到的图像和使用单一阵列设计得到的图像质量是一样的吗?

7.4　选择小 F 数光学系统

一个小 F 数光学系统可以通过增加光学系统的光学口径 D 或减小焦距来实

现。然而,当瞬时视场对探测器的尺寸有要求时,如果减小焦距,那就需要相应地减小探测器像元尺寸来保证瞬时视场相同。从系统设计的角度来看,问题在于选择小尺寸 CCD 时可以做哪些可用的优化。

7.4.1 选择 CCD 像素尺寸

IRS – 1A/B 的 CCD 像素尺寸为 $13\mu m \times 13\mu m$,而后续的 CCD 像元尺寸在持续减小。$2.5\mu m$ 尺寸的线阵 CCD 已经在文献中报道(Tatani et al, 2006;Nixon et al, 2007)。简单地回顾一下减小像元尺寸的含义。在第 6 章中解释过,在每个像元中光子转化成电子,一个像元中能够容纳的电子数(称之为势阱容量,用电子单位表述)是有限的,其数量主要依赖于像元大小。当累计的电子超过势阱容量时,超出的电子将溢到相邻的像元,将导致弥散现象。然而,技术发展了,可以将累积的电子存储到光敏区域附近的一个存储门中,或者存储到一个加长的狭长光电二极管中(Nixon et al,. 2007)。总地来说,大像元的势阱容量更大。势阱容量决定了相机的动态范围。动态范围是将用电子数表示的满势阱比上用电子数表示的总噪声。尽管 CCD 和相关的电子线路设计都在尽量减小噪声,大像元能收集更多的光子而不饱和,所以有更大的动态范围。动态范围是成像系统中的一个重要参数,它决定了系统在单幅图像中能记录非常暗和非常亮部分的能力。

另一个重要的考虑是,由于电荷扩散导致的 MTF 下降。Nixon et al(2007)使用理论模型对 $5\mu m$、$3.5\mu m$、$2.5\mu m$ 的光敏二极管像素计算了 650nm 波长的 MTF,研究结果表明 MTF 随着像元尺寸减小而降低(图 7.5)。因此,由小像元尺寸带来的空间分辨率优势提升会被电荷扩散导致的 MTF 退化而抵消。

小像元尺寸也需要光学系统工作在更高的空间频率。例如,在 LISS – 1 上的遥感器,像元尺寸为 $13\mu m$,奈频是 38.5 周期/mm,而当像元尺寸为 $5\mu m$ 时,其奈频是 100 周期/mm。要实现更高频率的望远镜光学系统有其生产复杂性。望远镜使用小尺寸像元器件的主要优势是可以减小焦距,这样,在同样的 F 数时使用更小的光学口径,从而可以降低望远镜的生产时间和成本。系统设计师需要考虑各种正面和负面的因素,选择 CCD 像元尺寸时还要考虑宇航级器件的可用性。当选择了一款 CCD 后,还要确认器件的工作速度和积分时间相匹配。收集的电荷被转移到移位寄存器,然后移位寄存器的数据在一个积分时间内被连续读出。读出时钟的最大速度必须与需求相一致。在第 6 章中讨论过,为了达到更高的速度,通常在光电二极管阵列的两侧有平行的移位寄存器;偶数像素转移到一个移位寄存器里,奇数像素转移到另一个移位寄存器里。在这种方案中,每一个移位寄存器在一个积分时间内只需要输出 1/2 的数据,而电荷被转移到两个分开的放大器。当需

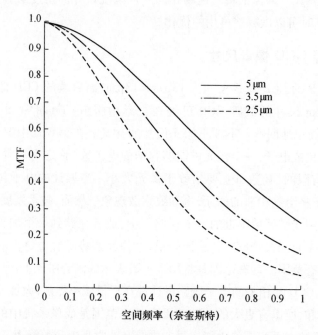

图 7.5 电荷耦合器件(CCD)水平调制传递函数是像素尺寸的函数(引自 Nixon et al.,
2.5 μm Pixel Linear CCD. http://www. imagesensors. org/Past% 20 Workshops/
2007% 20Workshop/ - 2007% 20Papers/085% 200%
20et% 20al. pdf, 2007, accessed on May 15, 2014)

要更高的数据速率时,两边的移位寄存器可以再细分。例如,在 LISS-4 上用的
12K 设备,光敏阵列的每一边有四个不同的移位寄存器。

7.4.2 增加光学系统口径

无论使用什么类型的望远镜,光学系统需要考虑的首要因素是它的最大尺寸。
从表 7.1 可以看出,亚米级望远镜的主镜大约是 50cm 或更大。大的光学口径带
来很多设计上的挑战,如镜子和相应机械系统的实现。实现一个光学望远镜需要
不同的工程和科学学科的配合,如光学、机械学、热力学、材料学、计量学、装配学
等。随着镜子尺寸增加的星载光学系统的关键问题在第 3 章已经讨论过,在这里
不再复述。

表 7.1　典型的 1m 及以下分辨率空间相机主要参数

	Ikonos-2（美国）	QuickBird-2（美国）	Orbview-3（美国）	Eros-B（以色列）	Resurs-DK1（俄罗斯）	Kompsat-2（韩国）	WorldView-1（美国）	Cartosat2A（印度）	Geoeye-1（美国）	WorldView-2（美国）	Pleiades-1（法国）
发射	1999	2001	2003	2006	2006	2006	2007	2008	2008	2009	2011
轨道/km	681	450	470	510	350~610	685	496	635	684	770	694
光学类型	TMA（Korsch）	Off-axis TMA	TMA	Cassegrain	?	R-C	?	RC+FCO	TMA	TMA	TMA（Korsch）
口径/cm	70	60	45	50	50	60	60	70	110	110	65
相对口径/m	10	8.8	2.77	5	4	9	8.8	5.6	13.3	13.3	12.9
焦面器件类型	TDI-32级	TDI-32级	线阵 CCD	TDI-96级	TDI-128级	TDI-32级	TDI-64级	线阵12KCCD	TDI-64级	TDI-64级	TDI-20级
全色器件尺寸/μm	12	12	6×5.4	7	9	?	8	7	8	8	13
多光谱通道数量	4	4	4	Nil	3	4	Nil	Nil	4	8	4
全色/多光谱瞬时几何视场/m	0.82/3.82	0.61/2.44	1/4	0.7/Nil	1/2.5~3.5	1/4	0.45/Nil	0.8/Nil	0.41/1.65	0.46/1.84	0.7/2.8
幅宽/km	11	16.5	8	14	28@350	15	17.6	9.6	15.2	16.4	20
量化位数/bit	11	11	11	11	?	10	11	10	11	11	12
成像方案	TDI	AS	AS	S or AS		?	TDI	AS	TDI	TDI	TDI

注:S—同步扫描;AS—异步扫描

7.5 数 据 传 输

如果遥感卫星的图像空间分辨率增加,数据量也就增大了。让我们试着理解一下数据产生是怎样依赖于其他探测器参数的。如果一个 n 像素的线阵 CCD 成像,一条垂轨的线阵产生的比特数是 $n \times b$, b 是数据的量化级数。如果有 m 个谱段,多光谱要传输的比特数就是 $m(n \times b)$。必须在一个积分时间 τ 内传输完。参考式(6.1),推扫式扫描仪的积分时间为

$$\tau = \frac{\beta}{\left(\dfrac{v}{h}\right)} \tag{7.3}$$

式中: β 为瞬时视场; v 为平台的地面速度; h 为平台高度。

那么传输数据率为

$$\frac{m(nb)}{\tau} = \frac{mnb\left(\dfrac{v}{h}\right)}{\beta} \tag{7.4}$$

如果 Ω 弧度是定义列宽的角视场,那么像素个数可以表示为 $n = \Omega/\beta$。

在式(7.4)中的推扫相机传输数据率可以写为

$$\frac{mnb(v/h)}{\beta^2} \tag{7.5}$$

这是最小的数据率,因为还有一些辅助数据需要传输。要理解随着空间分辨率的提高,数据率也在增加,看下面的例子。LISS – 1 分辨率是 72.5m,幅宽是 148km,数据率是 5.2Mb/s。使用式(7.5),发现,如果同样的幅宽,分辨率增加到 1m,数据率大约是 27000Mb/s。现在可以理解为什么米级的图像幅宽总是有限的。

如果在一个积分周期内能产生这么大的数据,那么任务就转移到如何将其实时传输下来了。空间传输链路受到功率和带宽的限制。因此研究和采用了很多技术,如高频、频率复用、频谱有效调制技术等,就是为了高效地使用传输功率和带宽。采用的这些技术的细节已经超出了本书的范畴。但是,数据传输的频率还是值得学习的。所有电信应用的电磁频率波谱使用的都是在国际电信联盟(ITU)管理下的,ITU 是联合国的一个专门部门。ITU 在各种不同的联盟会议中在大量磋商的基础上制定规则和指导方针,称之为无线电规则。从天到地的数据传输,ITU 分配的频率波段在 S (2200 ~ 2290MHz)、X(8025 ~ 8400MHz)和 Ka (25.5 ~ 27GHz 和 37.5 ~ 40.5GHz)波段。这些波段的可用带宽大约是: S 波段 90MHz、X 波段 375MHz、Ka 波段 4500MHz。目前,遥感卫星的数据传输限于 S 波段和 X 波段,Ka

波段会因雨水导致信号衰减。为了降低数据传输系统的复杂度,减小星上存储空间(存储收集的数据),数据可以适当地压缩和传输、存储,到地面后再对数据进行解压缩,得到原始数据。

7.5.1　数据压缩

数据可以被压缩是因为数据多少有些冗余。例如,当相邻像元是相关的(一个示例就是图像中有大片相同的地域),不需要把所有像素的数据全部传输下来,信息可以进行合适的编码来减少比特数。换句话说,可以利用空间冗余来进行压缩。当不同光谱谱段也存在光谱冗余时,同样可实施压缩。因此在图像压缩中,通过去除冗余部分,能表示图像的比特数减少了。这种通过压缩达到的数据率减少称为压缩率,即压缩数据率比上非压缩数据率。有两种数据压缩的方法:无损压缩和有损压缩。在无损压缩中,数据可以完全再现。那是因为,如果将原始的 DN 值与解压缩数据的 DN 值相比,它们是像素级一致的。然而,无损压缩只能提供一个适中的压缩比。无损压缩的压缩率对单谱段图像大约只能有 1.5 ~ 2,但是当多谱段数据的谱段间相关时,压缩比可达 3 ~ 4(Tate,1994)。在有损图像压缩中,可以达到更高的压缩比,但是解压数据不能完全准确地复原原始数据。不同的压缩方法都可以在文献中查到(Rabbani and Jones,1991)。现在将讨论有损压缩最终将如何影响遥感数据的应用。

尽管对处理结果的影响还无法完全预计,但有损压缩在高空间分辨率和高光谱数据的遥感中使用得越来越多。从有损压缩数据中提取信息的准确性除去由于压缩带来的数据损失,还依赖于很多因素,如数据分析的类型、使用的算法、地域种类等。例如,如果想要从 PAN 数据中自动提取线性特征,有损压缩可能不会有重要的影响。很多研究者研究了有损压缩在复原信息准确性方面的影响。Mittal et al(1999)进行了两个方面的研究,就是有损压缩对自动点匹配和从卫星立体像对中提取数字高程模型(DEM)的可达到准确度的影响。IRS – 1C 高地形起伏的立体像对数据,研究其从 1∶2 到 1∶25 标准 JPEG 格式的不同压缩比下,基于小波划分集分级树(SPIHT)编码来生成 DEM 的准确性。他们的研究指出,源于空间图像的 DEM,即使压缩比为 1∶25 时也没有明显影响。还有很多类似的关于压缩比对 DEM 提取的研究(Lam et al, 2001;Shih and Liu,2005;Liang et al, 2008)。

然而,有损压缩影响了使用多光谱图像分类的准确性。在有损压缩中,解压多光谱数据,每一个谱段 DN 值的偏差可能不在同一位置。因此如果使用逐像素法进行多光谱的分类,特征提取的准确性将降低。Paola and Schowengerdt(1995)使用四个遥感多光谱图像改变压缩率进行了不同程度的压缩,对最小距离法(MD)、最大似然法(ML)和三阶后向传播神经网络监督分类法进行了研究。图 7.6 给出了分类器在图像经过训练和分类后不同压缩比的表现。总地来说,与原始图像分类结果的偏差随着压缩比的增加而降低,影响最大的是最大似然分类器。尽管已经有很多学者进行了有损压缩对图像以及分类的影响研究(Lau et al, 2003;Zabala and Pons,2011),但是没有人找到可以适用于所有数据的唯一评价方法。在这个研究领域中,系统工程人员需要根据可得到的文献或是他自己的研究做出一个仔细的评定来实现最好的压缩算法,以满足该相机的应用目的。总而言之,设计师需要确定在特定的应用情况下不会抵消高分辨率优势的有损压缩最大压缩比是多少。

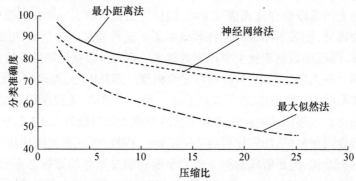

图 7.6　当压缩比增加时不同类型分类器的表现。分类是基于同样压缩比数据训练的结果(引自 Paola, J. D. and R. A. Schowengerdt, The Effect of Lossy Image Compression on Image Classification, NASA – CR – 199550, 1995)

7.6　卫星的约束

　　为了让对地观测相机获得最好的图像产品,必须将相机、卫星、地面处理一体化考虑。我们要知道,每一个像素对应的地面位置是有一定可容误差的。因此必须知道卫星轨道和姿态的精度。对高分辨率的成像系统,这些参数的绝对值就更需要知道了。尽管成像载荷本身结合地面控制点(GCPs)可以充当运动姿态敏感器,但这需要大量位置准确的地面控制点。目前的高分卫星携带了大量的定轨定姿探测器,如太阳敏感器、精确陀螺仪、全球定位系统(GPS)等。有这些输入,WorldView – 2(WV – 2)可以让每一个像素位置定位误差在 5m 内。当然,使用 GPS 可以得到更高的定位精度。

　　在理想的情况下,当收集数据时,相机视线与场景之间是没有任何相对运动的。置于航空器/航天器上的经典框幅式相机是通过前向运动补偿技术实现无相对运动的,此时胶卷是向后运动的,正好可以补偿平台的前向运动(Kraus,2007)。然而,在推扫成像模式中,基本功能是相机在航天器经过瞬时几何视场时的驻留时间内曝光。这种相对移动会降低沿轨方向的 MTF。将曝光时间降低到比驻留时间短,或者使用在沿轨方向尺寸小于能覆盖瞬时几何视场的探测器,会减少这种影响。两种技术都会减小收集的信号量。

除了之前讨论的相对运动,对任何在轨的卫星来说,还有会造成相机视线(LOS)扰动的因素。在轨卫星会受到很多内在和外在因素的影响,这些因素会扰乱卫星轨道和姿态的稳定性。影响姿态稳定性的一些因素包括动量轮的变化速度、太阳电池阵/太阳帆板颤动、卫星上任何机械装置的移动等。在积分时间内,相机视线(LOS)的移动会导致 MTF 下降。相机视线的扰动可以分为两个类别:第一种来自于低频部件,这在积分时间内可以认为是线性移动,引起拖尾;第二种是高频随机颤振。两种扰动都会造成系统的 MTF 下降。然而,他们对图像的退化有不同的影响。图 7.7 给出了由于拖尾和颤振导致的退化。可以看出,MTF 对颤振比拖尾更敏感。然而对于高分辨率成像系统,因为其曝光时间通常都比较短,很多扰动看上去更像拖尾(Auelmann,2012)。由于这种影响程度依赖于相对瞬时几何视场的扰动振幅,对高分系统来说,姿态稳定性必须要比低分系统更好。大部分的亚米级成像系统使用 TDI 来改善图像。在 TDI 中,假设每一级探测器像素收集的场景数据与前一级相同,但是如果相机视线扰动了,那么会导致 MTF 下降,这种下降随着级数的增加而增大(Holst,2008)。

除了一个航天器携带成像载荷的正常需求,携带高分相机的卫星还需要一些额外的能力。高分成像系统的幅宽一般为 10 ~ 15km,主要是因为幅宽增加,CCD像素的个数会线性增加,而增加 CCD 的长度会有技术上的限制。通过拼接大量探测器组能够在一定程度上解决这一问题。另一个问题是会增加数据率,虽然这可以通过合适的数据压缩来解决。在通常的模式中,一个 15km 幅宽的相机沿着卫星的轨迹生成一个 15km 的条带。这么窄的幅宽在很多应用中是不适用的。另外,可能有很多感兴趣的区域不在卫星轨迹上。为了解决这些问题,高分卫星被设计为可以旋转光轴指向非星下点方向(图 7.8)。观测非星下点方向可以生成用户感兴趣的图像,无论是相机视场宽度的条带图像还是用户需要宽度的相邻图像——采用的模式称为画刷模式。画刷模式通过观测同轨临近的条带,提供了一个更宽的幅宽。卫星的快速机动能力也能帮助生成同轨的立体像对。快速机动时间直接影响成像能力。为了使选择需要的地面场景可能性最大化,同时提高生成立体图像的能力,需要卫星能够快速转向和快速稳定。更高的轨道可以更快地到达一个区域,因为在较高的轨道上,卫星可以摆动更小的角度就指向同样的非星下点方向。卫星姿态控制系统的设计者要将这些方面考虑进去,从而可以最大化地利用相机。

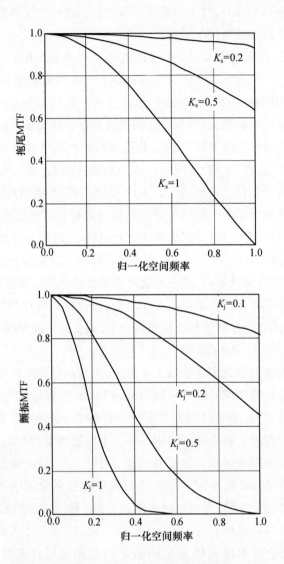

图 7.7　拖尾和颤振调制传递函数。相对频率归一化到了 1/IFOV。K_s 是将积
分区间归一化到 IFOV 的行视线方向的角度变化。K_j 是相对于 IFOV 的 RMS 颤振
幅度(引自 Auelmann, R. R. ,2012 Image Quality Metrics. http://www. techarchive.
org/wp - content/themes/boilerplate/ - largerdocs/Image% 20
Quality% 20Metrics. pdf, 2014 年 5 月 15 日查看)

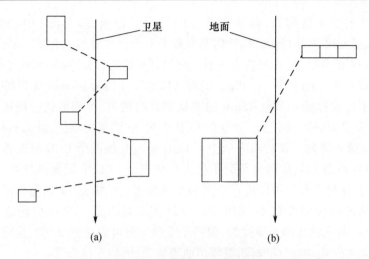

图 7.8　敏捷卫星的成像模式

(a)任意在相机条带宽度内的用户感兴趣的区域;(b)画刷模式下
观测宽度大于相机条带宽度(可能的图像条带主要依赖于卫星的敏捷能力)。

7.7　亚米级相机

在考虑了要实现一个高分对地观测相机的各种因素后,现在介绍一些已经实现和成功在轨运行高分相机的技术细节。这里介绍的不能覆盖所有的亚米级成像相机,但是通过代表性系统可以体会和理解这些系统的技术。

7.7.1　IKONOS

在 1999 年 IKONOS 发射前,亚米级卫星图像一直都是用于国防/国家安全领域。IKONOS 也是第一颗商业对地观测卫星。卫星的相机是由 Kodak Co. 设计和制造的,PAN 图像分辨率为 0.82m,四个多光谱谱段图像分辨率为 3.28m,幅宽为 11.3km。卫星非星下点观测角度可达 ±30°,这样有更好的重访和立体成像能力。

光学组件包括三镜消像散的望远镜,焦距为 10m,F 数为 14.3。为了减少望远镜的尺寸(图 7.9),望远镜由三个有会聚功能的反射镜和两个平面镜组成,平面镜用来折叠光路减小望远镜的体积。主镜口径为 70cm,使用水切割技术将主镜中心部分切成蜂窝样式,将薄镜板焊接到上下表面,这种设计减轻了重量(Eo Portal Directory,2014b)。焦平面在全色谱段有两个 TDICCD 阵列,一个是用于前向扫描的,另一个是用于反向扫描(Baltsavias et al,2005)。前向及反向扫描模式使得在给定时间内扫描更多图像,这样需要获得多个邻近条带图像时,可以减少卫星旋转的时间(Jacobson et al,2008)。全色谱段的 CCD 像元尺寸为 12μm,有 13500 像元。TDI 最大级数为 32 级,根据场景辐亮度可选 10 级、13 级、18 级、24 级、32 级。有四个非 TDI 的多光谱阵列,有效像元为 3375 个。目前,多光谱 CCD 和 PAN 的 CCD 一样,像元尺寸为 $12\mu m$,在阵列上覆盖了一个非常薄的滤光片。要在多光谱通道得到 1/4 的分辨率,在沿轨方向通过增加到 4 倍的积分时间,垂轨方向通过平均(binning)4 像元来得到一个 $48\mu m$ 的有效像元尺寸(Jacobson et al,2008)。这种模式得到了比实际像元尺寸 $48\mu m$ 的质量更好的图像,因为沿轨的拖尾减小了。每个 PAN 和多光谱阵列由三个独立的 CCD 组成,它们是机械拼接的,这样形成了一个实际连续长阵列。在沿轨方向中心 CCD 要与其他两个 CCD 有偏差,而在垂轨方向,中心 CCD 与其他两个部分重叠。当将三个 CCD 的图像拼接在一起生成连续图像时,这种重叠区可以进行辐射和几何校正。数据是 11 位量化的,使用自适应差分脉冲码频调制技术(ADPCM)压缩到 2.6bit/像素来减少传输数据率。IKONOS 飞行器光轴指向是敏捷的,俯仰和滚动方向可以达到 $\pm 30°$,这样,卫星有各种数据采集模式,如定点成像、宽幅单通道覆盖、同轨立体成像。

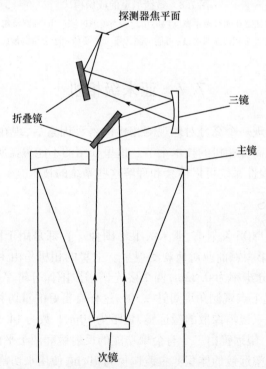

图 7.9　IKONOS 望远镜的光学设计。主镜、次镜和三镜是曲面镜。折叠镜是为了减小望远镜尺寸(图像引自 https://engineering. purdue. edu/ ~ bethel/cams. pdf)

7.7.2　QuickBird -2

数字地球公司(以前的 EarthWatch)的 QuickBird - 2 于 2001 年发射,全色谱段分辨率为 0.61m,是商业卫星中空间分辨率最高的。Ball Aerospace 负责整个空间部分,包括成像设备。

QuickBird 相机望远镜口径 60cm,宽视场,无遮拦三反设计。为了减小望远镜的外形尺寸,用四镜来折叠光路。望远镜是一个 $F/14.7$ 系统,焦距为 8.8m。主镜和次镜是离轴的,三镜是旋转对称的。镜子使用微晶玻璃制造。次镜、三镜、折叠镜是实心的,主镜轻量化了 50% (Figoski,1999)。安装光学系统的计量结构(光具座)是一个使用石墨做的轻量化长方形盒子—硬化的氰酸酯层压板。这个底座设计的基频为 70Hz,这样刚度能支撑镜子的重量,而不需要补偿重力偏差。镜子以一种无应力的运动学构型安装在光学座上,这种构型是通过在每个镜子外边沿焊接了三个特别设计的挠性部分实现。

焦平面由六个错排的 32 级 TDICCD 组成。TDI 级数根据场景的辐亮度可选 10 级、13 级、18 级、24 级、32 级。多光谱成像器垂轨方向同样使用六个错排的 CCD 块,每一个 CCD 块有四个 CCD 线阵分别对应不同谱段。光谱选择是由每个 CCD 块上的条状干涉滤光片实现的。每一个 CCD 块都有重叠部分,这样可以保证垂轨方向产生的图像是连续的。全色和多光谱数据都量化成 11 位。在系统层面,奈频处的典型 MTF 为沿轨 0.17,垂轨 0.21 (Liedtke,2002)。

QuickBird 卫星轨道是 98°、450km 太阳同步轨道。飞行器在沿轨和垂轨方向都可机动 ±30°,这样就可以产生多种模式图像,如快照模式(16.5km×16.5km,单景)、条带地图模式(16.5km×225km)、区域拼接模式(典型的 32km×32km)、同轨立体图像模式(典型的 16.5km×16.5km)(Eo Portal Directory,2014c)。

7.7.3　GeoEye-1

当 GeoEye-1(以前熟知的 OrbView-5)2008 年发射时,它成为当时世界上分辨率最高的商业卫星,全色谱段地面分辨率为 0.41m,多光谱分辨率为 1.65m,多光谱模式幅宽为 15.2km。全色图像采样到 0.5m,通过美国政府出售给商业用户(非美国政府)。多光谱通道包括蓝(450~510 nm)、绿(510~580 nm)、红(655~690 nm)、近红外(780~920 nm)。

成像系统由 ITT 空间系统部设计和研制。望远镜光学系统是一种三反设计。为了减小外形尺寸,在光通道上设计了两个附加镜。主镜口径为 1.1m,望远镜 F 数为 12.1,焦距为 13.3m。为了得到 15.2km 的幅宽,望远镜设计的整个观测视场为 1.2°(Eo Portal Directory,2014a)。焦平面组件由全色 8μm 像元尺寸的 TDICCD 线阵和多光谱 32μm 像元尺寸的 TDICCD 线阵组成。数据量化位数为 11bit。数据被压缩和存储在 1.2Tb 的星上固态大容量存储器上。数据下行链路是 X 波段,带宽为 740Mb/s(或者 150Mb/s)。数据可实时提供。

卫星轨道是 681km 高的太阳同步轨道,过赤道时间为上午 10:30。飞行器高度敏捷,可以在沿轨和垂轨方向 60°范围内以 2.4(°)/s 的速度、0.16(°)/s² 的加速度机动,得到各种模式下的图像包括同通道的立体图像。

接下来发射的 GeoEye-2,PAN 图像地面分辨率为 34cm,多光谱为 1.36m。

7.7.4 WorldView 成像系统

DigitalGlobe 公司的 WorldView-1 卫星于 2007 年发射,轨道高度为 496km,载荷为 0.5m 空间分辨率、17.7km 幅宽的全色(0.4~0.9μm)相机。卫星星下点的侧摆角度可达 ±40°,垂轨成像范围扩大至 775km,最大侧摆角(±40°)时的地面分辨率为 1m,重访周期为 1.7 天。

WorldView-1 具有高敏捷成像性能,通过快速成像和高效沿轨立体成像方式,平均每天能获取超过 1000000km² 的遥感影像数据。WorldView-1 的后继星 WorldView-2 于 2009 年发射,轨道高度为 770km,赤道降交点时间为上午 10:30。接下来将简要介绍 WorldView-2 的设计。

2009 年发射的 WorldView-2 是第一台 9 谱段超高空间分辨率的商业遥感卫星,其中八个多光谱谱段覆盖 400~1050nm,地面分辨率为 1.84m,而全色谱段(450~800nm)的地面分辨率可达 0.46m,全色和多光谱相机的幅宽均为 16.4km。WorldView-2 的多光谱相机除了包含常用谱段(红、绿、蓝和近红外),还有四个新的谱段,分别是海岸线蓝谱段、黄色谱段、红边谱段以及长波近红外谱段,大大增加了 WorldView-2 的数据应用范围,表 7.2 中是各谱段及其典型应用(不全面统计)。WorldView-2 的光学系统为口径为 1.1m、有效焦距为 13.3m 的三反同轴望远镜,全色通道的探测器为像元大小 8μm 的硅 CCD 阵列,TDI 积分级数 64,8 级、16 级、32 级、48 级、56 级、64 级可选。焦平面采用探测器包含 50 个 CCD 子阵列,以交错方式排布来实现 16.4km 的幅宽,并通过两个独立的具有模数转换功能的读出寄存器输出子阵列的响应。多光谱通道焦平面采用 10 个交错排列的硅 CCD 探测器子阵列,每个像元的尺寸为 32μm、TDI 模式下积分级数 3 级、6 级、10 级、14 级、18 级、21 级和 24 级可选。为了得到辐射分辨率最大且饱和像元数最小的图像,TDI 级数的设定采用特定的级数查找表,表中的级数设定依据成像位置对应的太阳高度角。在焦平面位置,八个多光谱通道探测器阵列分为两组依次放置在全色探测器阵列的两侧。每个子阵列均包含四行平行且带有不同滤光片的探测器,对应不同的谱段。不同波段的探测器配置独立的读出寄存器,探测器的输出数据量化为 11bit,并以 800Mb/s 的速率读出。WorldView-1 不同谱段具有不同的数据压缩比,全色谱段和多光谱谱段的数据压缩比分别为 2.4 和 3.2(Uplike and Comp,2010)。星上的存储容量可达 2.2Tb,便于采集的数据临时存储和过站时向地面的传输。

表 7.2 WorldView－2 的谱段及其典型应用

谱段设置	谱段名称	谱段范围/nm	主要应用
PAN	全色谱段	447～808	绘图
MS1	近红外谱段 1	765～901	植被类型、长势及数量调查、水体轮廓探测、土壤含水量检测
MS2	红谱段	630～690	植被分析
MS3	绿谱段	506～586	植被绿光反射和特征辨别
MS4	蓝谱段	699～749	海岸水体状况、土壤/植被辨别
MS5	红边谱段	699～749	通过叶绿色含量检测植被植株健康状况
MS6	黄谱段	584～632	水体浑浊度分析
MS7	海岸线蓝谱段	396～458	海洋探测、大气校正
MS8	近红外谱段 2	856～1043	植被和生物数量分析,受大气影响小

WorldView－2 通过改变整星的指向实现非星下点区域的观测。卫星采用由控制力矩陀螺组成的控制装置,具有高度敏捷性,其转向速率可达 3.5(°)/s,仅需 10s 便可扫过 200km 的地面区域。WorldView－2 最大的观测角为 ±45°,可覆盖 1355km(Satellite Imaging Corporation,2014),采用双向扫描的方式提高数据采集效率。通过卫星星敏、陀螺仪和 GPS 接收器,WorldView－2 的几何定位精度可优于 5m(CE90),而采用地面控制点时精度更高。这些特点使得卫星可更高效地采集数据,提高了变化检测能力,以及地图绘图精度等。

WorldView－2 的后续星 WorldView－3 于 2014 年 8 月发射,可提供 0.31m 分辨率全色图像和 1.24m 分辨率的多光谱图像(上述数据为星下点的地面分辨率)。卫星的光学系统孔径和 WorldView－2 一致,均为 1.1m,主要通过降低卫星轨道(从 770km 降至 617km)以提高分辨率,其幅宽也相应从 16.4km 降低到 13.1km。WorldView－3 全色与多光谱谱段的设置与 WorldView－2 基本一致,但增加了 8 个短波红外谱段,可覆盖 1.195～2.365μm,地面分辨率为 3.7m,星下点幅宽为 10.8km。短波红外谱段通道焦平面与全色和多光谱通道焦平面分开,具有独立的处理电路,全色和多光谱量化位数 11bit,短波红外量化位数为 14bit。WorldView－3 的另一个载荷是具有 12 个谱段的大气探测仪 CAVIS(云、气溶胶、水汽、冰、雪),工作谱段范围为 0.405～2.245μm,星下点空间分辨率为 30m,幅宽为 14.8km。CAVIS 探测仪的光学系统是一个全铝反射结构,具有两个相同谱段的(2.105～2.245μm),产生的光程差可测量高程。当 WorldView－3 对地面目标成像时,CAVIS 的图像数据可用于校正雾等对高分辨率图像质量的退化。通过这种独特的光谱通道数据结合方式,WorldView－3 大大提高了遥感数据在植被、海岸环境监测、农业、地质等方面的应用。

7.7.5 印度高分遥感卫星

技术试验卫星(TES)作为印度空间研究组织的第一颗米级遥感卫星,是印度下一代高分辨率遥感卫星星座的先驱星。TES 是一颗用于在轨验证一些关键技术的试验卫星,这些验证的关键技术包括姿态和轨道控制系统、高扭矩反作用轮、新式反作用力控制系统、轻量化航天器结构、固态存储器、X 波段相控阵天线、改进的卫星定位系统,以及小型化的遥测遥控和电源系统。卫星总重 1108kg,2001 年 10 月 22 日在印度斯利那加发射,轨道为 572km 的太阳同步轨道,载荷为一台全色相机,谱段为 0.5~0.85μm,地面分辨率为 1m,幅宽为 15km。

印度遥感卫星从制图卫星 2 号(Cartosat2)开启了亚米级时代,本节中简要介绍制图卫星 2A(Carto2A)成像系统。与 TES 相似,Carto2A 载荷为一台全色相机,谱段为 0.5~0.85μm,地面分辨率为 0.8m,幅宽为 9.6km。相机采用有效焦距为 5600mm 的折反式光学系统,在 RC 光学系统基础上增加场校正器,实现所需的平场覆盖。主镜和次镜均为微晶反射镜,其中主镜为直径为 700mm 的凹双曲面镜,次镜为凸双曲面镜,反射镜组采用轻量化设计,在保持所需刚度的同时最大限度地优化反射镜质量。光学系统中的场校正器位于焦平面附近,由一组折射镜组成,可提供大于 ±0.5° 的平场。相机光学系统有效焦距 5600mm,采用特殊的固镜装置,挡光板位于主镜与次镜之间,杂散光抑制罩位于系统入瞳处,其机械布局如图 7.10 所示。相机的机械结构采用轻量化的碳纤维增强复合材料,可达到特定环境下的空间稳定性。

Carto2A 的探测器为 12K 线阵 CCD,像元尺寸为 7μm,与第 6 章中介绍的 LISS-4 相似。一个带通干涉滤光片置于探测器前,用于产生所需的工作谱段。沿轨方向放置两个 CCD 阵列,均有独立的电路处理系统作为备份,与 LISS-4 的电路处理系统相似,将电路参数调整到适合 Carto2A 探测器使用。探测器输出数据采用 10bit 量化,并压缩至 3.2bit 每像素传输。Cartosat 2 系列卫星均采用敏捷成像模式,光轴沿轨和垂轨方向的摆角可达 ±26°,同轨可提供多倍幅宽的图像数据。为了实现敏捷成像,整个航天器均围绕光学系统进行设计。Cartosat 2 卫星的主要性能参数如表 7.3 所列。

表 7.3　Cartosat 2 卫星的主要性能参数

参数		属性值
光学系统	类型	RC
	有效焦距/mm	5580.5
	F 数	F/8
探测器	类型	硅 CCD
	像元数/尺寸/μm	12K/7
谱段宽度/μm		0.5~0.85
地面分辨率/m		0.8

（续）

参数		属性值
幅宽/km		9.6
观测角	垂轨	±26°
	沿轨	±45°
平均饱和辐亮度(mW/(cm² · sr · μm))		58.9
平均信噪比(饱和辐亮度时)		233
奈奎斯特频率的方波响应		>10
量化位数/bit		10
压缩比/类型		3.2/JPEG

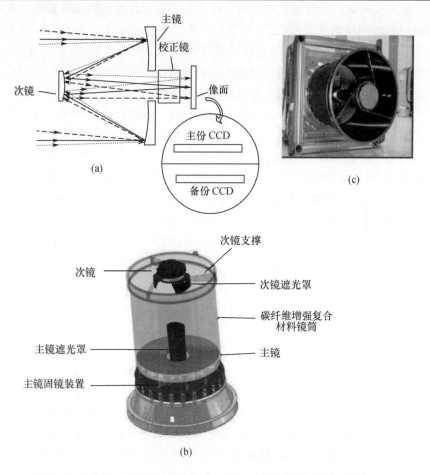

图 7.10　(a) Carto2 的光学设计；(b) Carto2 光学系统的机械结构；
(c)光学系统次镜和遮拦的照片(由 SAC/ISRO 许可使用)

7.8　什么限制了空间分辨率?

当设计一个对地观测的相机时,有一个光学成分是设计者无法控制的,那就是位于相机与目标之间的中间介质——大气。由气溶胶和湍流造成的散射会导致图像质量退化,我们把这些都归于大气 MTF。湍流是由大气温度的波动造成的,这会导致大气折射率的波动。大气中与湍流相关的折射率随机变化产生了方向波动的折射波。如果曝光时间长,通过很多小角度到达图像的辐亮度积分成图像,这样会增加图像的模糊(Dror and Kopeika,1995)。对天文观测来说,这会增加观测星体点图的光点直径。

靠近接收端的大气退化造成的影响远大于靠近目标端的大气影响。这叫浴幕效应(例如,同样幅度下,靠近望远镜光波波前面扭曲远比远离望远镜的光波波前面扭曲严重)。因此图像退化依赖于观测者距离湍流有多远,距离湍流越近,退化就越严重。湍流的强度在接近地表是最大的,在很高的高空上接近 0,湍流模糊对于卫星或是高海拔飞行器来说是可以忽略的。

大气分子和气溶胶的散射改变了入射和向上的辐射空间分布。分子散射仅仅在短波长—蓝光谱段是主要因素。因此,空间相机的空间分辨率限制是基于由气溶胶散射引起的 MTF 退化的,这种退化称为邻近效应。如果气溶胶的散射发生在相机附近,小角度的散射光还是会进入视场,并对图像形成贡献。如果散射发生在远离相机的地方,仅仅有非常小角度散射光线能进入视场。由于离地球距离越远,气溶胶的浓度越低,所以气溶胶 MTF 和湍流 MTF 一样从空对地观测的影响比从地对空进行天文观测小(Kopeika,1998)。因此大气对从地观测天和从天观测地的影响是不一样的,对后者影响要小一些。然而在大多数的大气条件下,气溶胶散射还是导致了对比度的下降,因此影响了成像质量。

总地来说,中间大气层导致了对地观测相机得到图像的对比度下降。各种过程,如湍流、大气散射、吸收、大气后向辐射,共同组成了大气 MTF,这影响了成像质量。

尽管已经有很多关于大气 MTF 理论和实验的研究(Kopeika et al, 1998),但并没有给我们一个直接的答案,即当穿过大气往下看时,什么限制了空间分辨率? Fried(1966)给出了一部分答案,他将一个点源置于地面,研究在典型的大气湍流条件下的分辨率。当从空中观测地面时,10km 以下可分辨的最小细节尺寸随着高度的增加在增加,超过 10km 就逐渐达到一个极限。使用一个足够大的光学系统,而且没有其他限制因素,极限值大约是 5cm。更多最近的评价指出,如果湍流的光学强度低一些,空间分辨率的极限值还要小一些(D. L. Fried,个人交流)。确切的值依赖于使用的湍流强度分布模型。也就是说,当空间分辨率小于 5cm 时,湍流的影响才能感觉出来。这可以认为是光学厚度非常低时的极限分辨率。然而，当光学厚度增加时，会发生气溶胶散射，进一步降低极限分辨率。就像之前讨论的，气溶胶对极限分辨率的影响依赖于当它通过大气到达探测器前的光子散射。散射降低了两个区域之间的对比度，因此也就降低了图像的对比度。

随着对空间图像分辨率的要求越来越高，希望能深入研究由中间大气层导致的极限空间分辨率。

参 考 文 献

1. Anderson, N. T. and G. B. Marchisio. 2012. WorldView - 2 and the Evolution of the DigitalGlobe Remote Sensing Satellite Constellation. *Proceedings of SPIE*. 8390, May 8, 2012: L1 - L15.

2. Auelmann, R. R. 2012. Image Quality Metrics. http://www. techarchive. org/wp - content/ - themes/boiler-plate/largerdocs/Image%20Quality%20Metrics. pdf (accessed on May 15, 2014).

3. Baltsavias E., Z. Li, and H. Eisenbeiss. 2005. DSM Generation and Interior Orientation Determination of IKO-NOS Images Using a Testfield in Switzerland. *Proceedings of ISPRS Workshop High - Resolution Earth Imaging Geospatial Inf.*, Hannover, Germany. http://www. isprs. org/publications/related/hannover05/paper/112 - baltsavias. pdf (accessed on May 15, 2014).

4. Barbe, F. D. 1976. Time delay and integration image sensors. *Solid State Imaging*. eds. Jespers, P. et al. Noordhoff International Publishing, Leyden, MA.

5. Dor B. B., A. D. Devir, G. Shaviv, P. Bruscaglioni, P. Donelli, and A. Ismaelli. 1997. Atmospheric scattering effect on spatial resolution of imaging systems. *Journal of the Optical Society of America A* 14 (6): 1329 1337.

6. Dror, I. and N. S. Kopeika. 1995. Experimental comparison of turbulence modulation transfer function and aerosol modulation transfer function through the open atmosphere. *Journal of the Optical Society of America A* 12 (5): 970 980. Eo Portal Directory. 2014a. GeoEye - 1. www. eoportal. org/directory/pres_GeoEye1 - Orb-View5. html (accessed on May 14, 2014).

7. Eo Portal Directory. 2014b. IKONOS. https://directory. eoportal. org/web/eoportal/ - satellite - missions/ - i/ikonos - 2 (accessed on May 15, 2014).

8. Eo Portal Directory. 2014c. QuickBird. https://directory. eoportal. org/web/eoportal/satellite - missions - /q/quickbird - 2 (accessed on May 15, 2014).

9. Figoski, J. W. 1999. The QuickBird telescope: The reality of large, high - quality commercial space optics. SPIE 3779: 22 - 30.

10. Fried, D. L. 1966. Limiting resolution looking down through the atmosphere. *Journal of the Optical Society of America* 56(10): 1380 - 1384.

11. Holst, G. C. 2008. *Electro - Optical Imaging System Performance*, 5th Edition. SPIE Publications, Belling-ham, WA.

12. Jacobsen, K. 2005. High resolution satellite imaging systems overview. http://www. ipi. uni - hannover. de/uploads/tx_tkpublikationen/038 - jacobsen. pdf (accessedon September 15, 2005).

13. Jacobsen K., E. Baltsavias, and D. Holland. 2008. Information extraction from high resolution optical satellite sensors. XXIst ISPRS Congress, Beijing, Tutorial - 10. http://www. ipi. uni - hannover. de/fileadmin/insti-

tut/pdf/Turoria 110_1. pdf(Accessed on May 15, 2014).

14. Jahn, H. and Reulke, R. 2000. Staggered line arrays in pushbroom cameras: Theory and application. *International Archives of Photogrammetry and Remote Sensing*. Vol. XXXIII, Part B1. Amsterdam. http://www. isprs. org/proceedings/xxxiii/congress/part1/164_XXXIII – part1. pdf (accessed on May 15, 2014).

15. Joseph, G. 2005. *Fundamentals of Remote Sensing*. 2nd Edition. Universities Press (India) Pvt Ltd., Hyderabad, Telangana, India.

16. Kopeika, N. S. 1998. *A System Engineering Approach to Imaging*. SPIE Press Book, Bellingham, WA. ISBN: 9780819423771.

17. Kopeika N. S., D. Sadot, and I. Dror. 1998. Aerosol light scatter vs turbulence effects in image blur. SPIE 3219: 3097 – 3106.

18. Kraus K. 2007. Photogrammetry: *Geometry from Images and Laser Scans*. Vol. 1. Walter de Gruyter GmbH & Co., Berlin, Germany.

19. Lam, W. K. K., Z. L. Li, and X. X. Yuan. 2001. Effects of JPEG compression on the accuracy of digital terrain models automatically derived from digital aerialimages. *The Photogrammetric Record* 17 (98): 331 – 342.

20. Latry, C. and B. Roug. 2003. Super resolution: Quincunx sampling and fusion processing. *Proceedings of SPIE* 4881: 189 – 199.

21. Lau, W. L., Z. L. Li, and W. K. Lam. 2003. Effects of JPG compression on image classification. *International Journal of Remote Sensing* 24: 1535 – 1544.

22. Liang Z., X. Tang, and G. Zhang. 2008. Mapping oriented geometric quality assessment for remote sensing image compression. *Proceedings of SPIE*. 7146;714610. 1 – 714610. 9.

23. Liedtke, J. 2002. Quickbird – 2 System Description and Product Overview. JACIE Workshop, Washington DC. http://calval. cr. usgs. gov/wordpress/wp – content/uploads/16Liedtk. pdf (accessed on May 15, 2014).

24. Mittal, M. L., V. K. Singh, and R. Krishnan. 1999. Proceedings of Joint Workshop of ISPRS WGI/1. http://pdf. aminer. org/000/232/914/towards_a_model_relating_dtm_accuracy_to_jpeg_compression_ratio. pdf (accessed on May 15, 2014).

25. Nixon, O., L. Wu, M. Ledgerwood, J. Nam, and J. Huras. 2007. 2.5 μm Pixel Linear CCD. http://www. imagesensors. org/Past%20Workshops/2007%20Workshop/2007%20Papers/085%20O%20et%20al. pdf (accessed on May 15, 2014).

26. Paola, J. D. and R. A. Schowengerdt. 1995. The Effect of Lossy Image Compression on Image Classification. NASA – CR – 199550. Purdue University. 2014. Asynchronous imaging mode. https://engineering. purdue. edu/ ~ bethel/eros_orbit3. pdf (accessed on May 15, 2014).

27. Rabbani, M. and P. W. Jones. 1991. *Digital Image Compression Techniques*. SPIE Press, Bellingham, WA.

28. Reulke, R., U. Tempelmann, D. Stallmann, M. Cramer, and N. Haala. 2004. Improvement of spatial resolution with staggered arrays as used in the airborne optical sensor ADS40. *Proceedings ISPRS Congress*, Istanbul, Turkey. http://www. isprs. org/proceedings/XXXV/congress/comm1 – /papers/22. pdf (accessed on May 15, 2014).

29. Satellite Imaging Corporation. 2014. http://www. satimagingcorp. com/satellitesensors/worldview – 2/ (accessed on May 29, 2014).

30. Shih, T. Y. and J. K. Liu. 2005. Effects of JPEG 2000 compression on automated DSM extraction: Evidence from aerial photographs. *Photogrammetric Record* 20(112):351 – 365.

31. Tatani, K., Y. Enomoto, A. Yamamoto, T. Goto, H. Abe, and T. Hirayama. 2006. Highsensitivity 2.5 –

µm pixel CMOS image sensor realized using Cu interconnect layers. Proceedings of SPIE 6068: 77 – 85.

32. Tate, S. R. 1994. Band ordering in lossless compression of multispectral images, *Proceedings of Data Compression Conference*, 1994, DCC′94, Snowbird, UT. IEEE:311 320.

33. Thomassie, B. P. 2011. DigitalGlobe Systems and Products Overview. 10*th Annual JACIE* (*Joint Agency Commercial Imagery Evaluation*) *Workshop*, March 29 31, Boulder, CO. http://calval. cr. usgs. gov/JACIE_files/JACIE11/Presentations/WedPM/405_Thomassie_JACIE_11. 143. pdf (accessed on May 15, 2014).

34. Topan, H. , G. Büyüksalih, and D. Maktav. 2007. Mapping Potential of Orbview – 3 Panchromatic Image in Mountainous Urban Areas: Results of Zonguldak Test – Field. *Urban Remote Sensing Joint Event*. http://geomatik. beun. edu. tr/topan/files/2012/05/20_urs2007_zong_tam2. pdf (accessed on May 15, 2014).

35. Updike, T. and C. Comp. 2010. Radiometric Use of WorldView – 2 imagery. Technical Note. Digital Globe. http://www. digitalglobe. com/sites/default/files/Radiometric_Use_of_WorldView – 2_Imagery% 20% 281% 29. pdf (accessed on May 15, 2014).

36. Zabala, A. and Pons, X. 2011. Effects of lossy compression on remote sensing image classification of forest areas. *International Journal of Applied Earth Observation and Geoinformation*, 13(1): 43 – 51.

第8章

高光谱成像

8.1 概　　述

　　我们之前讨论的相机的谱段选择范围通常是一个包含可见近红外谱段（NIR）在内的宽波段（即全色谱段成像），或者是可见红外（IR）范围内几个特征谱段区域的窄波段（即多光谱成像）。比如，IRS PAN 相机成像谱段为 $0.5 \sim 0.75~\mu m$，而 LISS-3 可分别获取可见光至短波红外（SWIR）区域的四个谱段（$0.52 \sim 0.59\mu m$、$0.62 \sim 0.68\mu m$、$0.77 \sim 0.86\mu m$、$1.55 \sim 1.70~\mu m$）上的数据。在多光谱成像中，我们采集到特定波长下景物的反射光谱信息。对于表面特征提取和特征信息提取，这类信息已经足够，但是，这种粗的光谱带宽（通过频带内光谱响应平均而得到的）以及对探测谱段内的有限个点采样并不能获取某个特定窄谱段的信息。图 8.1 给出了高岭石矿中 $0.3 \sim 1.8~\mu m$ 光谱范围内的反射光谱（美国地质调查所光谱库供图），可以看到该谱段内有两条特定吸收带。如果用 LISS-3 的四个谱段来测量，$0.52 \sim 1.7\mu m$ 区域内的反射光谱曲线如图 8.1 的虚线所示，两个吸收峰已经无法显示。由此可知，LISS、TM 这类多光谱相机会对反射光谱信息欠采样，造成精细光谱信息丢失。

　　对地球表面和大气的反射以及发射辐射中的细微光谱特征进行探测，成为从自然资源监控到军事目标识别等多个遥感应用中获取有用信息的重要手段。对此，需用一种在一系列连续的窄光谱谱段上获取图像的方法，即高光谱成像。地质学家/地球物理学家最先通过监测矿物在近红外到长波红外谱段范围中特有的谱线认识到了高光谱成像在辨识地球表面的矿物学特征上的潜力。由于吸收谱深度与岩石中矿物含量紧密相关，通过定位吸收带并测量其强度，即可从图像中辨识出特定矿物的分布。

　　多光谱传感器测量地球表面反射（和/或发射）的某些特定光谱区域的辐射量，光谱分辨率较低。而高光谱传感器对感兴趣谱段中的窄谱带数据进行连续测

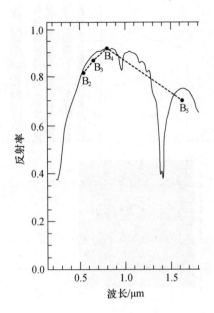

图 8.1   高岭石反射光谱。实线为实验室光谱分析仪数据,虚线表示用 LISS – 3 成像所获
得的数据情况(经授权引自 Joseph, G. , Fundamentals of Remote Sensing, Universities
Press (India) Pvt Ltd. , Hyderabad, India, 2005)

量(图 8.2)。然而,上述对高光谱传感器的定义还是比较模糊的,并未强调谱段到
底多窄才算是高光谱。可以这样认为:如果要将一个光谱特性真实重建,所需的采
样带宽应小于待分析对象谱段宽度的 1/4 ~ 1/6。也就是说,高光谱传感器只有进
行非常密集的采样才能分析出所调查区域的光谱特性。实际上,传感器设计的光
谱采样频率通常能够满足一些特定应用领域的需求,因此同一个传感器能够适用
于一系列广泛的应用。但是,工程实现上需要考虑具有理想信噪比的光谱分辨率。
例如,一个几十米量级空间分辨率的星载高光谱传感器,采用大约 10nm 的光谱分
辨率基本合理可行(在机载平台下,超光谱成像光谱分辨率能达到约 1nm(Meigs et
al,2008))。高光谱传感器的性能并不以波带数目来评价,而是以波长范围内测量
的宽窄度和连续性来衡量(Shippert,2004)。

　　应用于遥感的高光谱成像仪(HISs),又称成像光谱分析仪,在遥感平台上集
成了光谱分析和成像两种技术,可以同时提供空间和光谱信息。因此,高光谱数据
提供了一个三维结构:两个空间维度和一个光谱维度(图 8.3)。在后续章节中,将
详细讨论基于遥感平台的成像系统的实现原理和技术。现在先讨论如何将一个普
通成像系统改造成高光谱成像仪。

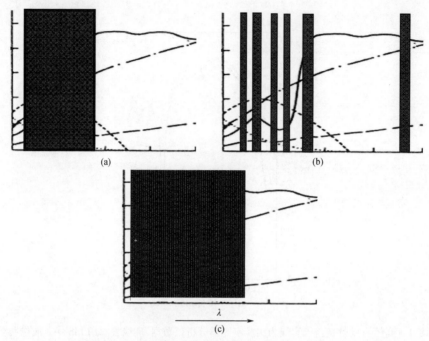

图 8.2　对地观测相机不同的光谱选择方案(谱带的光谱响应叠加在目标图像光谱上)
(a)全色谱段成像,光谱谱带宽度几百纳米,常覆盖一部分可见光和近红外谱段;(b)多光谱
成像,光谱谱带宽度几十纳米,每个谱带的位置取决于所探测的特征需求,每个谱带的宽度不
一定要相同;(c)高光谱成像,上百个连续谱带每个的覆盖范围约5nm。

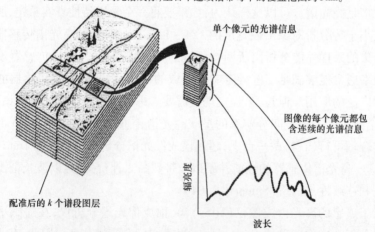

图 8.3　图像立方体原理示意图。100 ~ 200 个窄谱段同时成像,内部配准,图像立方体的
每个像素具有连续的光谱信息(引自 NASA, Earth Observation System—Instrument Panel
Report – HIRIS, Vol. 2c, 1987)

8.2　高光谱成像系统构型

通常,高光谱成像仪由两个部分组成:成像系统和光谱分析系统。在 8.2.1 节和 8.2.2 节中将大略地介绍光机扫描仪和推扫型探测器是如何改造成高光谱成像仪的。

8.2.1　扫描方法

此处提到的图像构成与在第 5 章讨论过的光机扫描仪类似。成像系统焦平面上的孔径决定了地面瞬时视场(IGFOV)的大小。经由狭缝产生的准直光入射到类似于棱镜或光栅的色散元件上。色散的能量会聚至线性探测器阵列,并使其上的每个探测器像元能对不同的波长区域进行响应(图 8.4)。也就是说,探测器输出对应的是由口径和光谱采样数所定义的地面像元的光谱响应,它取决于每列的探测器像元数。扫描镜在穿轨方向上扫描并提供该方向的连续像元信息(与光机

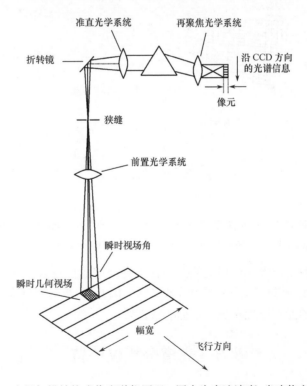

图 8.4　光机扫描结构成像光谱仪原理。图中为表述清晰,省略物方扫描镜
(经授权引自 Joseph, G., Fundamentals of Remote Sensing, Universities Press
(India) Pvt Ltd., Hyderabad, India, 2005)

扫描仪类似)。在实际运用中,为增加驻留时间,焦平面上的入瞳口径在沿轨方向一般覆盖很多像元;探测器为面阵阵列,分别提供沿轨方向的空间信息和垂轨方向的光谱信息。

8.2.2　推扫方法

推扫方法中,位于成像光学焦平面的狭缝方向必须与穿轨方向一致。狭缝长度决定了传感器的幅宽(视场(FOV));狭缝宽度决定了沿轨方向的采样间隔,通常等效于地面瞬时视场(IGFOV)。经由狭缝产生的准直光入射到色散元件棱镜或光栅上,色散的能量被会聚至面阵探测器上,两个方向分别获取光谱信息和空间信息。其中,探测器阵列在垂轨方向的像元数决定了该方向的空间分辨率,而沿轨方向的像元数确定光谱采样数。这种推扫技术能获得多个相邻谱段的图像(图8.5)。成像过程中虽无须扫描镜,但通常会使用指向反射镜来实现沿轨方向和/或垂轨方向的指向。

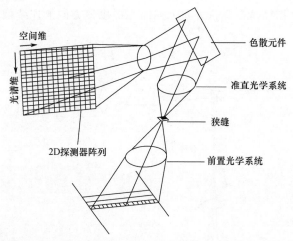

图 8.5　推扫成像光谱仪成像原理(已授权引自 Joseph, G. , Fundamentals of Remote Sensing, Universities Press (India) Pvt Ltd. , Hyderabad, India, 2005)

高光谱成像仪与多光谱相机的区别在于高光谱成像仪多了一个光谱分析仪,用于将入射光线分散成多个不同组分的光谱。因此,若想运用好高光谱成像仪,了解光谱分析仪的操作原理及设计依据非常重要。

8.3　光谱分析仪一览

光谱学是一种通过研究目标或光源发射(或反射)的辐射信息来了解其特性的科学。光谱学的研究最初应当源自 Joseph von Fraunhofer 在 19 世纪 20 年代对500 多条太阳光谱暗谱线进行的详细测量,即广为人知的"夫琅禾费谱线"。如今,光谱学在很多领域中得以运用,从天体物理学研究到分子结构分析,覆盖了电磁光谱的不同领域,每个领域都有大量的技术基础和应用。在我们的研究中,光谱学可看作研究目标电磁辐射随波长变化函数的科学,而测量不同波长下电磁辐射的仪器即光谱分析仪。光谱分析仪的核心为光谱分离技术,通过光谱分离将输入电磁辐射划分为一系列狭窄且独立的谱带。光谱分析仪的其中一个关键指标为最小可区分波长差,也称最小可分辨波长差——$\Delta\lambda$。由于 $\Delta\lambda$ 可能与波长相关,所以常用分辨能力(RP)来表述光谱分析仪的性能(Wolfe,1997),即

$$RP = \frac{\lambda}{\Delta\lambda} \tag{8.1}$$

在光谱分析仪中,光谱特性也可以用波数 $v \sim$(nue bar)表达,即波长的倒数:

$$v \sim \; = \frac{1}{\lambda} \tag{8.2}$$

从概念上讲,波数代表单位长度中波的数目,SI 单位为 m^{-1}。分辨能力用波数表示为

$$RP = \frac{v \sim}{\Delta v \sim} \tag{8.3}$$

RP 为无量纲量,无论用波长还是用波数表示其数值都相同。

光谱分离技术可以概括地分为以下几类:

- 使用光谱色散装置;
- 使用干涉仪;
- 使用干涉滤光片。

8.3.1　色散光谱仪

棱镜是光谱仪中最早用于光谱选择的元件。其他的色散元件有光栅,以及光栅和棱镜的组合(棱栅)。棱镜色散是折射的结果。从第 2 章我们看到,根据斯涅耳折射定律,当光作为电磁波从一种介质折射到另一种折射率不同的介质时,传播角度会发生偏转。由于折射率随波长变化而变化,光线从棱镜入射面到出射面的折射偏转角随波长而变化,至使光线通过棱镜后出现与波长相关的出射角,从而将不同波长光线分开(图 8.6)。棱镜分光仪的分辨能力由下式给出:

$$RP = B \frac{dn}{d\lambda} \tag{8.4}$$

式中:B 为与棱镜相关的效率,表示光线在棱镜中的最大传播距离;$\frac{dn}{d\lambda}$ 为色散折射率。因此,棱镜分光仪的分辨能力与棱镜底尺寸和棱镜材料的光谱色散性成比例。

棱镜底尺寸越大,棱镜材料的光谱色散性越扁,光谱分辨能力越精细。但是通常来讲,色散性高的材料吸收率大,会减小系统的透过率。棱镜分光仪能够覆盖

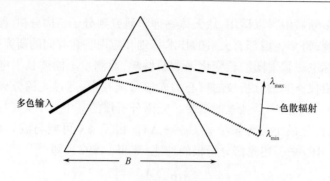

图 8.6　棱镜色散原理

的波长区域取决于棱镜材料的传输特性。因此,光谱仪的分辨能力和可覆盖波长区域取决于棱镜材料,而设计时可选择的材料只有有限的几种。非成像光谱仪的传统结构所采用的厚棱镜并不适用于成像光谱仪,因为光路中的厚棱镜材料会产生显著的像差。虽然如此,在成像光谱仪中,仍然可采用一系列的光学技术来规避这一问题(Eismann,2012)。

　　光栅是另一种常用的能够将多色光分离成所需单色光的器件。光栅原理与棱镜不同,棱镜由折射产生色散,而光栅实现的光谱分离是衍射和相干共同作用的结果。一个衍射光栅由一系列透射狭缝(孔径)组成,这些狭缝(孔径)或位于不透明反光屏上,即传输型光栅,或位于基底上的反射刻槽,即反射型光栅。这些狭缝或刻槽之间的间隔周期与辐射波长相关,可以作为衍射元。不同狭缝的衍射光在某个特定方向产生相位相干时可得到最大能量。当相邻刻槽的光的传输距离差等于 λ 或 λ 的整数倍时,可实现最好相干性。当入射和衍射光线位于与刻槽正交的同一平面时,衍射方程写作(Loewen and Popov,1997):

$$\sin\theta_d = \sin\theta_i + m\frac{\lambda}{s},\ m = 0,\ \pm 1,\ \pm 2,\ \pm\cdots \tag{8.5}$$

式中:s 为刻槽间的间距;θ_i 为从法线测量的入射角;θ_d 为波长 λ 的光线从法线测量的衍射角(图 8.7(a));m 为表征光栅栅格顺序的整数。从前述方程可明显看出,对于同一波长的固定入射角 θ_i,可以产生由指定的整数 m 所确定的一系列不同的衍射角,称作衍射级次。当 $m = 0$ 时,对任何波长都有折射角等于入射角,此时光栅相当于平面镜,提供无色散的镜面反射。高级次衍射可出现在法线的两端,即可以有正阶次衍射和负阶次衍射。

　　多阶衍射带来的问题是,在焦平面上,短波长的高阶次衍射可能和长波长的低阶次衍射重叠,即波长 λ 的一阶衍射位置将同时包含 $\frac{\lambda}{2}$ 波长的二阶衍射($m = 2$),以及 $\frac{\lambda}{3}$ 波长的三阶衍射等等。从而导致光谱掺杂(图 8.7(b))。因此,有必要在焦平面上放置合适的滤光片(称作"阶次选择滤光片")来滤除高阶能量。光谱仪中经常用到的是一阶光谱,而高阶光谱会带走一阶光谱的一些辐射能量。

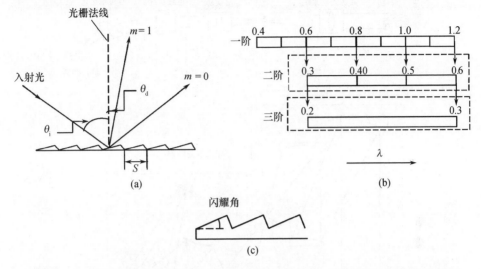

图 8.7 (a) 平面光栅的衍射原理。光栅刻槽方向穿过纸面(沿纸面的法方向),光线在纸面内。为表述简明,图中仅画出了 $m=1$ 的情况。(b)不同衍射级次光谱重叠原理示意图。二阶 $0.3\mu m$ 波长光线、三阶 $0.2\mu m$ 波长光线与一阶 $0.6\mu m$ 波长光线衍射方向相同。(c)闪耀角:为狭缝面与光栅平面的夹角

不同波长光线的衍射效率主要取决于刻槽面角,即常说的光栅闪耀角。光栅闪耀角可以设计为在某一特定波长下具有最大的衍射效率。光栅效率随波长减小,而不是随闪耀波长减小,可由此设定光谱分析仪的光谱覆盖范围门限。

光栅的分辨能力 RP 取决于阶次和光栅线对数(Wolfe,1997)。

$$RP = \frac{\lambda}{\Delta\lambda} = mN \tag{8.6}$$

分辨能力取决于阶次数 m,光栅线对数 N(光栅表面被照亮的刻槽的总数)。

光栅可以在透射和反射两种模式下工作。平面反射光栅可通过适当地调整光束方向来减小系统的尺寸,而带曲率的反射光栅(凹面光栅/凸面光栅)可作为光学设计中的功能元件。因此,光栅可认为是一种能够简化整个光学设计的光学元件。此外,光栅相比棱镜具有线性色散特性以及更宽的光谱覆盖范围。但是,光栅光谱仪的光通量比棱镜光谱仪低得多,因为辐射能量被色散为不同阶次,且设计时还需要考虑不同阶次的混叠问题。

一个典型的棱镜或光栅成像光谱仪中具有用来接收目标的输入辐射并将其会聚至狭缝的输入光学系统。狭缝位于光学系统的焦平面上,其大小确定了视场角。紧接着狭缝的是一套准直光学系统,形成准直光入射到光栅或棱镜这类色散元件上,入射光中不同波长的光色散到不同空间位置。由此产生的光谱会聚到一个合适的二维探测器阵列上,并于其上测量光谱能量(图 8.8(a))。

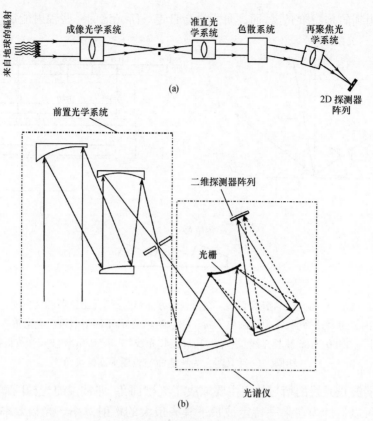

图8.8 (a)棱镜/光栅光谱仪结构布局原理图；
(b)实际的推扫模式光栅色散高光谱成像仪光学元件布局原理

图8.8(b)中展示了一种实用的推扫式高光谱成像仪。该系统采用三反镜头TMA作为前置光学系统，其后跟随一个工作在Offner模式下的光栅光谱仪。根据第3章的分析，TMA结构的镜头在垂轨方向可获得较大视场。基本的Offner型光谱分析仪具有三个同轴球面反射镜，其中主镜和三镜为反射镜，而次镜为一个曲面衍射光栅，同时作为系统的孔径光阑。这种结构的优点在于简洁、紧凑，且在空间和光谱上均匀。这一组合不受球差、彗差和畸变的影响（Mouroulis and McKems，2000；Blanco et al，2006）。Offner凸面光栅光谱仪已用于一系列的航天任务中，如火星侦查轨道器（Mars Reconnaissance Orbiter）上的火星专用小型侦查影像频谱仪（Compact Reconnaissance Imaging Spectrometer for Mars），美国空军研究实验室（Air Force Research Laboratory）的TacSat-3卫星上承载的ARTEMIS高光谱成像仪，EO-1 Hyperion等（Silverglate and Fort，2004；Silny et al，2010；Folkman et al，2001）。

8.3.2 傅里叶变换光谱仪

在8.3.1节中介绍的运用色散元件的光谱仪直接能够获得光谱分量，相对来讲操作简单,但是获得的光谱分辨率却不适用于许多应用需求。在实验室中很长一段时间采用干涉原理配合后续信号处理的设备作为光谱分析仪使用。由于该设备原始数据需通过数字处理(傅里叶变换)产生光谱数据,因此称作傅里叶变换光谱仪(FTSs)。所有傅里叶变换光谱仪的基本原理为,它们将入射光束分离成两束相干光,并在其间引入可变光程差(OPD)。两束光继而重组并干涉,干涉过程产生与光程差相关的亮暗条纹。与光程差有关的亮度变化(即干涉图)可以由一个合适的探测系统进行测量。干涉图中具备与光源频率相关的亮度信息。但是在干涉图中与光源谱段相关的信息是以空间域(路程差)的形式体现的,需要转换为频率域。傅里叶变换即是实现两个域间相互转换的数学方法。据此,通过对干涉图进行傅里叶变换,能够获得原始光束中每一个特定频率(波长)的强度。不同种类干涉仪的区别主要来源于两个光束间受控的光程差产生方式的不同。若光程差随时间变化,称作时域傅里叶变换光谱仪(如麦克尔逊干涉仪);若光程差随空间变化,称作空间域傅里叶变换光谱仪(如 Sagnac 干涉仪)。下面将简单介绍这两种干涉仪的原理。

8.3.2.1　麦克尔逊干涉仪

麦克尔逊干涉仪本质上是由两块相互成直角的平面镜以及相对于两块平面镜成 45°角的分束器组成(图 8.9)。分束器将入射光分离为两个光束,其中接近50% 的入射光被反射,另 50% 被透射。反射光传输至平面镜 M_1,透射光传输至平面镜 M_2。麦克尔逊干涉仪的一个机械臂中通常包含一个光学性能与分束器相同的"补偿器",保证当两块平面镜置于相同距离时,两个光束的光程相同。从图 8.9 中观察到,光束被分束后,通过平面镜 M_1 反射的光束在与平面镜 M_2 反射的传输光束合并之前,已经在分光镜中传输了两次。补偿器为透射光束增加了两次光程补偿功能,与反射光束在分束器中经历的折返过程等效。从平面镜 M_1 和 M_2 中反射回的光束在分光器中合并,相干程度取决于 M_1、M_2 反射光束的光程差异引起的相位差 ϕ。在图 8.9 中,由于反射发生在分光器的底部,当 $a = b + c$ 时,两个光束具有零程差(ZPD)。该位置称作零程差位置。通过沿平行入射光方向移动其中一个反射镜可以构造光程差。若 M_2 移动了距离 d,反射光束和传输光束的光程差即为 $2d$,其中系数 2 的来源为光束在 d 距离上传输了 2 次。真实相位差取决于 d/λ,因此,不同的波长成分会有不同的相位差。当相位差为 0 或 2π 的整数倍时,光束相长相干,产生最大光强;当相位差为 的奇数倍时,波的振幅相互抵消,即相消相干。在实际运用中会使一个反射镜运动构造可变光程差。根据 Eismann(2012)的研究成果,现在可以不用推导直接给出干涉仪的一些特性参数如下:

若平面镜与零程差处两个方向的最大位移为 d,则分辨能力为

$$RP = \frac{4d}{\lambda} \tag{8.7}$$

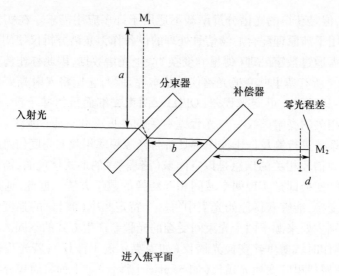

图 8.9　麦克尔逊干涉仪光学布局

即从起始到末端的整个双边干涉图上,分辨能力与总光程差 $4d$ 成正比。与运用棱镜或光栅这类色散元件的光谱分析仪对比,后者的分辨能力由色散元件的光学特性决定。

麦克尔逊傅里叶变换光谱仪在平面镜位置的固定间隔时获取采样数据。数据采样间隔由需要探测的最小波长值决定。对于相邻采样间镜面位置差为 δ 的一簇均匀分布的采样值,为满足奈奎斯特采样定理,最小波长为

$$\lambda_{min} = 4\delta \tag{8.8}$$

而最大探测波长实际上由光学系统传输和探测器响应所限制。

要想将麦克尔逊干涉仪转换为一个高光谱成像仪,先使用前置光学系统将景物成像在一个中间像平面上,再由准直光学系统将图像会聚至麦克尔逊干涉仪。由两面平面镜反射信号合成的辐射信号直接进入聚焦光学系统,并在其中会聚到一个二维焦平面阵列(FPA)如面阵电荷耦合器件(CCD)上,从而获取干涉图像。当平面镜移动时,焦平面阵列记录平面镜每个位置分别对应的干涉图像帧,一个特定景物的干涉图谱就由这一个序列帧的信息合成。因此,获得的数据可看作一个三维的图像立方体。其中两维为空间信息,第三维为干涉信息(图 8.10)。一帧数据中每个 CCD 像元都代表了平面镜特定位置对应的地面像元的干涉数据;同一个 CCD 像元在不同序列帧上数据曲线代表像元所对应的地面位置上的干涉图谱。通过对每个像元在不同帧上的信号进行傅里叶变换,可获得每个像元的光谱数据,从而获得高光谱数据。构造时间域傅里叶变换的一个难点在于平面镜运动的精确控制和位置的准确确定。

热辐射光谱仪(Thermal Emission Spectrometer,TES)以及火星探测小型热辐射

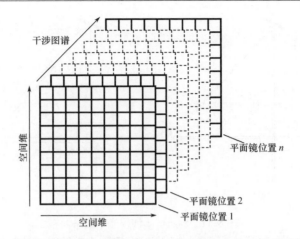

图 8.10　傅里叶光谱仪的一个干涉图像。每一个平面镜
位置成一个干涉图像,由焦平面阵列记录

计(mini - TES)是基于麦克尔逊原理的成像光谱仪在航天任务中的成功运用
(Christensen et al, 1992; Silverman et al,1999)。TES 搭载于"火星全球勘探者"号
上,于 1966 年发射。该探测器使用一个 15.2cm 口径的卡塞格伦望远镜作为前置光
学系统,直径 1.524cm 的输出光束在通过麦克尔逊干涉仪后由离轴反射镜会聚到热释
电探测器阵列上。该光谱仪工作在 6~50μm 波长下,光谱采样间隔为 10~5 波数。

8.3.2.2　Sagnac 干涉仪

　　Sagnac 干涉仪是一种基于空域的傅里叶变换光谱仪,探测器阵列同步记录干
涉条纹,而不像麦克尔逊干涉仪那样需要一个短时间内的序列帧图像才能记录干
涉信息。同麦克尔逊干涉仪一样,Sagnac 干涉仪也由两个反射镜和一个分光镜组
成,但是反射镜与反射光束/透射光束间并不像麦克尔逊干涉仪那样正交,而是存
在一个小于 90°的固定角。该结构使得从分束器出来的反射光束与透射光束形成
两个相反方向三角形传输的光路(图 8.11)。由于反射光束和透射光束的传输路
径完全相同但方向相反,因此此类干涉仪也称作共光路干涉仪。如果两个反射镜
置于与分束器对称的位置上(图 8.11(a)),则经由反射镜反射的两条光线将从干
涉仪的相同位置以相同方向射出;如果其中一个反射镜偏离对称位置(图 8.11b),
则两条光线以相对光轴对称的偏离位置从相同方向射出干涉仪。干涉仪的光程差
是光线相对光轴的角度的函数,且不随入射位置变化而变化(Sellar et al,2014)。
从分光器出来的光线随即通过一个光学系统会聚到一个二维探测器阵列上,获得
一个方向上的空间信息和另一个方向的干涉条纹信息(图 8.12)。前面列出的只
是基本的概念,实际中有很多各种各样形式的采用相向光束的干涉仪被发明出来
(Sellar and Boreman,2003)。

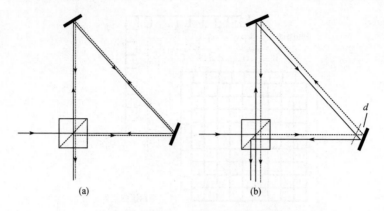

图 8.11　Sagnac 干涉仪光学通路

(a) 平面镜对称放置,反射光线和传输光线重叠(为描述清晰,图中所绘制的两束光线间稍有位移);(b) 一块平面镜的偏离了距离 d 放置的光学通路。

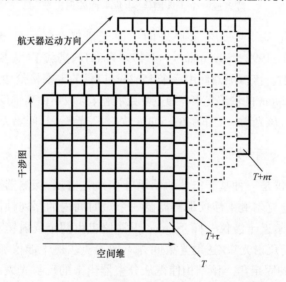

图 8.12　Sagnac 推扫模式高光谱相机干涉图组成结构

　　前面所述的 Sagnac 干涉仪运用分光器和空气介质。光束位置与镜间角度密切相关(Griffiths and Haseth,2007)。在航天系统设计中,因为仪器本身会遭遇多种机械和热应力,因此需要特别关注这一点。很多研究者实现将分光器和反射镜合并为一个模块的整体设计方法(Dierking and Karim,1996;Rafert et al,1995)。在 Rafert 等的研究中,干涉仪由沿着分束器镀膜膜层平面黏合的 A、B 两块镜子组成(图 8.13)。这种设计抗抖动、震动和热效应能力较高,减少了杂散光和"鬼影干涉图"的出现。

　　当 Sagnac 成像干涉仪在推扫模式下工作时,前置光学系统将景物会聚到一个狭缝,这个狭缝决定了幅宽和瞬时视场角(IFOV)的大小。一维图像在通过干涉仪

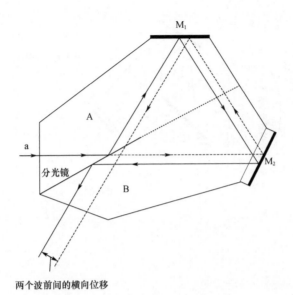

图 8.13 Sagnac 干涉仪原理示意图。入射光束 a 被分束器分成两部分,分别经
由 M_1 和 M_2 反射。分束器的界面只能向干涉仪组件远端延伸一部分,保证被 M_2 反
射的光束能够无衰减地到达 M_1(经 OSA 授权引自 J. Rafert, R. G. Sellar, and J. H. Blatt,
Monolithic Fourier – transform imaging spectrometer, Appl. Opt. 34, 7228 – 7230 (1995))。

的过程中被分束、剪切,并重新合成为干涉图像。在实际成像系统中,为去除输入
狭缝的形状和孔径对干涉条纹的影响,在光路中放置了一个透镜,保证了探测平面
和透镜之间的距离与透镜的焦距严格匹配。这个透镜称为傅里叶透镜(Lucey
et al, 1993)。傅里叶透镜附近放置一个具有合适焦距的圆柱镜,获得一个方向的
(狭缝图像的)空间信息及与之正交方向上的光谱信息,即干涉图(图 8.13)。由
此,在一个积分时间内,由焦平面阵列可以获取线阵方向所有像元的干涉图。该方
法的原理类似于使用狭缝的光谱仪,只是该方法中光谱信息是经过傅里叶变换得
到的。通过航天器的运动可以得到连续数据帧。实施快速傅里叶变换(FFT)后,
可获得每一个空间像元的光谱信息,从而得到图像数据立方体。Sagnac 干涉仪的
光谱分辨率和光谱范围取决于干涉条纹记录方向上探测器阵列的长度和探测器像
元尺寸。

　　图 8.14 给出了一个实用的 Sagnac 干涉仪系统结构图(Eismann,2012)。此例
中 Sagnac 干涉仪设置为非准直光路,同样地也可以设置为准直光路。不论是哪种
情况,都会产生一些横向剪切来形成干涉。非准直光路的 Sagnac 干涉仪的一个缺
点是,由于干涉波前在分光器中传播厚度不同而产生了色差,而产生的任意色差都
可能降低干涉图的调制度(Michael T. Eismann, pers. comm)。

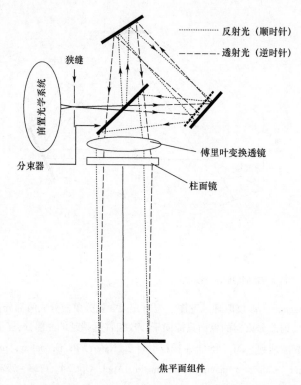

图 8.14 Sagnac 结构的傅里叶变换光谱仪原理(经 SPIE 授权引自 Eismann, M. T.,
Hyperspectral Remote Sensing, SPIE eBook series, EISBN: 9780819487889)

Sagnac 干涉仪同样也可应用于没有输入狭缝的情况中,称作"跳耦"结构或窗口操作模式(Barducci et al,2012)。

8.3.3 基于滤光片的系统

从第 6 章和第 7 章中可以看到,大多数多光谱扫描仪都使用干涉滤光片来进行光谱选择。这些滤光片是以某个特定波长为中心的带通滤光片。在航天器平台上,通过离散带通滤光片进行带通选择来实现高光谱成像仪所需的光谱分辨率的方法并不实际,因为这需要在光路中引入大量的滤光片。一个更为简便的解决方法是运用可变滤波器。可变滤波器系统可有以下两种实现方式:

(1) 可调滤光片系统;

(2) 空间渐变滤光片系统。

基于航天器的干涉仪系统常用的可调滤光片包括:

- 声光可调滤光片;

- 液晶可调滤光片;

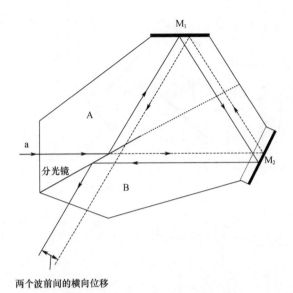

M₁

A

a

分光镜

B

M₂

两个波前间的横向位移

图 8.13　Sagnac 干涉仪原理示意图。入射光束 a 被分束器分成两部分,分别经
由 M₁ 和 M₂ 反射。分束器的界面只能向干涉仪组件远端延伸一部分,保证被 M₂ 反
射的光束能够无衰减地到达 M₁(经 OSA 授权引自 J. Rafert, R. G. Sellar, and J. H. Blatt,
Monolithic Fourier – transform imaging spectrometer, Appl. Opt. 34, 7228 – 7230 (1995))。

的过程中被分束、剪切,并重新合成为干涉图像。在实际成像系统中,为去除输入
狭缝的形状和孔径对干涉条纹的影响,在光路中放置了一个透镜,保证了探测平面
和透镜之间的距离与透镜的焦距严格匹配。这个透镜称为傅里叶透镜(Lucey
et al, 1993)。傅里叶透镜附近放置一个具有合适焦距的圆柱镜,获得一个方向的
(狭缝图像的)空间信息及与之正交方向上的光谱信息,即干涉图(图 8.13)。由
此,在一个积分时间内,由焦平面阵列可以获取线阵方向所有像元的干涉图。该方
法的原理类似于使用狭缝的光谱仪,只是该方法中光谱信息是经过傅里叶变换得
到的。通过航天器的运动可以得到连续数据帧。实施快速傅里叶变换(FFT)后,
可获得每一个空间像元的光谱信息,从而得到图像数据立方体。Sagnac 干涉仪的
光谱分辨率和光谱范围取决于干涉条纹记录方向上探测器阵列的长度和探测器像
元尺寸。

　　图 8.14 给出了一个实用的 Sagnac 干涉仪系统结构图(Eismann,2012)。此例
中 Sagnac 干涉仪设置为非准直光路,同样地也可以设置为准直光路。不论是哪种
情况,都会产生一些横向剪切来形成干涉。非准直光路的 Sagnac 干涉仪的一个缺
点是,由于干涉波前在分光器中传播厚度不同而产生了色差,而产生的任意色差都
可能降低干涉图的调制度(Michael T. Eismann, pers. comm)。

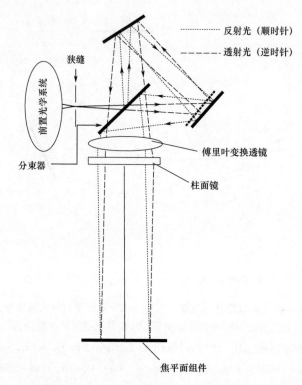

图 8.14 Sagnac 结构的傅里叶变换光谱仪原理(经 SPIE 授权引自 Eismann, M. T. ,
Hyperspectral Remote Sensing, SPIE eBook series, EISBN: 9780819487889)

Sagnac 干涉仪同样也可应用于没有输入狭缝的情况中,称作"跳耦"结构或窗口操作模式(Barducci et al,2012)。

8.3.3 基于滤光片的系统

从第 6 章和第 7 章中可以看到,大多数多光谱扫描仪都使用干涉滤光片来进行光谱选择。这些滤光片是以某个特定波长为中心的带通滤光片。在航天器平台上,通过离散带通滤光片进行带通选择来实现高光谱成像仪所需的光谱分辨率的方法并不实际,因为这需要在光路中引入大量的滤光片。一个更为简便的解决方法是运用可变滤波器。可变滤波器系统可有以下两种实现方式:

(1) 可调滤光片系统;

(2) 空间渐变滤光片系统。

基于航天器的干涉仪系统常用的可调滤光片包括:

- 声光可调滤光片;

- 液晶可调滤光片;

- 法布里—珀罗滤光片。

以上这些滤光片一次选择一个波带实现类似滤光片的功能。假设一个推扫成像仪的积分时间为 τ，若选择 n 个波带，则每个波带的数据获取时间只有 $\frac{\tau}{n}$，信噪比也会有相应的降低。不过可调滤光片系统可以用在地球静止轨道平台中，这种情况下积分时间可根据信号采集需求来进行选择。

航天器高光谱成像中一种实际的空间可变滤波器称为楔形滤光片，合成楔形滤光片的摆扫模式相机具有非常紧凑的结构。Woody and Dermo（1994）在某个航空器的论证中首次提出了楔形滤光片光谱仪的概念。楔形滤光片是光谱特性沿着楔形面呈线性变化的线性可变滤波器（Linear Variable Filter,LVF），最初于 1990 年由圣芭芭拉研究中心设计（US 专利号 4957371）。以特定顺序交替镀高、低两种折射率的介质薄膜，这两种折射率层的厚度以几乎恒定的斜率逐渐线性减小。通过一个薄膜堆层的光谱带宽中心波长取决于堆层的厚度，堆层越厚，能够通过的光波长越长，因此穿过楔形滤光片的光线的中心波长随滤光片膜层厚度变小而变短（图 8.15（a））。光谱带宽是中心波长的恒定百分数，由介质薄膜的相对厚度及其成分决定。在与滤片边缘平行的方向上，中心频率和带宽保持不变。为了控制楔形滤光片带宽外的光线，在基板背面安装一个能够覆盖所需光谱区域的带通滤光片。可在 Rosenberg et al（1994）的研究中找到这种滤光片制造的相关信息。

要实现一个成像系统，楔形滤光片需与二维探测器阵列（如面阵 CCD 阵列）近距离耦合，使膜层表面面向阵列。探测器的滤光片组件安装在成像光学系统焦平面上（图 8.15（b））。将该系统安装在航天器上使得楔形面沿速度矢量的方向，能够在任何时刻获得垂轨从 x_1 到 x_n 的图像带（图 8.15（b））。每个图像带对应一个特定的、由楔形滤光片上的位置决定的波长区域。由此，可以获得覆盖景物不同区域的 n 个图像带，每个图像带对应相应的波长区域。当航天器运动时，每个地面条带在楔形滤光片的不同位置成像，从而形成该条带的多个谱段的数据。因此，在一个积分周期内记录的一帧数据包含了所有谱段信息，但其中对每个地面条带仅记录了单个谱段的信息。图 8.16 所示为 6 个光谱通道的运行原理。为了绘图清晰，仅考虑了图中灰色方块所示的一个像素情况。T 时刻，λ_6 通道记录该像素信息。一个积分周期后，通道 λ_5 获取同一个像素信息，依此继续。同样为了表述清晰，在图 8.16 中，将不同帧沿水平错开展示。实际的移位方向与航天器运动方向相同。与色散光谱仪如棱镜色散的情况不同，虽然都能够在一个积分时间周期内获得像素的完整光谱信息，但这里需要进行重组构成高光谱立方体数据。就像图 8.16 中所示的，若有 n 个光谱谱带，获取第一个谱带和最后一个谱带间有 $(n-1)\tau$ 的时间差。由于不同的谱段配准关系并不固定，航天器的姿态稳定度/漂移将影响图像带间的配准精度。楔形滤光片的一个优势在于系统的集成方式非常紧凑，而

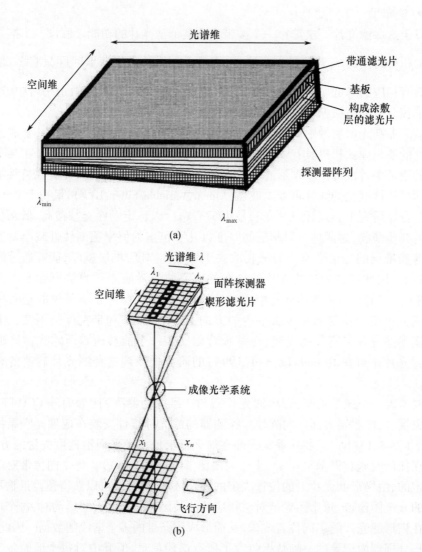

图 8.15　(a)楔形滤光片焦平面结构原理;(b)楔形滤光片光谱仪布局原理

(经授权引自 Joseph, G., Fundamentals of Remote Sensing, Universities
Press (India) Pvt Ltd., Hyderabad, India, 2005)

不像其他的高光谱相机那样需要庞大且复杂的后部光学系统。

在设计楔形滤光片高光谱相机系统时,还有几个因素不可忽视:楔形滤光片的带宽为光斑尺寸的函数,波长 λ 沿给定滤光片的楔形面变化。因此,在给定的配置条件下(如置于焦平面固定距离下的一个给定的滤光片),带宽取决于光学系统的 $F/\#$ 数。带宽随着光斑尺寸增加而增加;因此可以推导出,具备相同线性可变滤波器 LVF 的两个系统,$F/\#$ 为 1 的系统带宽将比 $F/\#$ 为 4 的系统带宽更宽。因为楔

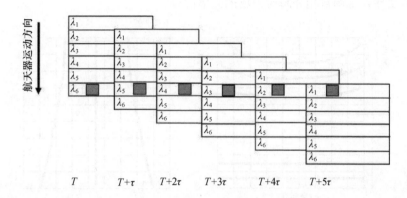

图 8.16　楔形滤光片成像序列原理。灰色方格代表目标。在 T 时刻,波段 6 中涵盖
目标(波段 1~5 中涵盖地面其余条带)。在下一个积分时间(即 τ 时刻之后),
波段 5 覆盖目标,此过程重复。为表述明晰各帧沿水平方向错开展示

形滤光片本质上是一个干涉滤光片,它的带宽特性取决于入射角。因此,对大视场
相机,需采用像方远心光学系统。另一个需考虑的因素是,膜层表面需紧靠探测器
阵列,以避免入射光的有限锥角造成的带宽拓展。

8.4　图像畸变:smile 效应和 Keystone 效应

在推扫型传感器中,与高光谱相关且由光学系统像散和装配误差产生的常见
畸变有两种,即在光谱方向上的光谱线弯折(Smile 畸变),以及在空间方向上的色
差(Keystone 畸变)。这些效应会造成待研究的物体光谱特征失真,从而降低信息
分类的精度。

如 3.2.2 节中所讨论的,一个具有二维探测器阵列的成像光谱仪中,入口狭缝
图像沿行对齐以获取空间信息,而光谱信息沿列方向色散。在理想情况下,一行中
每个像素都具有同一个中心波长 λ_c 和带宽 $\Delta\lambda$。然而在实际系统中,λ_c 和 $\Delta\lambda$ 随
视场(即图 8.17(a)中的图像幅带)变化而变化。这种变化在光谱域中衡量为
Smile 或"蹙眉"曲线,这个曲线说明波长变化为穿轨方向上像元个数的函数(此处
的 Smile,源自于表示波长与空间像元的关系图从直观上看似一个末端上翘的浅浅
的笑容)。光谱 Smile 描述了中心波长与沿着航迹方向单一波长直线的偏离。光
谱 Smile 量同样也随波长变化而变化,导致对其量化评价的不易。

高光谱成像仪的放大倍数随波长的改变称作 Keystone 畸变。在理想情况下,
每个瞬时视场的色散光谱沿着像元的列对准,因此所有瞬时视场的所有光谱都彼
此平行。当发生 Keystone 畸变时,色散光谱偏离原先的直线,并随着视场变化而变
化(图 8.17(b))。Keystone 畸变测量的是像元间在不同波长下的空间变化。Key-

stone 畸变导致了源自相邻瞬时视场的光谱混叠。

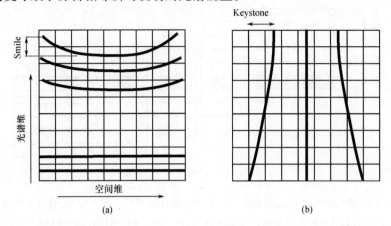

图 8.17　Smile 畸变和 Keystone 畸变原理示意图。图中栅格代表焦平面阵列，
图中粗线表示焦平面上像元的位置。Smile 畸变造成中心波长漂移，
Keystone 畸变造成带间图像的匹配失败

8.5　高光谱成像仪

高光谱成像仪发展的初期是完成了从实验室到试验场的演化。MSS 图像解译效应推进了第一台真正意义上的便携式场反射光谱分析仪的发展，该设备能覆盖太阳光反射的光谱范围，即 0.4～2.5μm（Goetz，2009）。第一个用于对地观测的成像光谱仪是在 1980 年由喷气推进实验室研究而成的。该研究推动了后来的航空成像光谱仪（Vane and Goetz，1988）以及可见/红外成像光谱仪（Vane et al，1993）的实现，为现今高光谱成像系统的研究开辟了道路。受这类仪器运用前景以及焦平面阵列发展的鼓舞，一系列的高光谱成像系统发展起来，并且用于商业上（Birk and McCord，1994；Vagni，2007）。星载成像光谱仪最初是针对行星的研究而发展起来的。在 Galileo 任务中用来探测木星及其卫星的近红外制图光谱仪，将光谱分析和成像能力结合起来，为行星遥感实验引入了一个新的理念（Aptaker，1987）。虽然随后法国、意大利及苏联等国家研发了类似的仪器用作行星间探测，但高光谱成像仪用作对地观测却是在较长时间以后的事情了。第一台用于对地观测的星载高光谱成像仪为傅里叶高光谱成像仪（FTHSI），搭载于强力卫星 Ⅱ（MightySat Ⅱ）上，于 2000 年发射。随后，同年美国航空航天局发射了 EO-1 卫星，搭载了两台高光谱相机 Hyperion sensor 和 Atmospheric Corrector。印度空间研究组织的低成本微小卫星成像任务 IMS-1（之前称作 TWSat），承载了一台高光谱扫描仪 HySI，该设备由印度第一个对月探测任务月船一号（Chandrayaan-1）上搭载的成像光谱仪发展而来。虽然有一系列的多光谱成像仪提供不同谱段、不同光

谱分辨率的地球图像,但是却没有类似的有保障的高光谱数据源。在随后的章节中将简要介绍一些星载成像仪的情况。

8.5.1　强力卫星Ⅱ:傅里叶变换高光谱成像仪

搭载于美国空军研究实验室发射的强力卫星Ⅱ上的 FTHSI 是第一台真正意义上在轨成功运行的高光谱对地观测成像仪。FTHSI 是一台推扫模式的整体式 Sagnac 干涉仪。前置光学系统是一个有效口径为 165mm 的 Ritchey – Chretien 望远镜,用于将景物会聚到视场光阑,该视场光阑确定了扫描条带宽度和瞬时视场角(Yarbrough et al,2002)。获得的一维图像随后传输到干涉仪后分束、剪切,并重新合束形成干涉条纹。在干涉仪中,傅里叶透镜会聚光束,柱镜将光能量成像在一个 1024 × 1024 的二维硅 CCD 阵列上,获取垂轨方向的空间信息,并同时获取该条带的光谱信息。该成像仪覆盖 50 ~ 1050nm 的光谱范围。截止滤光片和 CCD 的敏感范围防止了所需光谱以外的波长光的干扰。通过电子控制 CCD 像元合并,可构成 1024 × 1024、1024 × 512、512 × 1024、512 × 512 的四种运行模式,从而调整光谱和空间分辨率。该设备设计为视场 3.0°,瞬时视场有 5.8×10^{-3} 和 2.9×10^{-3} 两种可选。设备重为 20.45kg,峰值功率为 66W(Otten et al,1997; Otten et al,1998)。

8.5.2　NASA EO – 1:Hyperion

NASA 的 EO – 1 卫星上搭载了一个高光谱成像仪 Hyperion。Hyperion 工作在推扫模式,覆盖了 400 ~ 2500nm 光谱范围内 220 个毗邻的光谱谱段。这些光谱由两个光谱仪覆盖,其中一个覆盖可见近红外谱段(VNIR,400 ~ 1000nm),另一个覆盖短波红外 SWIR 谱段(900 ~ 2500nm)。光谱的交叠部分用作两台光谱仪的交叉标定。两台光谱仪共用一套前置光学系统(成像望远镜)以及同一个确定幅宽和瞬时视场的狭缝,在 705km 轨道高度上实现 7.5km 的幅宽和 30m 的空间分辨率。成像望远镜头为一个口径 12.5cm 的离轴三反系统。狭缝后的双色分光器将 400 ~ 1000nm 的光反射到 VNIR 光谱仪,同时将 900 ~ 2500nm 的光透射到 SWIR 光谱仪。两台光谱仪都使用 JPL 的三反 Offner 结构凸面光栅,光谱分辨率达到 10nm。两台光栅成像光谱仪以 1.38:1 的放大倍数将狭缝图像成于两个焦平面上(Lee et al,2001)。焦平面上平行于狭缝轴的方向提供了垂轨方向的空间图像,而与狭缝轴正交的方向提供了每个垂轨方向像素的光谱信息。

VNIR 通道的焦平面阵列采用定制的像元尺寸为 20μm 的 384 × 768 像元二维帧转移 CCD。通过将 20μmCCD 像元进行 3 × 3 像元合并,获得像元尺寸 60μm。在整个阵列中,VNIR 光谱仪仅使用了 60(光谱) × 250(空间)像元获得 400 ~ 1000nm 范围内 10nm 的光谱带宽和 7.5km 的幅宽。VNIR 的焦平面工作在 10℃,由热沉散热。SWIR 焦平面为 256 × 256 像元,尺寸为 60μm 的 HgCdTe,集成读出电路。其中仅有 160(光谱)×250(空间)像元作为有用信号传输。SWIR 探测器由一个先进的带有辐射装置的制冷机进行制冷,从而保证成像时温度维持在 110K (Pearlman et al,2001)。数据位数为 12bit。

系统中所有反射镜都由铝构成。为保证热稳定性,支承光学元件的结构也同样为铝材。光电组合体(即望远镜头)、两个光栅干涉仪,以及焦平面电子学支承结构都被保持在(20±2)℃下从而保证正常工作。

8.5.3 NASA EO – 1 LAC

EO – 1 搭载的另一台高光谱成像仪线性标准成像光谱阵列大气校正仪(LAC)中运用了楔形滤光片技术(Reuter et al,2001)。LAC 用 256 个通道覆盖了 0.9 ~ 1.6μm 光谱范围。瞬时视场角为 360μrad。视场角约 15°,与其他几个传感器 185km 幅宽的需求相匹配。但是,这个幅宽是由三个独立的 5°视场的镜头组成,其中两个偏离中心视场放置。实现覆盖 15°范围每个组件由一个置于棱镜后部的楔形滤光片以及安装于其上的 256×256 像元 InGaAs 探测器构成的焦平面组成。因此,单帧数据由一个穿轨方向包含 768 像元、沿轨方向 256 像元的高效焦平面获取。一个值得称道的设计为,滤光片置于距离探测器阵列 200μm 的范围内,该系统可以避免前文讨论过的带宽展宽现象。

LAC 总重为 10.5kg,最大功耗为 45W。

8.5.4 印度空间研究组织的高光谱成像仪

印度的首个对月的行星任务月船一号搭载的 HySI 探测器在光谱范围 421 ~ 964nm 内获得 64 个毗邻谱带信息,带宽优于 20nm(Kumar et al, 2009)。该设备工作在推扫模式下,视场角约 11.4°,瞬时视场角 0.8mrad,在 100km 高轨道上获得 20km 的幅宽及 80m 的空间分辨率。该相机由会聚光学系统、楔形滤光片、CMOS 探测器、相机电子学以及安装外壳组成。

会聚光学系统是一个有效焦距为 62.5mm 的 f/4 多元远心镜头组件,覆盖 13° 圆形视场。第一级光学元件为一个平面窗口,用来降低会聚元件的热负载。在必要的情况下,这个元件还可增加一个中性密度的膜层包覆。透镜组包含六片曲面元件,三片一组分别置于孔径光阑两边(图 8.18)。所有光学元件均为球面。

楔形滤光片置于靠近焦平面阵列的焦平面位置上来实现光谱色散。焦平面阵列为 256×512 个有效像元探测器,像元尺寸 50μm×50μm。探测器芯片内部集成了模拟电路、数字电路及光电探测电路(Shengmin et al,2009)。探测器的创新设计是内部包含了可编程放大器阵列,可以用来补偿探测器光谱响应的不一致。设备只需三个时钟信号产生内部需要的其余时序信号。内嵌 AD 转换器也为 12 位。

该相机在航天器上安装时,将 256 像元方向放置为垂轨方向,获得空间信息;

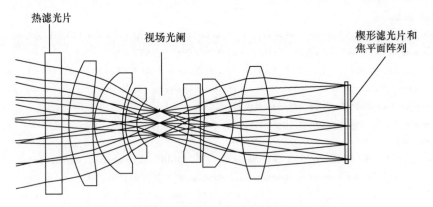

图 8.18　月船一号高光谱成像仪光学结构布局原理

而 512 像元方向放置至沿轨方向,获得光谱信息。为减小数据量,对应于一个目标像元的 8 个相邻谱段信息在轨进行平均,获得 64 个毗邻谱段信息。该设备为夹层结构,表面层为高模数碳纤维,中间层为铝合金蜂窝结构,以实现寿命周期内的各种力学和热应力条件下能达到不影响功能需求的重量最优。该设备质量为 2.5kg,所需功率为 2.6W。

参 考 文 献

1. Aptaker, I. M. 1987. Near – Infrared Mapping Spectrometer (NIMS) for investigation of Jupiter and its satellites. Imaging Spectroscopy II. ed. Vane G., *Proceedings of SPIE*, Vol. 834, Bellingham, WA, pp. 196 – 212.

2. Barducci, A., C. Francesco, C. Guido et al. 2012. Developing a new hyperspectral imaging interferometer for Earth observation. *Optical Engineering* 51(11): 111706.1 – 111706.13.

3. Birk, R. J. and T. B. McCord. 1994. Airborne hyperspectral sensor systems. *IEEE AES Systems Magazine* 9: 26 – 33.

4. Christensen, R., D. L. Anderson, S. C. Chase et al. 1992. Thermal Emission Spectrometer Experiment: The Mars Observer Mission. *Journal of Geophysical Research* 97: 7719 – 7734.

5. Dierking, M. P. and M. A. Karim. 1996. Solid – block stationary Fourier – transform spectrometer. *Applied Optics* 35(1): 84 – 89.

6. Eismann, M. T. 2012. *Hyperspectral Remote Sensing*. SPIE eBook Series, Bellingham, WA, EISBN: 9780819487889.

7. Folkman, M., J. Peariman, L. Liao, and P. Jarecke. 2001. EO – 1/Hyperion hyperspectral imager design, development, characterization and calibration. *Proceedings of SPIE* 4151: 40 – 51.

8. Goetz, A. F. 2009. Three decades of hyperspectral remote sensing of the Earth: A personal view. *Remote Sensing of Environment* 113: S5 – S16.

9. Griffiths, P., J. A. De Haseth. 2007. *Fourier Transform Infrared Spectrometry*, 2nd Edition, John Wiley & Sons, NY.

10. Joseph, G. 2005. *Fundamentals of Remote Sensing*. 2nd Edition. Universities Press (India) Pvt Ltd., Hydera-

bad, India.

11. Kumar, K., A. S., Arup Roy Chowdhury, A. Banerjee et al. 2009. Hyper Spectral Imager for lunar mineral mapping in visible and near infrared band. *Current Science* 96(4): 496 –499.

12. Lee, P., S. Carman, C. K. Chan, M. Flannery, M. Folkman, and K. Iverson et al. 2001. Hyperion: A 0.4μm – 2.5μm hyperspectral imager for the NASA Earth Observing – 1 Mission, http://www.dtic.mil/dtic/tr/fulltext/u2/a392967.pdf (accessed on May 15, 2014).

13. Loewen, E. G. and P. Evgeny. 1997. *Diffraction Gratings and Applications*, Marcel and Dekker Inc, New York, NY.

14. Lucey, P. G., K. A. Horton, T. J. Williams et al. 1993. SMIFTS: A cryogenically cooled, spatially modulated imaging infrared interferometer spectrometer. *Proceedings of SPIE* 1937:130 – 141.

15. Meigs, A. D., L. J. Otten, and T. Y. Cherezova. 2008. Ultraspectral imaging: A new contribution to global virtual presence. *Aerospace and Electronic Systems Magazine, IEEE* 23(10): 11 – 17.

16. Pantazis, M. and M. M. McKerns. 2000. Pushbroom imaging spectrometer with high spectroscopic data fidelity: Experimental demonstration. *Optical Engineering* 39(3): 808 – 816.

17. NASA. 1987. *Earth observation system – Instrument panel report – HIRIS*, Vol. 2c.

18. Prieto – Blanco, X., C. Montero – Orille, B. Couce, and R. de la Fuente. 2006. Analytical design of an Offner imaging spectrometer. *Optics Express* 14(20): 9156 –9168.

19. Otten, L. J., A. D. Meigs, B. A. Jones, P. Prinzing, and D. S. Fronterhouse. 1998. Payload qualification and optical performance test results for the MightySat II.1 Hyperspectral Imager. *SPIE* 3498: 231 –238.

20. Otten L. J., A. D. Meigs, B. A. Jones et al. 1997. Engineering model for the MightySat II.1 hyperspectral imager. *Proceedings of SPIE* 3221:412 – 420.

21. Pearlman, J., S. Carman, C. Segal, P. Jarecke, P. Clancy, and W. Browne. 2001. Overview of the Hyperion Imaging Spectrometer for the NASA EO – 1 mission. *Geoscience and Remote Sensing Symposium. IGARSS '01* 7: 3036 – 3038.

22. Rafert J. B., R. G. Sellar, and J. H. Blatt. 1995. Monolithic Fourier transform imaging spectrometer. *Applied Optics* 34(31):7228 – 7230.

23. Reuter, D. C., G. H. McCabe, R. Dimitrov et al. 2001. The LEISA/Atmospheric Corrector (LAC) on EO – 1. *Proceedings of the International Geoscience and Remote Sensing Symposium. IEEE* 1: 46 – 48.

24. Rosenberg, K. P., K. D. Hendrix, D. E. Jennings, D. C. Reuter, M. D. Jhabvala, and A. T. La. 1994. Logarithmically variable infrared etalon filters. *Proceedings of SPIE* 2262: 223 – 232.

25. Sellar, R. G. and G. D. Boreman. 2003. Limiting aspect ratios of Sagnac interferometers. *Optical Engineering* 42(11): 3320 – 3325.

26. Sellar, R. G., R. Branly, A. I. Ayala et al. High – Efficiency HyperSpectral Imager for the Terrestrial and Atmospheric MultiSpectral Explorer, http://commons.erau edu/cgi/viewcontent.cgi? article = 1170&context = space – congress – proceedings (accessed on March 29, 2014).

27. Shengmin, L., Chi – Pin Lin, Weng – Lyang Wang et al. 2009. A novel digital image sensor with row wise gain compensation for Hyper Spectral Imager (HySI) application. *Proceedings of SPIE* 7458: 745805.1 –745805.8.

28. Shippert, P. 2004. Why use hyperspectral imagery? *Photographic Engineering and Remote Sensing* 70: 377 – 380.

29. Silny, J., S. Schiller, M. David et al. 2010. Responsive Space Design Decisions on ARTEMIS. 8th Responsive Space Conference. AIAA – RS8 – 2010 – 3001, http:// www.responsivespace.com/Papers/RS8/SESSIONS/Session%20III/3001_ Silny/3001P.pdf (accessed on May 15, 2014).

30. Silverglate, P. R. and D. E. Fort. 2004. System design of the CRISM (Compact Reconnaissance Imaging Spectrometer for Mars) hyperspectral imager. Proceedings of SPIE 5159: 283 – 290. Silverman, S. , D. Bates, C. Schueler et al. 1999. Miniature Thermal Emission Spectrometer for the Mars 2001 Lander. *Proceedings of SPIE* 3756: 79 – 91.

31. Vagni, F. 2007. Survey of Hyperspectral and Multispectral Imaging Technologies, North Atlantic Treaty Organisation, Research and Technology Organisation. TR – SET – 065 – P3, http://ftp. rta. nato. int/public/PubFullText/RTO/TR/RTO – TRSET – 065 – P3/// $ $ TR – SET – 065 – P3 – A LL. pdf (accessed on May 15, 2014).

32. Vane, G. and A. F. H. Goetz. 1988. Terrestrial imaging spectroscopy. *Remote Sensing of Environment* 24: 1 – 29.

33. Vane, G. , R. O. Green, T. G. Chrien, H. T. Enmark, E. G. Hansen, and W. M. Porter. 1993. The airborne visible/infrared imaging spectrometer (AVIRIS). *Remote Sensing of Environment* 44:127 – 143.

34. Wolfe, W. L. 1997. *Introduction to Imaging Spectrometers*. SPIE Press, Bellingham, WA [doi:10. 1117/3. 263530].

35. Woody, L. M. and J. C. Demro. 1994. Wedge Imaging Spectrometer (WIS) hyperspectral data collections demonstrate sensor utility. *Proceedings of the International Symposium on Spectral Sensing Research (ISSR)* 1: 180 – 190.

36. Yarbrough, S. , T. Caudill, E. Kouba et al. 2002. MightySat II. 1 Hyperspectral imager: Summary of on – orbit performance. Imaging Spectrometry VII. ed. Michael R. D. and S. S. Shen. *Proceedings of SPIE* 4480: 186 – 197.

第9章

增加第三维:立体成像

9.1 概　述

到目前为止讨论的遥感相机主要是产生两维影像。然而,地形制图和监测基本上是三维问题,因此有必要用第三维信息补充传统的二维专题制图,也就是高程信息。高程信息对许多应用都很重要,如地质、土壤侵蚀研究、灾害评估等。地形高程信息能够产生数字高程模型(DEM),这对制图来说是必不可少的。测量高程信息行之有效的方法是立体视法。立体视法是基于双目视觉,我们利用相同的原理获取深度信息。在双眼视觉中,每只眼睛(眼睛相距约65mm)从不同的角度产生影像,从而产生近处和远处的物体之间略有不同的空间关系,大脑融合这些不同的视图得到三维的感觉。双眼视觉的原理可以用于从影像产生三维数据,这需要从两个位置进行拍摄。以往这是通过垂直拍摄有重叠的立体像对来实现,重叠区域基本上是由同一相机沿飞行路径移动拍摄获得的。由于两个照片之间的不同视角,两幅影像上的目标位置发生位移(相对于主点),这种由于视角改变而产生明显的偏移称为视差。从立体像对中,人们可以估算不同的视差差数 dP,即目标顶部和底部之间绝对视差的差(图 9.1)。高度 h 可以由下式得到:

$$h = \frac{dP}{B/H} \tag{9.1}$$

式中:dP 是视差差数;B 为基线长度;H 为飞行高度。

高度确定的精度取决于基高比 B/H 和立体像对中可测得视差的精度。美国国家地图精度标准(NMAS)定义了在给定地图比例尺下高程和平面允许的最大均方根误差(RMSE(z))和(RMSE(x, y))(表 9.1)。表 9.1 中,RMSE(z)是影像数据中某点高度测量的总误差,规定了适用于特定地图比例尺下的等高间隔。从立体像对得出的平面误差和高度误差取决于像素大小。从表 9.1 可以推断,如果在实现1:25000 比例尺的地图时达到平面精度 ±1.5 像素,我们需要5m 空间分辨率的数据。因此,需要高分辨率图像来实现大比例尺地形图。对于球形大地而言,图9.2 给出了不同视差测量误差 δP 条件下,立体高度测定误差 δh 随基高比 B/H 的

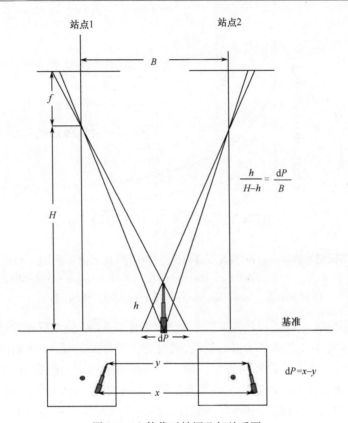

$$\frac{h}{H-h}=\frac{\mathrm{d}P}{B}$$

$$\mathrm{d}P=x-y$$

图 9.1 立体像对拍摄几何关系图

B—基线距离;H—飞行高度;f—镜头焦距;h—目标高度;dP—目标顶部与底部视差的差值。

函数变化(Wells,1990),从图中可以看出,如果差分视差的测量精度优于一个像素,则当基高比超出 0.6 时,高度测量精度的提高达到极限。

表 9.1　满足美国 NMAS 地形制图要求的最大允许均方根误差

地图比例尺	平面 RMSE(x,y)/m	高程 RMSE(z)/m	CI $= 3.3 \times$ RMSE(z)/m
1:500,000	±150	±30	100
1:250,000	±75	±15~30	50~100
1:100,000	±30	±6~15	20~50
1:50,000	±15	±6	20
1:25,000	±7.5	±3	10

注:来源 Wells, N. S.. *Technical Report* 90032, Royal Aerospace Establishment, Farnborough, United Kingdom, PDF Url: ADA228810, 1990.

CI—等高间隔

　　通过数字摄影测量从机载/星载二维影像上获取三维空间信息的任务其实是处理数据产生差分视差。一旦获取立体像对,生成 DEM 的重要步骤就是相机建模

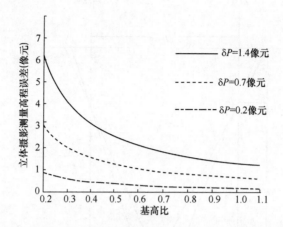

图 9.2　不同视差测量误差 δP 情况下高程误差与基高比的函数关系图(针对球形大地)
（来源：Wells, N. S.. Technical Report 90032, Royal Aerospace Establishment,
Farnborough, United Kingdom, PDF Url：ADA228810, 1990)

（可使影像和地面之间进行转换)、特征提取、影像匹配、高程生成和插值。涉及生成 DEM 过程的细节超出了本书的范围,然而鉴于所涉及的任务,我们应该简要介绍一下由立体像对生成高程的各个步骤。一旦接收到两幅重叠影像,第一个任务就是找出两幅影像的准确重叠区域及其角坐标。重叠图像配准后,可使得左、右图像具有共同取向且匹配特征沿着共轴出现,称为核线配准。视差确定的准确度主要取决于立体像对中公共点(亦称为共轭点或同名点)的识别精度。在过去高度确定的分析模型中,操作人员进行同名点识别以确定差分视差。在数字模式下,它是通过计算机半自动或全自动完成的,称为影像匹配。由于各种原因,诸如立体像对数据集的时间变化、不同的观测角度、不同的成像条件、成像遥感器特定效应、影像的尺度变化等,影像匹配可能导致点的错误关联性。错误关联性从而导致特征或点的误匹配,因此这些野点(通常称为大误差点)在高程提取前会被去除。

　　基高比可以通过下式由获取立体像对的相机的观测角获得：

$$\frac{B}{H} = \tan\theta_1 + \tan\theta_2 \tag{9.2}$$

式中：θ_1、θ_2 为两个视角。

　　双影像立体重构是大多数用户生成 DEM 的正常模式。从数据减少的角度来看,在一般情况下,相比两幅重叠影像,三幅影像可以得出更好的精度。三台相机的影像对可以利用冗余多视点图像信息来提高影像匹配的可靠性,并且还减少了阴影区域(如果第三个角度是接近垂直的),从而减少匹配的遮挡问题。

　　从遥感器设计者的角度来看,立体成像相机与前面讨论的相机没什么不同。

在本章中,我们将讨论利用卫星产生立体像对的各种方式,并介绍一些专门用于立体测绘的相机。

9.2 立体像对产生的几何原理

从航天成像系统进行立体观测(如用不同视角得到同一点的两幅图像)可以由不同方式实现。一般来讲,这可以通过以下方式实现:

(1) 从两个不同的轨道得到立体像对——异轨立体成像;

(2) 沿相同轨道在不同视角进行观测——沿轨立体成像。

9.2.1 异轨立体成像

异轨立体影像是由相同遥感器从多个轨道上获取,异轨立体成像可能出现在两种模式下。在陆地卫星 MSS/ TM、IRS LISS1/2/3 相机以及其他类似系统的情况下,两个相邻轨道的影像具有一定的共同区域——边缘重叠(图 9.3)。由于这个区域是从两个不同的成像点观察的,从而观察视角是不同的,因此两个影像重叠区域形成一个立体像对。然而,前面提到的相机基高比 B/H 在赤道处仅约为 0.2,并且随着纬度升高,基高比会逐渐减小,重叠区域逐渐增大(表 9.2)。此外,边缘重叠只覆盖一个非常小的区域,因此不能用于地球的全覆盖,除非是在幅宽较宽情况下,如 IRS Resoursat AWiFS 相机。

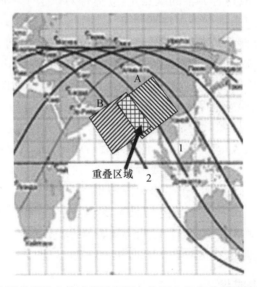

图 9.3 邻近轨道的异轨立体成像示意图。像幅 A 和 B 分别从轨迹 1 和 2 产生。由于重叠区是从不同视角观测的,因此可以构成一个立体像对。重叠区域取决于邻近轨道的分离距离、成像幅宽和纬度

表 9.2　不同纬度情况下,LISS – 3 和 AWiFS 相机邻近轨道异轨
立体像对的基高比值及其对应重叠区

纬度	基高比 B/H	边缘重叠/km	
		LISS – 3	AWiFS
0	0. 144	23. 6	618. 8
20	0. 135	30. 7	625. 9
40	0. 11	51. 8	650. 1
60	0. 072	89	686. 4
80	0. 025	123. 1	728. 4

注:来源 Gopalkrishna B 和 Roy Sampa, SAC/ISRO

　　对于前面提到的卫星系统,基高比 B/H 和重叠面积是固定的,除非有人操纵卫星的姿态。SPOT – 1 是第一个经专门设计、相机光轴指向可穿轨调整的民用卫星。这样的设计有助于提高卫星对特定目标的重访能力,也有利于产生异轨立体像对。IRS – 1C/1D PAN 相机也具有相似的能力,IRS – 1C/1D PAN 相机可以跨轨摆动大约 ±26°,从两个不同的轨道获得了相同区域的影像以构成立体像对(图 9.4)。这样一来,依赖交叉轨道摆动角使得产生 B/H 高达约 0.9 的立体像对成为可能(图 9.5)。然而,这种方案的缺点是:立体像对产生于不同时间,包括云在内的大气条件以及辐射条件在多次观测之间已随时间发生变化,进而影响视差提取。此外,以不同的角度倾斜观测得到的像对的空间分辨率也不同。尽管有这些限制,但人们已开发各种软件进行 SPOT 立体像对的处理(Gugan and Dowman,1988)。理论上,SPOT 可以产生满足 1:50000 比例尺制图精度标准的地图,即对于 20m 等高间隔,地图的均方根误差精度为平面 ±15m、高程 6m。Jacobsen(1999)利用德国汉诺威的三幅 IRS – 1C 图像(两幅基高比 B/H 大约为 0.8 的非星下点影像和一幅星下点影像)进行了研究,取得了 ±1.1 像素(6.5m)的平面和高度精度。

　　当考虑地区经常出现多云覆盖或者快速变化的天气时,合适的立体像对需要相隔几周时间才能得到。由于第二幅影像相比第一幅影像在场景光照条件、大气条件等方面可能有所变化,导致这些情况的影像配准往往变得困难,这是依靠异轨获取立体像对的主要缺点。考虑到这些问题,一种更方便且实用的方法是在同一轨道上获取立体影像,也就是沿轨立体成像。

9.2.2　沿轨立体成像

　　沿轨立体成像可以以不同的模式来进行,卫星可以搭载两台相机,其中一台相机光轴指向星下点前方(前视相机),另一台相机光轴指向星下点后方(后视相机)

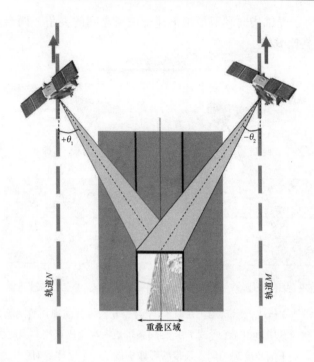

图 9.4　SPOT/IRS - 1C PAN 相机获取异轨立体像对的观测几何图

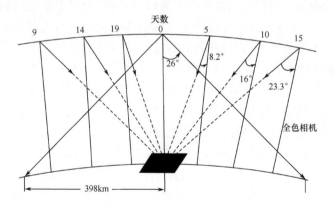

图 9.5　IRS - 1C/D PAN 相机和 LISS - 4 由于非星下点指向而产生可能的立体像对。
如果一个目标在第 0 天被观测,那在最大基高比 *B*/*H* 为 0.86 的情况下,它可以
在 9 天和 15 天后被再次观测到,这样就可以产生三幅图像以完成高程提取
(来源:NRSA. National Remote Sensing Agency, Hyderabad, India, IRS1 C Data
User's Handbook, NDC/CPG/NRSA/IRS1 - C/HB/Ver 1. 0/Sept. 1995, 1995)

(图 9.6)。因此,前视相机先于星下点成像,后视相机后于星下点成像。现在让我
们暂且忽略地球的自转,前视相机以相对于星下点 + θ 角度对某一条带成像,经过
时间 *t* 后后视相机以 - θ 的角度对该条带再次成像,从而生成两幅不同观测角的影

像。时间 t 取决于光轴指向和卫星星下速度矢量之间的夹角。两台相机之间的夹角也决定了基高比 B/H。

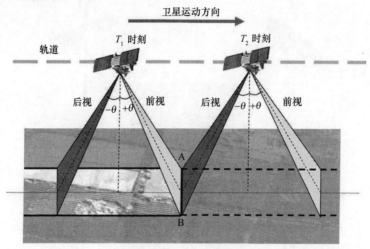

图 9.6 沿轨立体成像示意图。在时刻 T_1 处,AB 条带被前视相机观测到,由于
卫星运动,经过时间 t 后(时刻 T_2),相同条带被后视相机观测。因此由两个
不同角度观测同一条带的影像构成了一个立体像对

　　由于前后视相机在很短的时间内观测同一条带,所以影像之间的辐射变化最小,从而提高了影像匹配的相关成功率,这是沿轨立体成像相比于异轨立体成像的优点之一。虽然每台相机具有相同的幅宽,但它们产生的立体像对是覆盖同一区域吗?前视相机首先对地球上的一个条带成像,随后后视相机在一定时间延迟后对同一区域成像。这个时间差是前后视相机观测角差值的函数。在没有地球自转的情况下,后视相机覆盖的条带与前视相机的一致,但由于地球的自转,两台相机覆盖的轨迹会有偏移,这个偏移是纬度的函数,在赤道处是最大的。因此,只有前视相机观测的部分目标会被后视相机成像。这个问题可以通过给卫星一个合适的偏航角来规避,这个偏航角是纬度的函数。这涉及卫星偏航轴的动态控制,在理想情况下这可以使得前视相机线阵第 n 个像元观测的目标也会被后视相机线阵第 n 个像元观测到。补偿地球自转所需的偏航旋转是独立于图像条带幅宽的(Nagarajan and Jayashree,1995)。如果不要求立体像对,可以操纵卫星使得两台相机并排成像以获得更大幅宽的影像。

　　早在 1981 年,一个用于沿轨立体成像的专用卫星 Stereosat 提出用三个线阵来观测前视、后视和星下点(Welch,1981)。然而第一颗利用沿轨立体成像原理的地球观测卫星是 1992 年发射的日本地球资源卫星(JERS-1)(又叫 Fuyo 1),JERS-1 星上搭载的光学传感器(OPS)由两个独立辐射计组成:可见近红外仪(VNIR)和短波红外仪。VNIR 仪的谱段之一($0.76 \sim 0.86\mu m$)有两个线阵:一个是星下点观测;另一个是在飞行方向上向前 15.3°观测,从而构成立体像对以实现基高比为 0.3 的双线阵立体沿轨成像能力。该载荷地面像元分辨率在穿轨方向上为 18m,在沿轨方向上为 24m,从而可得到均方根误差优于 20m 的高程信息(Westin,1966)。第一个专门设计用于沿轨立体成像的高分辨率卫星是 2005 年发射的印度卫星 CARTOSAT1,接下来我们讨论 CARTOSAT1 的设计。

9.3　沿轨多相机立体成像

9.3.1　IRS CARTOSAT1

CARTOSAT1 是三轴稳定的遥感卫星,为测绘制图应用提供了沿轨立体成像能力。要生成立体像对,该卫星搭载了两台全色相机,前视和后视相机安装角与偏航滚动平面的偏航轴(局地垂直)夹角分别为 26°和 −5°。由于这种倾斜,两台相机的地面分辨率和幅宽略有不同。前视相机提供的跨轨分辨率为 2.452m,幅宽为 29.42km,而后视相机提供的跨轨分辨率和幅宽分别为 2.187m 和 26.24km。从 618km 的轨道上,两台相机获取同一场景的时间差大约是 52s。平台连续转动卫星偏航轴以补偿地球自转,从而使前后视相机在立体成像模式下观测相同的条带。立体像对有大约 26km 幅宽和 0.62 的固定基高比值。除了立体成像模式,卫星还可以执行宽幅成像模式。在这种模式下,可以操纵卫星使得两台相机并排成像以获得大约 55km 的幅宽。通过滚动方向偏转,该卫星可以在跨轨方向倾斜到 ±23°,从而提供大于时间分辨率的重访能力。通过执行滚动方向偏转,在赤道上再次查看相同地区的最长等待时间为 11 天。当卫星移向极地时,星下点轨迹之间变得更接近,因此,有更多的轨迹可以用来反复查看高纬度地区的指定区域(NRSC,2006)。

该相机光学系统包括一个离轴三反(TMA)望远镜,类似于 IRS1C/D PAN 相机(第 6 章)的设计,即离轴凹双曲面主镜、凸球面次镜和离轴凹扁椭球面三镜。光学系统优化设计后,具有 ±1.3°(跨轨方向)和 ±0.2°(沿轨方向)的矩形视场、1945mm 的有效焦距(EFL)和 F/4 的口径比。

反射镜由微晶玻璃制成,并且通过从后部挖出材料进行轻量化,其重量减轻可以基于计算机仿真进行优化,从而保证足够的刚度以使固有频率高于 200Hz。用室温固化黏合剂将反射镜周围三个平坦区域与 Bipod 柔性元件相黏合(反射镜固定装置(MFDs))。MFDs 由殷钢制作,用于固定反射镜,从而在热、振动和装配应力影响下保持反射镜表面的光学性能不会退化(Subrahmanyam et al,2006)。MFDs 固定在匹配设计的对接环上,该对接环安装在望远镜主结构的合适位置上。图

9.7 所示为 CARTOSAT1 EO 模块主体结构的原理。EO 模块主结构支撑主镜、次镜、三镜组件和探测器组件以及遮光罩和具体位置上的消杂光挡板。为了有更好的结构完整性,主体结构是由一个单独殷钢件制成。根据详细的结构分析,结构的重量被优化到具有足够的刚度,以使固有频率大于 80Hz,并且该结构保持装调整体性,同时反射镜面形能适应各种应力负载。

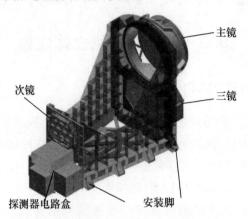

图 9.7　CARTOSAT1 光电模块主体结构示意图
(包括其支撑反射镜、焦平面组件和相关电路)

CARTOSAT1 使用的探测器是一个 12K 硅线阵电荷耦合器件(CCD),它的像素尺寸为 $7\mu m \times 7\mu m$,类似于在 LISS – 4 中使用的类型。该器件具有八个输出端口,奇、偶元像素由五条线分离,即 $35\mu m$。光谱选择是通过放置在 CCD 前面的一个干涉滤光片完成的,具有 $0.5 \sim 0.85\mu m$ 的带宽。CCD 的温度控制在 (20 ± 1)℃,温度控制装置类似于 LISS – 4 相机中所用的装置。同较早的 IRS 相机一样,探测器的在轨定标是使用发光二极管,视频输出量化到 10 位,从而在所有的纬度和季节下使动态范围达到 100% 反射率而不需要改变增益。前后视相机在光学、焦平面组件、电子学等方面的设计都是相同的。每台相机的数据量大约为 336Mb/s。为了与数据传输系统相兼容,数字视频数据被压缩和加密,再通过两个 X 波段的 QPSK 载波以每台相机 105 Mb/s 的数据速率传送到地面。压缩和格式化的数据也可以存储在一个 120Gb 固态存储器中。数据压缩比为 3.2：1,压缩类型为 JPEG(NRSC,2006)。CARTOSAT1 相机的更多性能参数列于表 9.3。

CARTOSAT1 卫星(入轨后质量 1560kg)于 2005 年 5 月 5 日由位于 Sriharikota, Andhra Pradesh 的印度空间研究组织(ISRO)发射中心通过 PSLV 发射到 618km 的太阳同步轨道,通过赤道的当地时间为上午 10：30,相邻地面迹线之间的距离为 21.46km,在赤道处前视相机和后视相机在相邻轨道场景中分别有 5.3km 和 8.5km 的边缘重叠。卫星覆盖北纬 81° 和南纬 81° 之间全球区域需要 1867 轨,重访时间 126 天。

表 9.3　CARTO1 相机的主要性能参数

参数			值
光学	设计		三反离轴
	有效焦距/mm		1945
	F 数		4
	视场角		
		垂轨	±1.3
		沿轨	±0.2
探测器	类型		线阵、12000 元 CCD
	像元大小/(μm×μm)		7×7
	像元布局		奇、偶元相隔 5 个像元
	抽头数		8
光谱范围/μm			0.5~0.85
倾斜角(前视/后视)			+26/-5
几何特性@618km			
	空间分辨率/m(前视/后视)		2.5/2.2
	幅宽/km(前视/后视)		30/27
	GSD/m		2.5
基高比(B/H)			0.62
辐射特性			
	平均饱和辐亮度/(mW/(cm² · μm · sr))(前视/后视)		55.4/57.7
	量化位数/bit		10
	饱和辐射的 SNR		345
相机数据率			338
压缩			JPEG, 3.2
系统 SWR@70(p/mm)			>20

注:SNR:信噪比;GSD:空间采样距离;SWR:方波响应

9.3.2　SPOT 高分立体相机

　　于 2002 年发射的 SPOT-5 卫星携带了专用有效载荷——Haute Résolution Stéréoscopique(HRS) 用于沿轨立体成像。两个 HRS 相机:HRS1 和 HRS2,谱段都为 0.49~0.69μm,拍摄角分别为星下点倾斜 ±20°左右。因此,该卫星飞行过程中,前视相机以相对星下点 +20°的角度成像,在过大约 90s 后后视相机再以相对

星下点 −20°的角度成像,从而产生近似同时的立体像对,其基高比大约为 0.8
(Bouillon et al,2006)。该 HRS 幅宽为 120km,可以立体覆盖的连续条带长度为
600km,瞬时几何视场为 10m,但沿轨采样速率为 5m。120km 幅宽使得每 26 天可
以对同一地区重访。SPOT − 5 还携带有两台全色模式的高分辨率几何测量相机
(HRG),其空间分辨率为 5/2.5m,加上 5m 分辨率的垂直观测 HRG 相机,也可以
产生立体三线阵(Kornus et al,2006)。

但从相机的设计来看,HRS 是第一个使用折射聚光光学系统实现 10m 瞬时几
何视场的对地观测相机(图 9.8)。每台相机都有一个 11 像元的透镜组件,焦距为
580mm,有效孔径为 150mm,探测器是 Thomson TH7834 CCD,具有 12000 像元和
6.5μm × 6.5μm 的像元尺寸,CCD 温度控制到24℃,光学组件温度控制到
±0.5℃,从而避免在轨的重新调焦。其主要结构由铝制蜂窝/碳纤维增强复合材
料(CFRP)构成,具有低的热膨胀系数和湿度膨胀系数。温度稳定性由热罩实现,
热罩与光学组件辐射耦合,其温度由主被动温控系统控制(Planche et al,2004)。
该卫星位于 832km 的太阳同步轨道,于赤道处过境时间为上午 10:30。SPOT − 5
默认使用的指向模式是偏航控制模式,即控制卫星的偏航轴以抵消地球自转的作
用,从而确保在 90s 的时间间隔内 HRS 图像之间有最佳重叠。

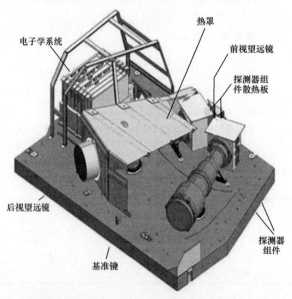

图 9.8 HRS 相机的结构示意图(引自 SPOT −5 eo portal, https://directory.
eoportal. org/web/eoportal/satellitemissions/ − s/spot −5, 2014 年 6 月 2 日获得)

9.3.3 ALOS 立体制图相机:PRISM

日本 2006 年发射了高级陆地观测卫星(ALOS) − DAICHI,搭载一个专门的遥

感载荷进行立体观测:全色遥感立体测绘相机(PRISM)。PRISM 包括三台独立相机用于观测地球,其谱段为 $0.52 \sim 0.77\,\mu m$,三台相机观测方向分别为正视、前视和后视,前视和后视相机倾角分别为 24°和 -24°。这种方案允许在沿轨方向上近似同步地获取前视、正视和后视的每个场景影像。正视相机幅宽为 70km,而前后视相机幅宽有 35km(图 9.9)。PRISM 星下点的空间分辨率为 2.5m。每个场景有三种立体观测能力,也就是前视与正视,前视与后视以及正视与后视的影像,前后视影像构成的立体像对基高比为 1.0。

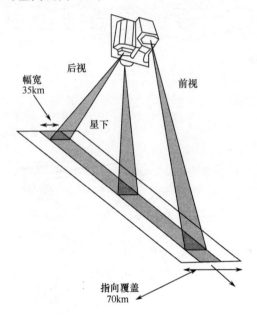

图 9.9　ALOS 全色遥感立体测绘相机的三线阵成像几何关系(引自 Jaxa portal,
http://www. eorc. jaxa. jp/ALOS/en/about/prism. htm,2014 年 5 月 15 日获取)

相机光学系统利用三反离轴设计实现跨轨方向上 7.6°的视场覆盖。每台相机的焦距约为 2000mm。为了保持三个反射镜之间精确的对准,并确保焦平面装配位置的稳定性,PRISM 使用一个合成碳纤维增强复合材料的桁架结构,它的温度被控制在 ±3℃。该结构由内桁架和外桁架组成,其中内桁架支撑反射镜和焦平面组件,外桁架支撑内部桁架并安装于航天器上(图 9.10)。三台相机按照光轴的定向要求被安装在光学平台的两侧。为了减少姿态误差,高精度星敏和惯性参考单元也安装这个平台上(Osawa and Hamazaki,2000)。

焦平面组件由线性 CCD 阵列组成,其像素大小在跨轨方向上为 $7\,\mu m$,在沿轨方向上为 $5.5\,\mu m$。由于满足所需 CCD 像元数目的单片 CCD 是没有的,因此需要通过拼接较小长度的 CCD 来制成每个焦平面阵列,每个焦平面阵列包含重叠像元共有 4960 元(Kocaman and Gruen,2008)。在三线阵模式下,每个像素量化位数为

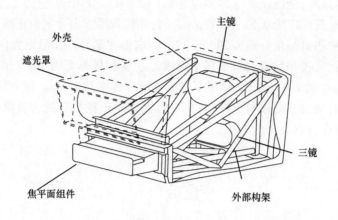

（a）

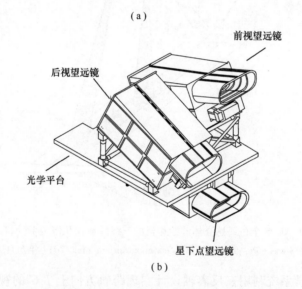

（b）

图 9.10　立体测绘全色遥感相机机械结构示意图（引自 Osawa，Y.，PRISM，AVNIR – 2，
PALSAR—ALOS's major mission instruments at ALOS Symposium，http：//www. eorc. jaxa. jp/
ALOS/conf/symp/2001/5. pdf，2014 年 5 月 15 日获取）

（a）单镜头；（b）光学平台上的三镜头。

8bit，数据率约为 960 Mb/s。为了减小从 ALOS 到地面站的下传数据速率，使用了
基于 DCT 量化和霍夫曼编码技术的有损 JPEG 压缩，压缩比可以选择 1/4.5 或
1/9，这样下传数据速率分别为 240Mb/s 和 120 Mb/s（Tadono et al，2009）。

　　为了补偿地球自转，每一个辐射计会在 +/ – 1.5°内使用电子指向功能（即选
择沿阵列中的像素），因此可以提供 35km 宽度、完全重叠的三线阵立体像对影像，
而不需要卫星偏航控制。

9.4 单相机立体成像

在 9.3 节中描述的三台相机需要独立的光学系统来产生近似同步的立体像对,而立体像对也可以通过单独的光学系统和多个 CCD 阵列来实现。我们将讨论能够使用单一光学系统产生立体像对的星载相机。

9.4.1 单镜头光电立体扫描仪

印度空间研究组织 1988 年发射的 SROSS 卫星携带了一台对地观测相机——单镜头光电立体扫描仪(MEOSS),它是由德国的 DFVLR 设计的,该 MEOSS 使用 CCD 行扫描仪产生沿轨的三重立体成像。该相机由单个镜头组成,在其焦平面上的三片 CCD 都具有 3456 个像元,且安装在垂直于飞行方向上的公共平面上(Lanzl,1986)。这三个 CCD 阵列分别以 23°、−23°(前视和后视)和星下点进行观测,从而产生三重立体图像。这允许几乎同时生成立体三线阵的所有三幅图像(图 9.11)。

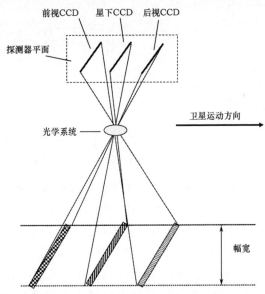

图 9.11 单镜头光电立体扫描仪焦面结构示意图。三个 CCD 平行放于焦平面上,每个 CCD 实现不同角度成像,以构成立体像对

显然,这种布置因其只使用一个光学系统而很有吸引力。与三个分离光学镜头的设计相比,这种设计允许结构更紧凑、重量更轻盈。然而,这种镜头必须设计成 ±23°的视场角。应用于印度首个月球任务——"月船"1 号的地形测绘相机(TMC)采用了创新的设计以减少镜头视场,同时实现基高比为 1。

9.4.2　印度"月船"1号地形测绘相机

TMC 以 $0.5 \sim 0.75 \mu m$ 的全色谱段在推扫模式下对月球表面成像,它利用单光学镜头实现了三线阵三幅式立体成像,可得到前视和后视影像的基高比为1。通过分别放置于 0°视场两边的一对平面镜实现沿轨方向 ±25°的视场角要求(Kiran Kumar et al,2009)。这对镜子将进入 ±25°视场的入射光线进行反射,以使透镜组件可在减小到 ±10°的角度下接收上述的入射光(图9.12)。因此,聚焦光学系统只需要对 ±10°进行校正,而不是 ±25°,并且透镜可用球面元件实现良好的图像质量。TMC 聚焦光学系统是一个八个元件 F 数为4的折射式镜头,在跨轨方向和沿轨方向视场角分别为 ±5.7°和 ±10°。利用这种结构可实现最小尺寸和重量,并取得好的图像质量。

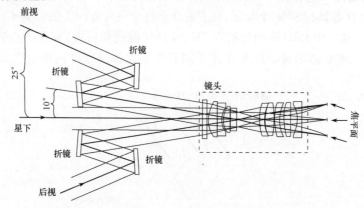

图 9.12　TMC 光学系统示意图。与前、后视 CCD 所需的
实际观测角相比,折镜的正确放置可以减小所需的镜头视场

为了实现前视、正视和后视成像,三个平行的线性探测器固定在焦平面,使得它们与卫星的速度矢量方向有正确的夹角。TMC 的探测器是一个单片互补金属氧化物半导体(CMOS)线性阵列的有源像素传感器(APS)。APS 集成了感光元件、定时电路、视频处理和12bit 数模转换。相机从 100km 高度实现 5m 空间分辨率,同时为低照度地区成像提供了四个可编程增益,这些增益可通过地面指令进行设置。该数据进行无损压缩传输,同时压缩旁路模式也可利用。相机的工作温度范围为 10~30℃,利用加热器和被动温控技术进行维持。该相机需要 1.8W 的稳压电源,其质量为 6.3kg。

9.4.3　卫星倾斜沿轨立体成像

使用单个光学系统实现沿轨立体成像的另一种方法是将卫星本身在沿轨方向上倾斜,实现从不同的角度观测同一个场景。

从 1999 年的 IKONOS 开始,随着新一代高分辨率对地观测卫星的发射,一个沿轨立体成像的新时代也开始了。这些卫星非常灵活,能够在短时间内将光轴指向沿轨和垂轨方向,并稳定成像,因此,这些卫星有可能在一轨时间内利用不同角度对同一条带进行成像。原理上,这可以产生三线阵(图 9.13),即生成三对立体像对:前视和星下点像对,后视和星下点像对以及前视和后视像对。

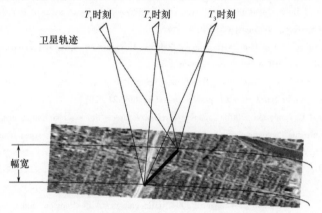

图 9.13 通过卫星倾斜产生同一条带里前视(T_1)、
星下点(T_2)和后视(T_3)影像的沿轨立体示意图

其他一些非星下点观测的敏捷卫星包括:发射于 2001 年的 QuickBird 卫星,其空间分辨率为 0.6m;发射于 2008 年的 GeoEye 卫星,其空间分辨率为 0.41m;发射于 2009 年的 Worldview2 卫星,其空间分辨率为 0.46m;发射于 2010 年的 CARTO-SAT2B 卫星,其空间分辨率为 0.8m。上述列出的仅是多个敏捷平台上亚米级相机的代表,并且所提到的分辨率为全色谱段。这些系统已经在第 7 章中描述,这里不再重复系统的细节。

参 考 文 献

1. Bouillon, A., M. Bernard, P. Gigord, A. Orsoni, V. Rudowski, and A. Baudoin. 2006. SPOT 5 HRS geometric performances: Using block adjustment as a key issue to improve quality of DEM generation. *ISPRS Journal of Photogrammetry and Remote Sensing* 60(3): 134 – 146.

2. Gugan, D. J. and I. J. Dowman. 1988. Topographic mapping from SPOT imagery. *Photogrammetric Engineering and Remote Sensing* 54(10): 1409 – 1414.

3. Jacobsen, K. 1999. Geometric and information potential of IRS – 1C PAN – images. *Geoscience and Remote Sensing Symposium. IGARSS'99. Proceedings of IEEE International* 1: 428 – 430.

4. Jaxa portal. http://www.eorc.jaxa.jp/ALOS/en/about/prism.htm(accessed on May 15, 2014).

5. Kiran Kumar, A. S., A. Roy Chowdhury, A. Banerjee et. al. 2009. Terrain Mapping Camera: A stereoscopic high – resolution instrument on Chandrayaan – 1. *Current Science* 96(4): 492 – 495.

6. Kocaman, S. and A. Gruen. 2008. Orientation and self – calibration of ALOS PRISM imagery. *The Photogrammetric Record* 23: 323 – 340.

7. Kornus, W. , R. Alam s, A. Ruiz, and J. Talaya. 2006. DEM generation from SPOT – 5 3 – fold along track stereoscopic imagery using autocalibration. *ISPRS Journal of Photogrammetry and Remote Sensing* 60:147 – 159.

8. Lanzl, F. 1986. The Monocular Electro – Optical Stereo Scanner (MEOSS) satellite experiment. *International Archives of Photogrammetry and Remote Sensing* 26 – 1: 617 – 620.

9. Nagarajan, N. and M. S. Jayashree. 1995. Computation of yaw program to compensate the effect of Earth rotation. *Journal of Spacecraft Technology* 5(3): 42 – 47.

10. NRSA. 1995. IRS1 C Data User's Handbook, National Remote Sensing Agency, Hyderabad, India. NDC/CPG/NRSA/IRS1 – C/HB/Ver 1. 0/Sept. 1995.

11. NRSC. 2006. CartoSat – 1 Data User's Handbook. National Remote Sensing Agency, Hyderabad, India. http://www. nrsc. gov. in/pdf/hcartosat1. pdf (accessed on June 21, 2014).

12. Osawa, Y. , and T. Hamazaki. 2000. Japanese spaceborne three – line – sensor and its mapping capability. International Archives of Photogrammetry and Remote Sensing III (B4): 779 – 782, Amsterdam, Netherlands. http://www. isprs. org/proceedings/ III/congress/part4/779_ III – part4. pdf (accessed on May 15, 2014).

13. Osawa, Y. 2001. PRISM, AVNIR – 2, PALSAR – ALOS's major mission instruments at ALOS Symposium. http://www. eorc. jaxa. jp/ALOS/conf/symp/2001/5. pdf (accessed on May 15, 2014).

14. Planche, G. , C. Massol, and L. Maggiori. 2004. HRS camera: A development and in – orbit success. Proceedings of the 5th International Conference on Space Optics (ICSO 2004), Toulouse, France. ed. Warmbein B. ESA SP – 554, ESA Publications Division, Noordwijk, Netherlands, ISBN 92 – 9092 – 865 – 4: 157 – 164.

15. SPOT 5 eo portal. https://directory. eoportal. org/web/eoportal/satellite – missions/s/spot – 5 (Accessed on June 2, 2014).

16. Subrahmanyam, D. , S. A. Kuriakose, P. Kumar, J. Desai, B. Gupta, and B. N. Sharma. 2006. Design and development of the Cartosat payload for IRS P5 mission. *Proceedings of SPIE* 6405: 640517. 1 – 640517. 10.

17. Tadono, T. , M. Shimada, H. Murakami, and J. Takaku. 2009. Calibration of PRISM and AVNIR – 2 Onboard ALOS "Daichi. " *IEEE Transactions on Geoscience and Remote Sensing.* 47(12): 4042 – 4050.

18. Wells, N. S. 1990. The stereoscopic geometry of the remote sensing optical map – ping instrument'. Royal Aerospace Establishment Technical Report 90032. PDF Url: ADA228810.

19. Westin Torbjörn. 1996. Photogrammetric potential of JERS1 OPS, ISPRS Commission IV, WG2. *International Archives of Photogrammetry and Remote Sensing* I (B4), http://www. spacemetric. com/files/references/jers. pdf (accessed on May 15,2014).

20. Welch, R. 1981. Cartographic potential of a spacecraft line – array camera system: Stereosat. *Photogrammetric Engineering and Remote Sensing* 47(8):1173 – 1185.

第10章

从地面到太空的历程

10.1　概　　述

本章将对一台有效载荷是否具备空间适用性所涉及的诸多方面进行讨论。这并不是一本像烹饪书一样的关于空间适用性的详细手册,而是意在让读者了解"可用于飞行"的空间硬件,并熟悉与之相关的各方面因素。

由于种种原因,研制空间硬件是一项具有挑战性的任务。首先,卫星/有效载荷必须能够承受发射过程的剧烈机械应力,并且能够在涉及诸如高真空、辐射、极端温度和温度波动等不利因素的空间环境中运行。同时,空间系统需能够在发生故障时几乎无法得到维修的前提下正常工作相当长的时间。简而言之,空间系统就是要用更少的资源做更多的事情——更轻的重量、更小的体积、更低的功耗。因此,在开始讨论关于空间硬件研制的相关问题之前,简要地了解卫星在发射和运行过程中的生存环境是很有帮助的。

10.2　发射环境

一颗航天飞行器在从运载火箭发射到入轨点末级发动机关机的过程中要经历多种性质的大量级动力学载荷。火箭在初始段和上升段受湍流影响,周围空气压强波动剧烈,产生高量级的噪声。不断波动的外部压力场引起火箭结构振荡响应,该响应通过火箭整流罩(对接环)以随机振动的形式传递(Petkov,2003)。随机振动输入的频率覆盖 $10 \sim 2000\mathrm{Hz}$ 的广阔范围,其准确的幅值由所使用的运载器类型决定。这些振动会造成结构上的应力集中,如果在设计中没有充分考虑这点,还可能导致结构的完全破坏。因此,通过载荷耦合分析对噪声环境及其对卫星和各分系统的传递率进行建模是十分必要的。

航天器和相关分系统还受到冲击作用。用于运载器结构系统分离(如捆绑助推器和防热罩)的火工品点火引起具有高峰值加速度、高频率成分、短持续时间特点的瞬态载荷(Arenas and Margasahayam,2006)。航天器和有效载荷结构应当被设计得足以抵御预期的冲击环境。

10.3 空 间 环 境

卫星进入轨道后所处的环境与它之前在地面上所经历的环境完全不同。空间环境中包含了极端温度、高真空、高能粒子、电磁辐射、等离子体、微流星体和空间碎片等,其中大部分都能够导致空间系统的严重问题,有效载荷设计师需要在硬件设计阶段充分考虑到这些因素。在本节中,将简要描述这些环境因素是如何影响空间硬件的。

10.3.1 热环境

能造成卫星温度上升的外部辐射包括以下几项:

(1) 直接太阳辐射通量,大气层外大约为 $1375W/m^2$;

(2) 地球和云层反射的太阳辐射通量(反照率);

(3) 地球发射的红外能量。

除了外部热源,电子电气设备产生的热量也是卫星热环境的组成部分。由于轨道高度上的高真空,卫星温度由两个因素控制:上述的热载荷输入以及与深冷空间(温度可认为大约 4K)的辐射交换。热输入本身在轨道周期内存在变化,如没有适当的热控措施,卫星温度会在极高、极低温度间起伏波动。航天器上有许多部件只有维持在设定的温度范围内才能正常工作。航天器热控(STC)设计的目标就是保持所有分系统的温度在航天器任务期内的所有阶段都处于理想范围中。为了使不同分系统的温度保持在理想范围内,设计师们采用了被动热控技术,如热控包覆、热绝缘(多层隔热,MLI)、散热板和相变材料等,以及主动热控技术,如电加热片、制冷机等。除此之外,还对分系统做镀金/银以及阳极氧化等表面处理以改善表面发射/接收特性。正确的热控建模是热控设计的起点,它由考虑材料表面特性和不同分系统间辐射交换的恰当数学模型来完成。更多内容请参阅 Clawson et al (2002)。

10.3.2 真空

卫星轨道具有高真空特点,仅有少量残余粒子存在。低轨(LEO)环境的典型压强只有不到 $10^{-8}torr(1torr \approx 133.32Pa)$,高轨环境的压强更低。这样一种高真空环境就会带来三个潜在问题,影响空间系统的功能,它们分别是放气、冷焊和制约热传递方式。

气体从材料中逸出称为放气。大多数材料在真空环境下存在一定程度的放气。放气对空间系统有两个影响。首先,复合材料如碳纤维增强环氧树脂由于具有高比刚度,经常被选为结构材料。在未经特殊处理的情况下,这些材料具有吸湿性,即会从空气中吸收水汽。水汽将在入轨后的真空环境下释放出来。随着时间的推移,水汽的释放会引起复合材料尺寸的变化,影响使用了该材料的分系统的性能。其次,放气产生的水汽会在光学表面凝结,进而影响光学性能。解决放气问题的方法就是选用那些具有低放气率的材料,规定总质损(TML)低于1%,可凝挥发物(CVCM)小于0.1%。在光学元件的附近优选超低放气率材料,CVCM应不超过0.01%。相机设计师在选用材料时应当考虑到这一因素,同时对卫星制造方提出相应要求。

　　冷焊是高真空带来的另一个问题。如果两个洁净的金属表面在高真空环境(以保持它们的洁净)中被放到一起,无须加热,两种金属的分子就会彼此扩散混合,最终成为一块金属。这种现象称为冷焊。在地面上,即使是那些"洁净表面"通常也被物理或化学吸附层或其他污染物如氧化物和氮化物层所覆盖,它们就像天然的保护层一样起到了防冷焊的作用。在高真空太空环境中,一旦这些保护层因磨损或放气而失去就无法重新生成,洁净金属表面暴露出来极易发生冷焊。机械机构(如继电器触点)在反复开合的过程中,其表面会发生磨损,最终将表面膜层磨掉,形成一个洁净金属表面,进而增长了这些接触表面发生冷焊的趋势。发射过程中的振动或其他干扰如太空中天线的运动等会导致接触表面的微小振动,形成一种称作"微振磨损"(fretting)的特殊磨损过程。这种横向运动同样会造成表面破坏,引发冷焊。在一个典型的开关机构中,一旦黏附力超过机构自身的打开力,该机构就失效了。齿轮、铰链以及其他许多机构都可能发生由冲击或微振磨损引起的冷焊(Merstallinger et al, 2009)。目前观察到的某些卫星系统发生的失效,其原因就是冷焊。这其中包括伽利略航天器上部分天线未打开、欧洲气象卫星Meteosat中的一颗星上的校准机构失效(Merstallinger et al,1995)。因此,冷焊问题关系到航天器上各种机械的开合动作,需要给予特别关注。只有确保原子级洁净金属表面不出现在接触当中,才能避免冷焊的发生。金属—金属接触可通过使用非金属隔离物如金属元件之间的固体润滑(solid film lubrication)等来避免。另外,金属表面可以做阳极电镀处理,以避免洁净金属表面之间的任何接触。

　　第三个与真空有关的问题是真空中没有对流,热的传递只能通过传导和辐射。这一制约应当在航天器热管理的设计中予以考虑。

10.3.3　辐射环境

　　卫星轨道上的主要辐射场由银河宇宙射线(GCR)和太阳辐射构成。太阳是一个向外发射电子、质子、重粒子、光子等辐射的主动源。除去来自太阳的稳定辐射流,发生在太阳活动高峰期的太阳耀斑也会产生不定量的电子、质子和低能量的重粒子。银河宇宙射线是一种高能带电粒子,通常认为产生自太阳系外部,主要包括质子(约87%),α粒子(约12%)和重粒子。

除了银河宇宙射线粒子和太阳宇宙射线粒子,其他到达地球的带电粒子被地球磁场俘获,形成了包围着地球的两个辐射区域,称作范艾伦辐射带。范艾伦辐射带以地磁赤道为中心,分为两层。内层距地面1000~6000km,主要由能量超过10MeV的质子组成,同时还有少量的平均能量为1~5MeV的电子。外层距地面15000~25000km,主要由平均能量为10~100MeV的电子组成。形成范艾伦辐射的粒子基本都来自于太阳风,这是一种由太阳向四面八方不间断发射的粒子流。由于地球磁轴相对于地球自转轴倾斜了大约11°,内层范艾伦辐射带距南大西洋地表最近。这一偏差通常被认为是南大西洋地磁异常区(south atlantic anomaly)形成的原因。该区域大体上位于南美洲0°~50°纬度带。这意味着如果一颗卫星飞过南大西洋,它将距这一辐射带更近,进而受到大于平均剂量的辐射。

高能带电粒子作用到航天器材料上之后速度减小,产生二级带电粒子和X射线,进一步增加了卫星所受到的总辐射场强度。

材料吸收的辐射能密度称为剂量。设被辐射质量为dm,吸收的平均能量为dE,则剂量可表示为

$$D = \frac{dE}{dm} \tag{10.1}$$

一个辐射环境的吸收剂量的单位记作rad(radiation absorbed dose,辐射吸收剂量)。1 rad等于100erg/g或0.01J/kg的吸收剂量。所用材料在括号内指定,如rad(Si)。吸收剂量的国际制单位为Gy(1Gy = 100rad)。用于定量描述辐射场的术语是注量。注量(Φ)表示空间中一点的周围单位面积上入射的辐射粒子数量。

航天器所处的辐射环境取决于轨道高度和倾角,而总辐射剂量则取决于辐射环境和任务寿命,以及任务寿命期间预计会发生的太阳耀斑。在100~1000km高度范围内的低地球轨道上,剂量率的典型值大约为每年0.1krad(Si)。在两极附近地磁屏蔽作用是无效的,从这里飞过的卫星会受到更大辐射通量的宇宙射线和太阳耀斑粒子的作用。尽管相对于整个轨道周期来说,通过这些区域的飞行时间很短,但是辐射剂量会随着通过的次数逐步积累,这一点也应该在计算总剂量的时候予以考虑。地球静止轨道上的卫星曝露在外层范艾伦辐射带、太阳耀斑和宇宙射线之中,剂量率为每年10krad(Si)数量级(Petkov,2003)。

此外,卫星还受到等离子体和原子氧的影响。除了太阳辐射,地球反射的太阳光和地球发出的红外辐射同样也是卫星辐射环境的组成部分。

辐射环境对电子电路性能有很严重的影响,甚至导致硬件性能下降或灾难性故障。辐射对电子电路的主要影响集中于半导体器件,其基本的辐射损伤机制有电离和原子位移两种。在电离现象中,电荷载流子(电子空穴对)被生成并扩散或漂移到其他位置后又被捕获,引起额外的电荷集中和附带电磁场,从而对器件性能产生影响。在位移损伤中,入射的辐射将原子从晶格内位置上驱离,从而改变了电

子器件的晶体特性。辐射对半导体器件的作用可以分为两个主要类别:总电离剂量(TID)和单粒子效应(SEE)。

TID 导致曝露在电离辐射中的器件发生长期累积性的退化。辐射能的吸收总量由材料特性决定。对半导体来说,需考虑的材料主要是硅及其氧化物,还有复合半导体如砷化镓。累积的辐射剂量会引起器件电子学参数和功能参数的退化/漂移,如漏电流、阈电压和增益。随着剂量的积累,这些变化也逐步叠加直至元件参数超出了电路设计范围,引起电路故障。因此,TID 是累积的,其影响在元器件曝露到辐射中一定时间之后才会被察觉。TID 的影响同样取决于剂量率(Dasseau and Gasiot,2004)。对半导体探测器来说,TID 会导致暗电流的增大,并进一步影响 NEΔR。

单粒子效应是一种局部现象,是由单个电离粒子入射到电子器件的敏感区域并释放了足够多的能量而导致的独特故障,属于器件的短期反应。这一点与 TID 恰恰相反,TID 属于器件的长期反应。另外,TID 是一些粒子随机地击中器件而对整个器件产生的均一性的影响,而 SEE 只对器件上被粒子击中的局部产生影响。SEE 可通过以下多种不同的方式观测到:

单粒子翻转(SEU)。这是一种由粒子辐射的通过而引起的逻辑状态变化,如存储电路的位翻转。SEU 通常是可逆的,不会对半导体器件的功能造成永久性损伤。这类非完全破坏性影响称作软故障,与之对应的是硬故障。硬故障不可恢复,导致器件永久性损伤(电子元件工业联合会)。

单粒子锁定(SEL)。单个高能粒子穿过器件结构的敏感区域,在器件中产生不正常的高电流,导致器件功能丧失。SEL 可能对器件造成永久性损伤(如果电流没有外部限制)。如果器件没有出现永久性损伤,供电循环(重新断电、上电)可以使器件恢复正常运行。

单粒子烧毁(SEB)。入射粒子产生的高电流将器件直接烧坏。这是不可恢复的硬故障。

对半导体器件辐射损伤有兴趣的读者可以参考 Janesick(2001)了解更多内容。

有些特别设计制造的半导体器件能够降低辐射损伤的影响,这种器件称为抗辐射加固器件。器件上还会粘贴钼、钽、钨等金属层对 TID 做外部辐射防护。电路总体设计应当考虑避免单个故障对器件功能的损害。为减轻辐射效应,特别是单粒子翻转,目前软件逻辑设计中经常采用表决逻辑和三模冗余等。

我们在第 3 章简单介绍了空间环境对光学部件的影响。Farmer(1992)对空间环境中与光学部件可靠性和品质相关的问题做了全面论述。

除了辐射损伤,空间碎片和微流星能够对直接曝露在宇宙空间中的航天器表面造成损伤。

10.4　空间硬件研制方法

空间硬件研制历经多个阶段,每个阶段的结束都会有严格的评定。大部分的空间组织和工程公司在空间适用系统的研制过程上采用相同的标准。在本节中我们将结合印度遥感卫星项目实践的主要框架,对研制一台空间适用的对地观测相机的流程进行讨论。一般由相关部门组成的全国委员会提出相机的各项性能规格,由航天器项目办提出一系列环境测试要求。有效载荷主管(如项目经理)必须在计划时间和经费预算内,向航天器项目办交付有效载荷,该有效载荷性能需满足给定环境条件下的相应要求。一个涵盖以下广阔领域的多学科人才团队为项目经理提供支持,每个领域由一位主管设计师(PE)负责(专有名称 PM、PE 等在不同项目中职务不尽相同,取决于任务的大小):

(1) 光学;

(2) 焦平面及相关系统;

(3) 电子学;

(4) 结构;

(5) 系统集成和评定;

(6) 质量(或产品)保证。

一个独立的质量保证团队负责监督质量和可靠性,并向该机构领导汇报。

项目经理和他的团队的工作是不断改进设计使得产品能够在所有指定环境测试中以适当的裕度满足要求。首要工作是研究每个分系统的不同配置,使得整个系统满足任务目标的需要。这一过程中,设计师需要考虑以往类似分系统的空间应用经验。同时也可以考虑已经在轨飞行的一些分系统设计是否适用或经过微小修改后是否适用于本次任务,这样可以缩小成本和研制时间。但是验证过的技术可能不是最优的。与验证过的传统系统相比,新技术能够更有效地实现任务目标,因此考察这类技术的可行性同样重要。例如,20 世纪 80 年代早期,经过飞行验证的对地观测技术是光机扫描仪,此时决定在 IRS 上搭载 CCD 相机在一定程度上是存在风险的。设计方案中还应当明确产品研制过程中可能遇到的制造问题。例如,纸面上的设计可能给出了卓越的性能,但是公差限制太严格以致完全无法制造或者制造成本太高;又如,相机的正常运行要求极其严格的温度控制,但是实际上根本无法实现。这就是方案设计阶段的工作,任何设计内容有需要都要进行分析,直到将所有可能的选择都进行考虑,最终形成一个基线方案。之后就是撰写基线设计报告,报告中突出所做的权衡对比工作。该报告会由一个独立的专家组进行评审,评估系统方案是否充分满足了任务需求。

基线方案一经评审组通过,有效载荷团队即开始不同分系统的研制工作,也就是试验模型(Breadboard Model,BBM)的研制。这是一个研发模型,设计师们应用该模型验证基线方案的设计,确保系统整体上满足性能指标。但为控制时间和成本,BBM 上采用商业级部件。同样,结构设计会依据基线方案开展,但可以不使用最终材料来减少时间和成本。例如,碳纤维增强聚合物(CFRP)计划用于望远镜的精密结构,但由于成型时间长,就会用其他替代材料。类似地,如果能满足功能测试的要求,飞行模型(FM)中会有的冗余电路在试验模型中可以不做。在这一阶段,可靠性和质量保证(R&QA)计划、测试准则、与航天器接口都要确定下来。随着试验模型的开发,有效载荷装调/集成和标定所需的地面支持设备(GSE)也开始设计和研制。试验模型不做力学环境试验。但电子学部分可能会做鉴定级极端温度试验,以保证设计裕度不超出所用元件的极限。设计和测试的结果要经过一个正式的审查——初样设计评审(PDR)。初样设计评审之后方案将被冻结,因此在评审开始之前设计师要全力关注:所有设计和制造问题是否已经被认识到位,任何必要的修正是否已经施行。笔者曾主持过 PDR 之前的对所有分系统的内部评审,团队内不与设计直接相关的专家共同参加。与正式评审不同,这种内部评审往往是一种"圆桌评审",鼓励评审者提出刁钻的问题而设计者必须予以回应。我们发现如果确有设计问题,这是一种深入问题底层的十分有效的方法。

　　PDR 顺利完成之后,将评审意见加入到设计中,进行工程模型(EM)的制造。根据对设计的信心程度,为减少因部件供货造成的拖延,采购部件的工作也可以在BBM 功能测试圆满完成之后就开始,无须等待 PDR。研制 EM 用到的部件在电子学和环境规格(不包括辐射环境)方面应当与 FM 上计划使用的元件相一致,但是质量等级可以比飞行级元件低一些,如飞行产品上要使用抗辐射加固器件,那么EM 上可以使用电子学特性相同、非抗辐射加固的器件。除了电子学零件、材料等的低质量标准,EM 完全代表了 FM 的组成、形状和功能,并且 EM 要进行全部鉴定级测试(10.5 节)。

　　EM 用于验证有效载荷与卫星的所有电接口,并证明有效载荷与卫星集成后能够满足要求的性能指标。随着 EM 的开发,建立集成、装调和标定的流程,从而确保 GSE 充分满足需求。EM 测试结果形成供未来参考的数据库。如果 EM 与卫星的集成令人满意,各项测试结果将接受一个正式审查——详细设计评审(CDR)。CDR 的目的是确保设计内容被正确执行,有效载荷能够满足性能要求。CDR 团队对 PDR 提出的行动项的落实情况进行核定,并评估分系统与卫星的集成性能是否满足任务目标。

　　CDR 顺利完成后,设计师被授权开始 FM 的制造。FM 圆满完成性能测试后,进行验收级环境试验,随后转运到卫星项目办,等待与卫星的总装。

　　研制空间硬件产品的路线图对大多数卫星项目来说都是相似的,只是各个空间机构使用的命名方法不同。项目活动基本上都分为不同的阶段,这样可以实现一个项目从初步概念逐步进展到最终可交付硬件,并且完成任务目标符合性的定期检查。表10.1列出了典型的 NASA 项目生命周期阶段划分。

表 10.1　典型的 NASA 项目生命周期阶段划分

阶段	目标	典型输出
1 预阶段 A: 概念研究	产生一系列关于任务的想法和供选方案,从中可选出新的计划和项目。确定所期望系统的可行性,开发任务方案,草拟系统级要求,识别出潜在技术需求	可行的系统方案,以仿真、分析、研究报告、模型和实物模型等形式给出
2 阶段 A: 方案和技术发展阶段	确定提议的新型主要系统的可行性和可取性,建立与 NASA 战略计划的初始基线兼容性。发展最终任务方案、系统级要求、和所需系统构造技术	系统方案说明,以仿真、分析、工程模型、实物模型和权衡研究定义的形式给出
3 阶段 B: 初样设计和技术完备	以足够的细节内容对项目作说明,建立能够满足任务需求的初始基线。开发系统结构终端产品要求(和适用产品),生成每一个系统结构终端产品的初样设计	终端产品,以实物模型、权衡研究结果、说明书和接口文档、完备原型的形式给出
4 阶段 C: 最终设计和制造	完成系统(及相关分系统,包括其操作系统)详细设计,制造硬件,编写软件代码。生成每个系统结构终端产品的最终设计	终端产品详细设计,终端产品部件制造和软件开发
5 阶段 D: 系统总装、集成、测试和发射	总装集成产品形成系统,同时提高系统满足要求的置信水平;发射和准备运行;执行系统终端产品的应用、总装、集成、测试和转交使用	系统终端产品的运行准备,及相关支持适用产品
6 阶段 E:运行和维护	管理任务,满足最初确定的需求并保持所需支持服务。执行任务运行计划	期望的系统
7 阶段 F: 任务结束	执行阶段 E 形成的系统退役/清除计划,对返回的数据和样品进行分析	产品报废

注:来源 NASA/2007 - 6105. 2007. NASA 系统工程手册(2014 年 5 月 15 日获取)
http://www.acq.osd.mil/se/docs/NASA - SP - 2007 - 6105 - Rev - 1 - Final - 31Dec2007.pdf

10.4.1　研制模型投产准则

前面介绍了一台有效载荷从方案阶段到具备发射状态交付卫星项目办,与卫星飞行模型进行最后总装的工作流程。每个卫星项目都有一套研制模型投产准则,保证各分系统及卫星平台通过测试,全系统能够按照任务计划目标运行。在卫星建造的前几年会制造许多硬件模型用于确认卫星设计是否"强壮"。为使结构设计符合要求并与数学模型关联起来,项目团队会研制一台结构硬件模型,它包括了所有分系统的机械模拟件(以模拟质量)。同时还会研制一台能够完全表征热特征的热控模型,用以检验热设计是否合格并与热设计数学模型关联。为节省费用,也可能只开发一台结构热控二合一模型(STM),将结构模型和热控模型的目标结合起来。随着分析能力的大幅提高,设计师可以更有效地实现理论建模,从而缩减实际硬件模型的规模。

有效载荷所需开发的模型数量取决于有效载荷设计的继承性。一般来说,将成熟度分为以下几类:

(1) 新设计,没有飞行产品继承;

(2) 对之前的飞行产品的硬件做了大量修改;

(3) 对之前成功飞行的产品设计做微小修改,以解决任务过程中发现的一些异常和(或)增加小的设计以提高性能;

(4) 完全一样的硬件。

产品的可信度从(1)~(4)逐渐增加。用实例加以说明。IRS-1B 搭载的 LISS-1&2 与 IRS-1A 上的完全相同,属于第(4)类。这时只需建造 FM 进行验收测试即可。对于第(3)类的情况,根据分析评估修改内容的可信度,可能需要开发一台准飞行模型(PFM),PFM 中所有飞行硬件产品要求的性能方面都要按照鉴定级试验的量级、验收级试验的持续时长开展各项测试。对于第(2)类的情况,可以先建造 EM 并进行鉴定级试验,然后生产飞行硬件产品。第(1)类则要按照前面讨论的经历所有 BBM、EM、FM 三个模型。

不同项目的建模准则各不相同,上面只是做了一个象征性的描述。随着模型数量的增加,研制费用和周期也相应增加。因此需要慎重判断增加模型数量能否提高硬件可靠性。

10.5　环　境　试　验

要确切无疑地验证有效载荷的硬件能够在预想环境条件下生存并实现预期功能,环境试验是极其重要的一步。有效载荷需进行试验的重要环境条件有:

- 力学:振动,冲击;
- 热力学:极端温度和温度波动;
- 真空:实验室能够提供的高真空;
- 电磁学:电磁兼容性(EMC)、电磁干扰(EMI)、静电放电(ESD)。

一颗完全组装好的卫星当中存在传导和辐射的电磁场,开展 EMC 测试旨在保证电磁场不会产生影响有效载荷功能的电磁干扰。同样地,有效载荷也不能产生超过一定限量的电磁场妨碍卫星上其他分系统的运行。地球静止轨道的卫星受到等离子体环境作用发生卫星充电,进而会有静电放电倾向,这会导致电子电路逻辑状态的变化。

从初始设计开始,设计师即应当有意识地为解决 EMC/EMI/ESD 问题而开展实践。应对这些问题的主要考虑内容有接地方式、线束设计/布局等(Hariharan et al,2008)。接地设计指导可以在 NASA – HDBK – 4001 中找到。此外还可在 Åhlén(2005)的讲稿中得到一些实用小贴士。

10.5.1 力学试验

力学试验的目的是验证卫星结构及部件承受振动和冲击等各种力学负载的能力。有效载荷会受到由发射过程中的运载火箭振动—噪声环境带来的影响,其振动量级需通过对航天器—运载火箭组合体数学模型进行载荷耦合分析得到。该数据作为制定试验量级的根据,由卫星企业提供。振动试验采用两种激励方法——正弦振动和随机振动。在正弦振动中,振动幅值(通常以位移或加速度规定)发生振荡变化,振动负载以不断变化的正弦频率作用于结构上。但是在试验过程中,任意时刻的振动载荷的振幅、频率和相位都是单一的。首先,加载小量级正弦激励以找出共振频率。在共振频率处,硬件结构响应可能超过设计潜力。为避免过试验,如果载荷耦合分析未显示在该共振频率处有反常的高输入,可减小该共振频率附近的加速度输入量级。这就是下凹。有效载荷按照指定的量级依次进行三个正交轴向的振动试验。

随机振动是实验室可重现的、对有效载荷来说最真实的振动环境。与正弦振动不同,随机振动中同一时刻可能有许多频率的激励产生,并且运动是不确定的,即未来的行为无法准确预测。随机振动中,瞬时振幅以随机方式变化,通常假定按照正态(高斯)分布曲线,这些随机激励通常以功率谱密度函数(PSD)描述。PSD 的单位是加速度的平方每单位带宽(g^2/Hz)(g 是某频率值处的加速度均方根),它表征了平均功率在频率域上的分布。PSD 作为频率的函数绘图,给出了随机信号在任意频率处每单位带宽内的加速度均方根值。随机振动测试帮助展示了硬件承受宽带高频振动环境的能力,测试由一台专门的振动机器如电动振动台完成。

图 10.1 所示为一个典型的用于随机振动的 PSD 曲线。鉴定试验的量级一般会比飞行验收试验的量级(基于计算的预期值)高出 3~6dB,以保证设计并非勉强合格。试验在三个相互垂直的方向逐一开展。在完整量级的验收或鉴定试验的前/后各做一次小量级随机振动,检查响应结果是否有变化。这种变化代表着损伤或失效的发生。

正如前面讨论的,卫星会受到冲击的作用,它具有加速度幅值高、作用时间短的特点。冲击测试用以揭示试验对象承受发射和运行过程的冲击载荷的能力。冲击测试可以使用锤击试验台或用振动台模拟冲击。冲击测试通常仅作为一项鉴定试验。NASA – STD – 7003A 给出了火工冲击测试标准。

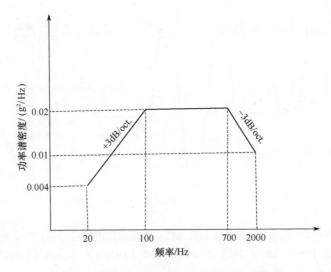

图 10.1 随机振动采用的典型功率谱密度曲线

在发射阶段有效载荷不开机,因此在力学试验过程中试验对象也不加电。每项试验结束后,要检查被测的试验对象是否有任何结构损伤,如螺钉松动、结构变形,功能特性也要进行检查。

NASA 技术手册 NASA - HDBK - 7005 给出了一个航天器从建造完成到任务结束的整个服务寿命期中可能遇到的动力学环境,以及对航天器及其部件进行测试所需的设备和规程。更多关于力学测试的内容也可参见 ECSS(2013)。

10.5.2 热真空试验

热真空(TV)试验揭示有效载荷承受在轨运行期间的真空和温度交变的能力。由于 TV 试验很贵,在此之前要先进行大气压下的热试验,包括高低温储存试验、湿度试验、运行温度试验。储存和湿度试验展示有效载荷承受运输和存放过程中可能遇到的环境条件的能力,只作为一项鉴定试验进行。

TV 试验在 10^{-5}torr 或更好的真空条件下进行,有效载荷受到高低温循环作用,鉴定试验温度拉偏不小于 15℃,验收试验温度拉偏不小于 10℃。图 10.2 给出 IRS 有效载荷的 TV 试验所采用的典型温度曲线。这是一个有源测试,即设备加电,对其性能做定期监控。有效载荷的每一个电子学分系统都要先分别进行测试,考察性能偏差情况,最后对总装好的有效载荷进行测试。

正常飞行过程中,真空和潜在的极端温度环境出现在发射环境之后。为保证遵循这一次序,动力学试验要在热真空试验之前开展。此外,已有研究表明,动力学试验中导致的失效可能要到热真空试验时候才会显现出来(NASA,1999)。因此,最好的顺序是在动力学试验完成之后进行热真空试验。

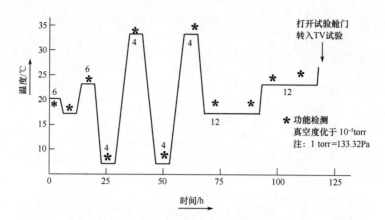

图 10.2 热真空试验典型温度曲线。温度范围因项目而异。图中所示
为 IRS 相机验收级试验所用数据,曲线上的数字表示持续的小时数

10.5.3 电磁干扰/兼容性测试

卫星的各分系统有各种不同频率的电子信号。该测试旨在确保有效载荷的功能不会因此而退化,并且有效载荷不会通过杂散发射干扰到其他分系统的运行。这些测试一般按照 MIL – STD – 461 和 MIL – STD – 462,或卫星项目认可的任何其他规范开展。

10.5.4 环境试验等级

一般来讲,环境试验分为两个阶段。其一是鉴定试验。在鉴定试验中,有效载荷受到的负载比在实验室、运输、发射和最终入轨工作期间的负载更加严重。这样,各种应力水平会高于预先的分析模型结果。这就为数学模型的计算不确定性建立了裕度范围。但是,鉴定试验条件的制定不应超出设计安全裕度或造成不实际失效形式。如前所述,一些试验如储存和湿度试验,目的是确保有效载荷的功能在地面环境下不会退化。试验的顺利完成增强了对于有效载荷的设计和制造能够在轨运行不退化的信心。由于鉴定产品经历了比飞行预期量级的最高值、更严酷的试验等级,鉴定产品绝对不能用于发射任务。

鉴定试验顺利完成后,FM 要经过验收试验。

验收试验的目的是揭示每一件交付产品的飞行可行性。试验将已经过验证的设计中可能存在的材料和工艺缺陷定位出来,并且确定有效载荷处在与任务期间相似的环境中的性能。验收试验量级低于对应的鉴定试验,但可以高于预期最高环境等级。卫星项目办基于模型的预期量级制定出每个分系统的试验量级。环境试验矩阵见表 10.2。

表 10.2　环境试验矩阵

项目	鉴定级	验收级
正弦振动	√	—
随机振动	√	√
冲击	√	—
低温储存	√	—
高温储存	√	—
湿度试验	√	—
热真空	√	√
运行温度试验	√	√
EMI/EMC	√	—

除了这些标准试验,一些部组件,特别是含有活动机构(如扫描镜组件)、光源等的组件,可能要进行计划外的加速寿命试验,以确保它们能够在整个任务寿命期中保持设计功能。

10.5.5　地面支持设备/设施

为了对有效载荷进行操作并正确评估性能,除了前面提到的设备,还需要许多测试/支持设施和设备,以满足有效载荷研制各个阶段的要求。这些可以大体上分为三类:机械地面支持设备(MGSE)、电子学地面支持设备(EGSE)和洁净实验室。MGSE 主要用于有效载荷在不同试验设施间的转运以及最后与卫星总装的交付运输,这其中包括各种操作装置和运输包装箱。有效载荷可能必须通过公路、铁路或航空方式运输,包装箱的设计要保证在运输过程中传递到有效载荷上的冲击和振动远小于验收试验的量级,同时为有效载荷提供对水汽、降雨、沙尘等污染物的保护。包装箱上需安装合适的传感器,对运输过程中有效载荷所经受的冲击和振动量级进行监测。

在有效载荷的最终集成性能评估中,需要借助各种 EGSE 设备实现许多不同的功能。当有效载荷最后与卫星总装之后,它会从卫星获得供电及其他电接口信号,保证运行正常。因此,在有效载荷测试和评估时,需要一台能够模拟卫星上的供电、遥控、遥测等接口的设备,即通常所说的卫星接口模拟器(SIS)。此外,有效载荷的最终输出数据也必须进行分析,这些数据为数字形式,经过测试计算机读入分析,生成如 MTF、S/N 等各种性能参数。关于一个典型的测试系统的配置已经在6.6.5 节讨论过。

有一点非常重要,就是所有直接与有效载荷连接的支持设备也必须进行设计评审和评估测试,以确保 GSE 的任何故障都不会传播和危害到飞行硬件产品。测试设备的测量精度要远优于有效载荷的相应指标,并在有效载荷测试试验开始之前进行校准。

10.5.6　污染控制

光电传感器的性能受到表面污染物的影响。表面污染物分为两大类:微粒和分子薄膜。在紫外区域工作的仪器对后者尤其敏感。有效载荷乃至整个航天器上使用的材料应具有低的放气率。光学表面上的微粒污染会导致光的散射,造成信号损失和背景噪声的增加。CCD 盖板上的单个污点就能在感光面上投下一个阴影。因此光电传感器的装配测试要在受控环境中进行,这就是专门设计的洁净室,洁净室能够对温度、湿度和空气中颗粒物浓度进行控制。洁净室按照严格的规程和方式开展规划和建设。但无论洁净室的设计是多么优越,使用过程中必须遵守严格的规定,例如,进出洁净室要通过气闸室和空气吹淋室,人员必须穿着特制服装。洁净室按照单位体积空气中允许含有的颗粒物大小和数量分类。"1000 级"表示每立方尺空气中允许含有的 $0.5\mu m$ 及以上大小的颗粒物数量不超过 1000。整个实验室无法全部保持要求的洁净等级。因此,在洁净度 100 的地方采用洁净帐篷或洁净工作站。尽管这种分类方法已经广泛使用,但国际标准化组织(ISO)还提出了一个新的标准——ISO14644 - 1(Whyte,2010)。

10.6　评　审

正式的评审是减少在轨故障的重要一步。技术评审是对产品的一次评估,由一个独立专家组负责进行,他们根据提供的文档和试验结果对产品的设计和研制开展严格审查。设计人员应当重视评审人员的作用,因为他们的工作是为了确保有效载荷在轨各项功能的可靠性。只有设计人员透明坦率地将他们的不足和忧虑展示出来,审查工作才有可能取得最佳效果。这种态度应当贯彻到所有层级。作者在承担相机开发工作时,曾经在对评审委员会的欢迎词结束语中这样说,"现在狠狠地敲打我们,才能在发射后热烈地称赞我们。"

我们在 10.4 节中讨论了有效载荷开发不同阶段的三种正式评审。我们将在这里详细说明它们的作用。

10.6.1　基线设计评审

基线设计审查(BDR)也称为方案设计审查,在方案阶段开展。BDR 会讨论各分系统的多种可能方案以满足任务目标,检查选定的系统方案的可行性,以促进有效载荷在计划周期和费用条件下完成。

10.6.2　初样设计评审

初样设计评审(PDR)在初始开发阶段的末期开展,此时结构框图和主要单元的规格都已经确定下来。评审工作会对每项设计做严格的检查,确保所提出的基本设计/建造方式能实现有效载荷的指标要求。在这一阶段,如果任一子模块的时间表或性能的可实现性是不确定的,应当调查研制/购买的替代选择。该阶段PDR 还要评估与航天器的兼容性。对于 BDR 产生的行动项都要处理好,并向PDR 委员会提交行动项完成情况说明。

10.6.3　详细设计评审

详细设计评审(CDR)在 EM 硬件加工、安装和调试之后开展。PDR 行动项完成情况说明需在评审时呈交。PDR 中提出的任何建议如未能达到,需将原因及对有效载荷的性能和可靠性的影响向 CDR 团队说明。CDR 委员会对硬件在预期环境中的测试结果和正常工作的能力进行审查。这是 EM 硬件投产前的最后一次正式评审。从此时开始所有加工文档都要由 R&QA 团队做正式审查,并由主管部门核准。

10.6.4　出厂评审

有效载荷顺利通过各项环境试验后,还需要完成出厂评审(PSR),获得与航天器 FM 总装的批准。在这一评审中,所有环境试验结果都要检查,如有任何偏离预期的试验表现,都需进行分析。同时要检查有效载荷 FM 开发过程中发生的所有故障。PSR 委员会确认之后,有效载荷才被允许与卫星总装。

在每次评审前,需要准备好合适的评审文档,并提供给评审人员以便他们提前熟读。这三个评审由正式专家团队负责——最好是同一个团队。考虑到特性上的不同,对光学、焦平面阵列、机械系统、电子学/电气系统等分系统的初始独立评审可以在有效载荷总体级别的评审前开展。正式评审之外,项目经理可能还会在设计过程中组织开展电路/分系统级的同行评审,以便在必要时采取中段修正。

在有效载荷开发过程中,监控性能偏差和失效情况并采取调整措施是很有必要的。为此,项目当中会建立许多内部监督机制。10.6.5 节和 10.6.6 节介绍了其中一些重要的机制。

10.6.5　技术状态更改控制和不合格品管理

技术状态更改控制十分重要,通过这一机制能够避免在不了解这种更改对有效载荷中其他子系统和卫星影响以及对测试合理性影响的情况下系统被更改,也能避免在合格证已经发出的情况下更改系统。因此,实际进展情况应当随项目进程而更新,保证系统地掌握所有更改情况,以便系统能够在整个过程中保持它应有的功能完整性。为实现上述目标,应组建一支包括设计师、R&QA 代表、同行专家的评审团队。设计师产生技术状态更改申请,连同更改原因和更改影响分析一起呈交到委员会。委员会对更改申请及其可取性、对任务和周期的影响等进行评估,并给出建议。如技术状态更改影响到了有效载荷的基本性能要求,或者会带来与航天器/其他分系统的机械/电子学/热接口的更改,还需要与航天器团队以及最终用户的进一步磋商。所有更改必须经评审团队正式批准,并有必要保留更改详细清单。

即使在 FM 研制阶段没有发生任何技术状态更改,也有可能出现某些产品与原始方案不完全一致的情况,例如,机械零件加工出来后,有些尺寸可能不满足给定的公差。类似的情况下,需要判断零件能否让步接收或返修。技术状态确定以后,所有关系到组成元件、材料、加工工艺或加工操作的不合格品,一经发现必须审查并做出处理。之前介绍的委员会或者其他由适当成员构成的委员会,应当评估这些不合格品用到任务中是否存在风险,是否需要做一些额外的验证以确保其可接受性以及这些零件是否可以让步接收做出评估。在这些评估的基础上,委员会给出适当的处置。处置形式可以是某种补救返工,或者是完全拒收,再或者是在不合格程度很小的情况下让步使用。即使出现的偏差很细微,也必须执行不合格品管理规程,所有这些不合格品及其处置结论应真实记录。将来如发生故障或性能不正常,需要用到这些记录进行分析。

10.6.6　故障审查委员会

在航天硬件研制过程中,会发生各种原因导致的故障。可能是设计不充分,也可能仅仅是意外情况。考虑一个零件或包含硬件、软件的系统发生了故障,处在以下三种情况下:

(1) 系统完全无法运行;

(2) 故障导致系统性能不稳定或不可靠;

(3) 系统仍能运行,但已无法令人满意地执行设计功能。

(1)和(2)两种情况明确,很容易就能识别出来。但最后一种情况涉及“怎样是运行良好”的判断,而这在一定程度上是主观的。这种情况下,功能说明和系统运行容差应当作为故障判断的基础(ISRO,2005)。由各项目的负责人或有效载荷建造机构的领导组成一个长期有效的故障分析监委会(FAB)。为取得最佳反馈,有必要为不同的学科建立多个独立的分委会。技术状态一经确定下来,任何细微的故障都要向 FAB 反映。因为有效载荷中数量最多的是电子学元件,大多分故障都与电子元件相关,设计师必须无保留地将所有故障情况通过系统正规途径报送

FAB 知悉。除非故障原因已经搞清楚,否则绝不能更换故障元件。如果故障是由于设计不充分,设计师要开展彻底的审查,检查系统中其他地方是否还有类似设计,并对此设计进行改良;如果故障是由于元件特性引起的,所有同批次元件可能都必须更换。

10.7　零件/部件的获取

选用零件的质量是保证硬件可靠性的重要因素之一。符合航天使用标准的元件只有挑选出来的几家供货商能够生产,并且有些零件可能还需要定制。因此,想要在保证性能和可靠性的同时按照项目周期和最佳竞价完成,在项目早期完成合适的零件产品选型是很有必要的。对于空间相机来说,由于光学元件参数是根据任务需求专门设计的,因此这些元件都需定制。在很多情况下,焦平面阵列也是按照特定构型设计的,性能参数/规格、试验要求、质量标准的制定需要特别关注。为获得定制零件,一种较好的方法是向该领域的制造商发函给出宽泛的要求,进而获得对其制造该产品兴趣的评判。这能帮助我们在确定零部件规格之前更好地定位有潜力的供货商。

电子、电气和机电(EEE)元件是所有电子学的基础,对电子学系统的质量和可靠性起到关键性作用,因此有源/无源 EEE 元件的选择需给予特别关注,如封装、工作温度范围和辐射允许量/灵敏度等方面(NASA,2003)。EEE 元件的种类数量远超相机中任何其他元件,必须从多家不同生产商获取,这就使得它们的供货成为有效载荷制造路径上的关键环节之一。此外,在零件数量的基础上,EEE 元件的故障率也是最高的。单个元件的故障可能导致系统性能低下,甚至造成整个任务失败。因此,EEE 元件的获取要遵循严格的产品保证计划。相机电子学通常选用满足 MIL – PRF – 38534 规范的高可靠性(Hi – Rel)S 级空间适用元件。这些元件由供货方完成所有镜检。如果某种元件没有这个等级的产品,可购买满足 MIL – STD – 883H 规范或工业级的替换零件,并在 FM 使用前对其进行内部的适用性镜检。

降额是 EEE 元件和机械零件选择的重要准则之一。零件的降额就是相对其额定应力,有意地降低使用应力,在零件的使用应力与能力极限之间留出一定裕度。降额减小了故障率/退化率,从而保证了元件在设计寿命期内的可靠运行。因此,电路设计应当在其设计阶段纳入降额要求。

一般来说,每个航天机构都有一个首选零件目录(PPL)。PPL 包含了一系列经核准符合相应可靠性和质量规格、能够在卫星上使用的零件。航天系统上应用的零件通常都从 PPL 中选取。如果某个要求的零件不在 PPL 中,该元件需在应用到系统之前按照规定程序进行专门的挑选和鉴别。一般来说,应当尽量减少有效载荷中使用的 EEE 元件种类,这有利于降低费用和避免元件获取的麻烦。NASA 在 2003 年提出了戈达德宇宙飞行中心(NASA GSFC)空间飞行项目使用 EEE 元件的挑选、镜检、鉴定和降额的基本准则。更多关于航天器及运载火箭的设计、开发、制造中使用的电子元件、材料和工艺(电子学 PMP)的技术要求请参见 Robertson et al(2006)。零件完成规定的试验之后必须存放到一个环境受控的地方,即只有授权人员才能进入的保管仓库。

放气是光学有效载荷使用的另一个重要方面。按照一般准则,所使用的材料的总质量损失(TML)应不大于 1.0%,可凝挥发物(CVCM)应不大于 0.1%。因为有效载荷是卫星的一部分,有效载荷负责人应在项目早期提出整个卫星的污染物控制计划。

10.8　可靠性和质量保证

可靠性和质量保证(R&QA)程序在任一工业领域都扮演着十分重要的角色。在航天硬件制造中,它的作用更加必不可少,因为航天产品发射之后的任何故障我们都几乎无法维修。R&QA 团队负责对实际制造和交付的系统能否在预期寿命中按照设计目标正常工作给出独立的评估。质量与可靠性原则通过产品保证程序,以一种系统化的方式贯穿整个项目/有效载荷开发周期。项目周期的初期会制定一个叫做"产品保证(PA)计划"的文档。PA 计划描述了在各分系统及整个有效载荷的研制过程中应当执行的质量与可靠性相关活动,并列出了每项活动要产生和审查的文档。PA 计划因不同项目的质量保证活动而不同。例如,一颗 15 年寿命的业务通信卫星要求所用元件为最高质量等级,而一个试验任务可能使用商业级现货产品元件(COTS)以节约时间和成本。

R&QA 涉及卫星研制从方案阶段到完成的所有活动。因此 R&QA 团队及其负责人(如一个项目经理 PM)要在有效载荷项目初期就组建起来,这一点很重要。R&QA 团队独立运行,PM(R&QA)直接向有效载荷研制机构的领导汇报。R&QA 的责任涵盖了从设计分析到最终试验策略制定的广阔范围。这里列举一些 R&QA 职责范围内的任务,有:零件和材料选取准则、制造工艺控制准则、测试与评估准则、设计分析、综合不合格品管理、统计学可靠性估计、故障模式影响与危害度分析(FMECA)、最坏情况电路分析(WCCA)以及元件降额标准等。由于那些生产线经核准能够进行航天硬件生产的厂家可能无法提供所有元件,R&QA 还有另外一个重要工作就是鉴定新厂家资格。厂家资格鉴定有一些关键问题,如生产线证明、人力培训和证明、厂家设施审计等。此外,考虑到许多系统装有嵌入式软件,软件 QA 也很重要。

前面给出的并非 R&QA 的全部功能,只是为了指出一台满足全部任务目标的有效载荷的研制对于健全的可靠性与质量保证程序有着怎样的需要。

开发航天产品的人！要小心墨菲定律哦！
"如果有什么事是会出问题的,那么它就一定会出问题!"
所以不要心存任何侥幸。

参 考 文 献

1. Ahlen, L. 2005. Grounding and Shielding, lecture notes. http://www. ltu. se/cmsfs/1.59472! /gnd_shi_ - rym4_handout_a. pdf/ (accessed on June 25, 2014).

2. Arenas, J. P. and R. N. Margasahayam. 2006. Noise and vibration of spacecraft structures. Ingeniare. Revista chilena de ingenieria, 14(3):215 - 226. http://www. scielo. cl/pdf/ingeniare/v14n3/ - art09. pdf (accessed on May 14, 2014).

3. Clawson, J. F., G. T. Tsuyuki, B. J. Anderson et al. 2002. *Spacecraft Thermal Control Handbook*. ed. David G. Gilmore. 2nd Edition. American Institute of Aeronauticsand Astronautics, Inc. The Aerospace Press, CA.

4. Dasseau, L. and J. Gasiot. 2004. *Radiation Effects and Soft Errors in Integrated Circuits and Electronics Devices*. World Scientific Publishing Company, Singapore. ISBN 981 - 238 - 940 - 7.

5. ECSS. 2013. Requirements & Standards Division Spacecraft Mechanical Loads Analysis Handbook. ECSS - E - HB - 32 - 26A. http://www. ltas - vis. ulg. ac. be/cmsms/uploads/File/ECSS - E - HB - 32 - 26A_ - 19February2013_. pdf (accessed on May 15, 2014)

6. Farmer, V. R. 1992. Review of reliability and quality assurance issues for space optics systems. *Proc. of SPIE*. 1761:14 - 24.

7. Hariharan, V. K., P. V. N. Murthy, A. Damodaran et al. 2008. Satellite EMI/ESD control plan. *10th International Conference on Electromagnetic Interference & Compatibility*. 2008. INCEMIC:501 - 507.

8. ISRO. 2005. Failure Reporting, Analysis and Corrective Action Procedures. ISROPAS - 100. Issue 2.

9. Janesick, J. R. 2001. *Scientific Charge - Coupled Devices*. SPIE Press, ISBN:9780819436986.

10. Joint Electron Device Engineering Council. http://www. jedec. org/ (accessed on May 15, 2014).

11. Merstallinger, A., E. Semerad, B. D. Dunn and H. Störi. 1995. Study on adhesion/cold welding under cyclic load and high vacuum. *Proceedings of the Sixth European Space Mechanisms and Tribology Symposium*. Zürich, Switzerland. ESA SP - 374.

12. Merstallinger, A., E. Semerad and B. D. Dunn. 2009. Influence of coatings and alloying on cold welding due to impact and fretting. ESA STM - 279. http://esmat. esa. int/Publications/Published_papers/STM - 279. pdf (accessed on May 15, 2014).

13. NASA - HDBK - 4001. 1998. Electrical grounding architecture for unmanned spacecraft. https://standards. nasa. gov/documents/detail/3314876 (accessed on June 25,2014).

14. NASA. 1999. Environmental Test Sequencing. *Public Lessons Learned Entry*:0779. http://www. nasa. gov/offices/oce/llis/0779. html (accessed on May 15, 2014).

15. NASA. 2003. Instructions for EEE Parts Selection, Screening, Qualification and Derating. NASA/TP - 2003 - 212242. http://snebulos. mit. edu/projects/reference/NASA - Generic/EEE - INST - 002. pdf (accessed on May 15, 2014).

16. NASA/SP - 2007 - 6105. 2007. *NASA Systems Engineering Handbook*. http://www. acq. osd. mil/se/docs - /

NASA – SP – 2007 – 6105 – Rev – 1 – Final – 31Dec2007. pdf (accessed on May 15 , 2014).

17. Petkov, M. P. 2003. The Effects of Space Environments on Electronic Components. http://trs – new. jpl. nasa. gov/dspace/bitstream/2014/7193/1/03 – 0863. pdf (accessed on May 15 , 2014).

18. Robertson, S. R. , L. I. Harzstark, J. P. Siplon, et al. 2006. Technical requirements for electronic parts, materials, and processes used in space and launch vehicles. Aerospace Report No. TOR – 2006(8583) – 5236. https://aero1. honeywell. com/thermswtch/docs/TOR – 2006% 288583% 29 – 5236% 2012 – 11 – 06. pdf (accessed on May 15 , 2014).

19. Whyte, W. 2010. *Clean Room Technology*: *Fundamentals of Design*, *Testing and Operation*, 2nd edition. John Wiley & Sons, West Sussex, United Kingdom.

代表性影像

我们在这里展示一些对地观测相机的代表性影像,如果只有一个谱段,影像就是黑白的,如果有两个或多个谱段,则是彩色影像。在黑白照片中,不同 DN 值是以不同灰度表现的,而彩色照片由红、绿、蓝三个主色构成。我们可以配置这些主色的不同比例来得到不同色彩图案。大体上,任何三个谱段都可以产生彩色照片。如果红、绿、蓝三个谱段被分配红、绿、蓝三种颜色,就可以得到自然彩色图(NCC)。这里展示的彩色图正如我们所看到的一样,绿色植被是绿色的,红苹果是红色的,等等。而任何三个谱段都可以生成一个彩色图,然而它们并不代表我们所能看到的彩色,它们是一种假彩色合成图(FCC)。假彩色合成的最普通谱段合成形式是:

近红外分配给红色谱段;

红色分配给绿色谱段;

绿色分配给蓝色谱段。

在这种合成中,植被出现不同层次的红色,这就可以让读者知道在这种合成图中植被看起来是红色的原因(图 A.1 ~ 图 A.11)。

(a)真彩色　　　　　　　　　　　(b)假彩色

图 A.1　代表真彩色和假彩色的场景图。真彩色是用蓝、绿和红三种主色来生成的。绿植被呈现绿色。假彩色影像用绿光、红光和近红外谱段分别作为蓝色、绿色和红色,这里的植被展现不同色调的红色。(经授权摘自 Joseph G. 的 *Fundamentals of Remote Sensing*,2nd Edition,Universities Press（India）Pvt. Ltd. , Hyderabad, Telangana, India, 2005, Plate 1.2.)

图 A. 2　三种分辨率图,随着分辨率的增加,可辨别的信息内容也在增加
（来源:印度空间研究组织）

（a）56m 的 AWiFS 影像;（b）23m 的 LISS3 影像;（c）5m 的 LISS4 影像。

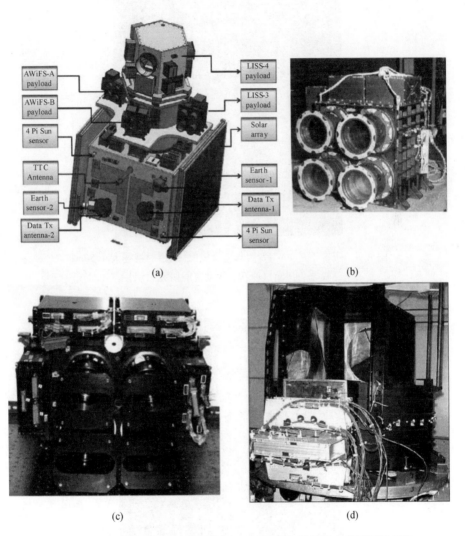

图 A.3　(a) 装载太阳能电池板的资源卫星设计图,显示了内部不同子系统;
　　　　(b) LISS-3 相机实物照片;(c) AWiFS 相机实物照片;
　　　　(d) LISS-4 相机实物照片(来源:印度空间研究组织)

图 A. 4　资源卫星 AWiFS 假彩色合成影像(瞬时视场大小 56m;
幅宽 740km)(来源:印度空间研究组织)

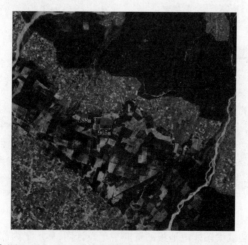

图 A. 5　资源卫星 LISS - 3 相机拍摄印度农业区域的假彩色合成影像
(瞬时视场大小 23. 5m;面积覆盖 19km × 18km。影像上显示了一块农田的大小)
(来源:印度空间研究组织)

图 A.6 资源卫星 LISS-4 相机拍摄的城市地区假彩色合成影像
（瞬时视场大小 5.8m；影像大小为 5.1km×5.5km）（来源：印度空间研究组织）

图 A.7 Carto2 机场影像（瞬时视场大小 0.8m）
（来源：印度空间研究组织）

图 A. 8　WorldView – 2 迪拜影像（近红外、红光和绿光的彩色合成；
瞬时视场大小 2m）（来源：DigitalGlobe 公司）

图 A. 9　Quickbird 全色影像图（瞬时视场大小 0. 61m；吉隆坡部分区域）
（来源：DigitalGlobe 公司）

图 A. 10　法国 Pleiades 影像（三谱段真彩色；0. 5m 全色融合影像）
（来源：法国空间中心 Astrium 公司 SPOT 影像服务分发部）

图 A. 11　地球静止卫星 INSAT3D 可见光(0. 5 ~ 0. 75μm)影像(星下点空间分辨率为 1km)

(来源:印度地球科学部气象局)